建设工程成本经营全过程实战管理

王启存　编著

中国建筑工业出版社

图书在版编目（CIP）数据

建设工程成本经营全过程实战管理／王启存编著
. — 北京：中国建筑工业出版社，2021.10（2023.4重印）
ISBN 978-7-112-26549-7

Ⅰ. ①建… Ⅱ. ①王… Ⅲ. ①建筑工程-成本管理
Ⅳ. ①TU723.3

中国版本图书馆CIP数据核字（2021）第185183号

本书通过案例引导造价人员采用成本管理的思维解决问题，跳出造价管理的思维圈考虑成本问题。本书内容侧重于预控，通过一次经营、二次经营、三次经营内控的方法赢得市场份额。

本书适合中型建筑施工企业、市政施工企业的项目利润与企业利益之间衡量时，采用以企业利益为重的经营策略，以企业长远发展为目标的思维引导读者。

　　责任编辑：王砾瑶　范业庶
　　责任校对：芦欣甜

建设工程成本经营全过程实战管理
王启存　编著

*

中国建筑工业出版社出版、发行（北京海淀三里河路9号）
各地新华书店、建筑书店经销
北京鸿文瀚海文化传媒有限公司制版
北京建筑工业印刷厂印刷

*

开本：787毫米×1092毫米　1/16　印张：13¾　字数：337千字
2021年11月第一版　　2023年4月第三次印刷
定价：**58.00**元
ISBN 978-7-112-26549-7
（38014）

序　一

"焦虑""试错""改革""战略"这些名词已经占据了很多企业领导者的大脑，无论是高层还是基层，无一不在焦虑中工作，错不起的战略选择已经迫在眉睫。施工企业管理核心就是提高竞争力，认知到危险存在于每一个角落，焦虑引发思考，恐惧提升战略。

新形势下的核心突破口：全员、全过程成本造价策划与控制管理应运而生。

1. 工程施工成本经营全员、全过程管理大势所趋

在信息越来越密集的今天，谁能抢占市场谁就稳赢。对于施工企业来说，在建筑市场竞争中如何体现客户需求第一，项目管理如何快速适应竞争，团队工作如何顺畅且内外联动，施工现场如何带动市场向管理要效率和效益，已经成为第一要务。

项目管理依靠全员经营，以项目管理为前提的商务经营全过程管理是大势所趋，这本《建设工程成本经营全过程实战管理》来得刚刚好。

新型成本管理理念启发着企业管理者和项目实施者。如何更好地支持项目管理，不仅需要施工企业商务经营管理人员思考，对建设单位和监理单位管理者同样适用。

成本管理不是依靠商务管理人员独立完成的，其工作效果以团队管理为前提，围绕企业资金流自上而下无缝隙管理，合理组织架构、项目立项招标投标、商务策划、项目实施、资金过程管控、最终交付验收、结算管理，全过程考核指标的编制和实施都是为了确保项目顺利进行。

2. 企业经营把握运营战略大方向就要数据先行

经营数据不准确，对企业财务数据影响巨大，也对企业资金的使用和规划造成一定的影响。现金流的偏差容易造成企业运营大方向的偏差。数据完整度和精准度体现了施工企业对项目管理的能力，体现了成本动态管理的水平。

投标、招标、结算是项目造价经营管理的重中之重，各种测算都离不开企业数据库。只有精准的数据才能避免内耗，实现对外经营的一路畅通。

3. 成本全过程管理对经营人员的要求

具备全过程成本经营数据的测算和管理，是作为造价商务人员必须具备的能力，同时贯穿投标、招标及结算全过程。

成本经营管理是一个系统化工程，而最终结算既是经营结果，也是对项目投标、

招标结果的检验，能看出造价人员过程纠偏、管控能力的水平及提升方向。

商务人员向复合型人才发展将是大势所趋，以成本管理为主线，对商务人员提出更高的要求。本书将指导商务人员如何以战略思维、以点带面地开展工作，实现自我提升，成就企业的同时也在成就自己。

项目经营全过程管理体系是以企业经营团队为主体，以项目管理为主线的经营管理工作，项目高效管理的原则是以成本经营数据为先行，避免出现内耗影响资金流，最终影响市场。

各系统要各司其职，简化流程，重视全过程成本管控的动态管理，同时内外兼修，以高效的现场管理带动市场，才能促使企业运营战略运行在正确的轨道上。

中壤建设股份有限公司商务合约部总监

田伟

序 二

我是做了三十多年预算的"老行家"，突然发现自己不适应当前的商务工作了，分析主要原因是：

投标阶段关于优惠率的判定变得迷惘，刚刚确定的一个多层住宅项目居然上浮15%。中标项目必须做成本分析后才能通过合同审批，不管怎么分析都是亏损，无法判定是否还有利润。

港式清单报价中要求对人材机、管理费和利润分别报价，我对填报的数据没有信心，特别是在大家都迷惘时，填报的详细分项数据偏差较大。

国标清单报价时，我们习惯采用定额组价倒推的方式，但是定额的逐步退化以及更多的异地项目，存在更多的不确定性因素，在没有企业数据库支撑的情况下，我们的工作压力骤增。

结算时认为有把握的增项内容，被强势的一审、二审击垮，无颜面对上级领导；签证类文件因证明资料不足被一一否决而变得几近崩溃；钢材涨价按约定5%以外部分调整，可铜类材料涨价却没有约定可调整范围而后悔莫及。在项目结算时，发现利润没有达到预期，所有参与并投入对赌资金的高管都把责任瞄向了你，你怎么办？

工程成本管理工作由原来的"干工程稳赚不赔"的观点，在经历预算、清单、自主报价、精准数据后转变成必须精细计算、严格控制，才能确保微薄的利润，稍有不慎就会赔钱。

面对管理越来越标准化、利润越来越低的现状，我们看到更多的项目因为合同原因而停工停建，对建设参建各方都是重创。如何面对数字化转型的成本管理工作？如何将成本管理前置并贯穿项目始终，从而达到基本完美、基本通关？

阅读此书后，从中能得到有助于我们开展工作的思路与观点！

中鹏工程咨询有限公司董事长

前　言

随着我国建筑市场形势的发展，施工企业之间的竞争越来越激烈，全行业跨入"微利"时代，中小型施工企业面临的生存危机，唯有通过控制成本才能破局蜕变再出发。由于招标投标（以下简称招投标）体系不够完善，为了获得更多的项目，一部分施工企业在投标报价时恶意竞价，竣工核算时才发现项目亏损严重，工程结算时投入再多的精力也无法挽回败局。在同样的市场环境下，少数优秀的施工企业取得了很好的效益，其差别就是经营管理方式：在投标阶段做好成本测算、在施工阶段实现目标成本，在结算阶段取得合理的对外增项费用，通过降成本、增效益的方法扩大利润空间。

"瓜棚吃瓜，弃于胯下"。守着瓜棚吃瓜的人，吃到不甜的瓜随手就扔掉了，施工企业在2005～2016年的做法和瓜棚吃瓜者一样，只要是不太赚钱的项目就会委托给分包施工，在这阶段施工企业以业绩为主要目标，由于每个工程的利润都比较高，只要工程数量保持增多、施工企业承揽能力强就是运营良好。

"众人分瓜，均分为安"。多人分瓜时，平均分配时大家都高兴，分配不均时就会吵闹，如今施工企业扮演的角色是分瓜者，分给下游分供商无利润的项目时，就会吵闹甚至起诉到法院。上游建设方给的利润低，下游分供商讨价还价，企业运营就出现两个问题：一是必须确保中标的项目有利润且不能亏损，二是保证下游分供商的利润在同行业内适中。

在上述背景下，笔者为了给施工企业提供更有效的成本控制，确保各资源关系都有利润可赚而编写本书。本书以投标阶段、施工阶段、竣工阶段为主线，以公司组织架构、岗位职责、流程管理、管理方法等内容，通过实际案例剖析每个知识点，以大量优秀施工企业在工程项目成本控制的经验作为标杆，理论与实战相结合的方式贯穿全书。

在工程造价工作中，对于材料成本，许多造价人员会问："楼高18m的脚手架每平方米成本是多少？"

寻根究底，这个问题的关键在于市场价格参考数据的缺失，同时也是根治不到位的表现。造价人员本身依赖定额计价，施工企业管理缺失历史数据，市场价格参考相关数据缺失，造价人员只能到处寻找合适的数据作为参考，也让造价工作产生许多麻烦。

市场价格参考数据为何如此重要？答案是：通过该数据可以对比得到定额计价与实际劳务价格的差距；也可以在报价过高时依据该数据与分包人谈判；还可以在工程结算分包价格较低时，以定额计价数据为由提高结算报价。

对比定额计价与实际劳务价格的差距，有数据参考可以完成对比，但定额计价是企业使用的工人消耗，劳务价格是劳务形式的用工，定额计价还需要各类取费累加才能与市场价格相比较，比较的结果相等能如何？结果不相等又如何？按照定额价格发包给分包人，对方能接受你的价格吗？所以这样的对比完全没有必要去做。

工程变更引起的架子工班组分包定价问题，定额计价资料与现场实际价格之间存在差距，在同样条件的因素下，造价人员是否能根据定额计价资料与分包人进行谈判？该数据是否能起到参考作用，说服分包人接受更低的报价？

这些都不是一个简单的定额计价数据能够做到的，定额计价数据可以作为参考，但在实际报价中作用并不太大。

当工程结算需要变更费用采用市场价格时，从工程造价角度考虑，建筑方不会采用该价格，通过定额计价与市场价格对比，证明脚手架这项亏本了以赢得对方的同情，这种做法实在是让人无法理解。

脚手架的问题反映了施工企业的造价人员依旧处于定额计价思维中，本书通过各种案例引导造价人员跳出造价管理的思维圈，采用成本管理的思维解决成本问题。住房和城乡建设部办公厅《关于印发工程造价改革工作方案的通知》（建办标〔2020〕38号）中提出：逐步停止发布预算定额，建筑市场逐渐采用市场报价的交易模式。脱离定额做造价，成本管理方面的知识就更加重要，而目前施工企业成本管理人才需要从造价人员中晋升，当前市场上成本管理人才缺口较大，本书适用于工作4年以上的造价从业者学习参考。

本书内容侧重于预控，有助于中型建筑施工企业、市政施工企业的管理人员通过一次经营、二次经营、三次经营内控管理的方法为企业赢得更多的市场份额。当项目利润与公司利益间衡量时，以公司利益为重的经营策略，以企业长远发展为目标的思维引导决策。

知识来源于实战总结，希望这本书可以帮助到施工企业，让我们共同推动施工企业的成本管理进步。成本管理在建筑行业中仍然是处于探索阶段，本书中的观点与方法难免会出现失误和谬误，欢迎读者来信指正，笔者电子邮箱为 1191200553@qq.com。

Contents

目　录

第 1 章

概　述

我们做成本经营前首先要思考两个问题：成本管理怎么做效果才好？成本管理侧重点是什么？

公司虽然设立了成本岗位，但苦于没有方法和数据，在许多事情上都无从下手，由此反映出什么方法见效、数据从何而来、如何寻找利弊平衡点与更大利润等一系列问题。

对于大多数公司来说，管理方法、数据支撑、部门协同这三个维度是企业的痛点，作为公司成本管理层人员，应从企业经营的角度考虑资金成本、人脉资源等问题，用战略思维看待企业发展，做好"开源、节流"的成本管控工作。

成本管理可以理解为三个层级（图1-1）。第一层，项目成本管理内容，以工料机消耗和现场管理费用为参与管理的角度，是项目基层管理；第二层，以管理方法、数据以及部门协同的高效管控为参与管理的角度，是公司管理部门操作层，可以称为技术与方法的管理，是中层管理；第三层，从战略角度考虑企业整体发展，是从副总经理和总经理的角度考虑，是高层管理。

岗位划分	管理角度划分	参与程度
总（副）经理岗	战略问题，企业整体运营	全过程参与
公司管理岗	管理方法，数据，部门协同	全过程参与
项目基层管理岗	工料机消耗，现场管理费用	施工阶段参与

图 1-1　成本管理角度各层级任务区分

近年来施工总承包企业规模扩张较快，粗放的管理模式使得企业的生产效率、产品质量、服务质量长期停滞不前。在长达十多年的时间里，出现"以包代管"的工程方式，在采购和施工等多个环节存在经验不足、成本经营管理工作落实不到位的情况。

随着建筑市场交易模式的变化，EPC项目、PPP项目逐渐增多，施工成本经营管理的角度也从采购施工转变为建设工程全生命周期的管理（图1-2）。

企业缺少成本经营管理人才，为了解决这一问题，许多企业采用工程造价岗位提升的方式进行成本经营管理人才的培养。造价工作重心从"算量"转变为"管理"，由原来的工程量计算、计价工作变成全面管理、多方面参与、多角度考虑的管理工作。

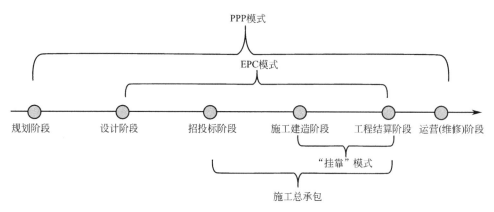

图 1-2　建筑施工企业交易模式

目前，许多房建项目交易模式已经发生变化，从规划到设计，再到大宗材料采购和专业分包环节，建设方全程参与，施工方的合同范围缩小到只剩下主体结构、二次结构以及粗装修等分项施工，施工总承包实质变为劳务分包性质。

许多国有资金项目采用 EPC 交易模式，将设计环节放到工程总承包合同中，招投标环节变成企业内部分包采购。不论是房地产项目还是国有资金项目，都离不开设计、施工建造、工程结算等阶段的全程参与管理，以及对建设工程全生命周期知识的了解。

从微观环境来看执业之路，能够提升自己的道路有且只有学习。成本副总经理、总经济师、经营部长、成本经理岗位上的人很多都是从造价基层岗位中脱颖而出的，越来越优秀从而完成蜕变。施工单位造价工作比较烦琐，工程量计算、计价、招投标、过程跟踪，还涉及资料证据收集、存档等，造价人员需要完成许多杂乱的工作。因此，基层工作以造价为主，成本管理是企业中层管理人员的工作任务。

1.1　施工成本管理现状分析

过去十多年，由于建筑行业利润空间较大，许多施工总承包企业以盲目扩大产量求发展，一部分房地产企业将建筑业绩指标作为考核确定中标人的主要标准，导致建筑施工市场出现资质挂靠、工程转包、解体分包等非法方式，将建筑利润以潜规则"肢解"，企业管理杂乱无章，对施工成本管理不够重视。

目前，建筑施工市场竞争激烈，中小型施工企业已经意识到成本管理的重要性，针对经营管理设立专项成本管理部门。由于存在缺少专业管理人员和工程历史数据、企业整体人员成本意识不足、企业文化薄弱等情况，对成本管理的认知还停留在传统的成本管理概念。成本管理工作从概念到执行，既需要企业各部门全员配合，也需要长时间执行并持续优化才会见效。我们可以把这个过程中的成本管理工作称为传统成本管理方式。

传统成本管理方式是签订施工合同后开始参与管理，管理成本投入最高峰为工程竣工后结算与项目核算前。投标时需要进行工程成本测算，由于企业成本人员技能不足，且缺乏企业数据库，虽然组织收集各类成本数据，但中标概率并不大，人力物力成本高，管理成果收效甚微。中标以后加大成本管理强度，在施工过程中进行成本控制、监督跟踪、公司审计等，由于没有明确的目标、可执行的标准以及有效的方法，成本管理的推进工作困难重重，工程竣工时发生的各项成本费用已经确定，再次投入高强度的成本管理工作是想从公司审核角度降低成本。由此可见传统成本管理方式的劣势，企业沿用传统方法管理效果较差。目标成本管理方式与传统成本管理方式对比如图 1-3 所示。

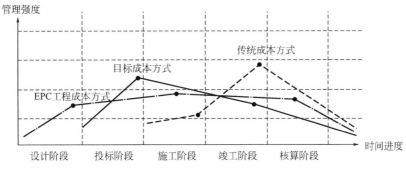

图 1-3　目标成本管理方式与传统成本管理方式对比

有些施工总承包企业为了控制项目管理权，将监督工作细化到项目部的管理岗位，特意安排"内线"到项目部监视，削弱项目经理权力。也有些施工总承包企业的规章制度要求项目部所有采购都由公司管理，分包方签证工日数需要经过公司审批，对整个工程进度造成影响。审批环节多、资金流速慢、项目经理权力小，造成一线生产管理失控，形成越管越乱、越乱越管的局面。虽然在施工过程中增大了成本管理的强度，但是管理效果并不明显。

目标成本管理方式是符合市场变化的管理手段，先定目标，再做计划，然后执行计划、检查纠偏，而传统成本管理方式是事后管理。目标成本管理与传统成本管理的区别如图 1-4 所示。

区别	目标成本管理	传统成本管理
管理重点	事前控制成本	事后核算成本
管理范围	全过程成本管理	事后处理
管理责任	责任分配制度	发现问题追责

图 1-4　目标成本管理与传统成本管理的区别

很多非国有资金的工程项目采用经评审的低价中标评分法，投标竞争激烈，也有的项目先议标再进行邀请投标，在议标环节先经过成本测算再组成分项报价。中标之前锁定目标工程成本，把总体报价化解成若干个颗粒单元，中标后启动执行计划，在施工过程中不断纠偏，将目标利润控制在合理偏差范围。在项目管理过程中未实现理想目标时，还可以做二次投入成本管理，在工程竣工后重点审计漏洞并及时补充纠正。

EPC 项目成本管理的难点是缺乏可以参考的数据，项目特性不同，各指标数据偏差较大，在签订合同时报价只是以模拟清单的方式或以地区定额为辅助。在前期设计阶段成本管理投入较大，设计方案是成本管理的重心。目前工程总承包企业的常规做法是在项目完成设计图纸后，在施工过程中修改优化施工图纸，但是 EPC 项目为固定总价合同，从审计角度认为在总价包干合同中，施工图纸减少的分项要从总价中扣除，变更增项部分视为总价包干而不予调增，所以在施工过程中成本管理风险较大。工程竣工后投入的成本管理强度也较大，主要是处理成本管理失控的部分，有些企业在施工过程中在分包合同中约定"背对背"风险方式，造成工程结算时处理各类分包方的争议纠纷难度较大。

综上所述，施工总承包企业和工程总承包企业降低成本的最佳方法是明确合理的规划组织方案，比如资金计划、分包计划、采购计划，事先把可控的风险降低，制定目标细化分项，在施工过程中就可以有效地控制成本。但是事前启动成本管理需要配备高端管理人才，还需要数据支撑以及强大的组织协调能力，必须掌握超前的管理方法和技巧才能降低工程成本。

1.2 成本经营管理的本质

成本经营管理在工程建设全过程中的工作是以获得利润为目标的降成本。有人会问："降成本和减成本不是一样的吗？不管是降还是减，达到目标不变就是正确的"。这句话其实不是很准确，如果将降成本简单理解成减成本，那便是无效的成本管理。从多方面、多因素考虑后便会发现，简单粗暴的减成本由于其方法的错误，不但没有达成降成本的目标，甚至在管理失败后增加了许多不必要的成本。

案例： 追求利润的同时要考虑分包资源平衡问题

某建筑公司在分包招采环节，采用了极其详细的合同，合同经法务与商务等部门审阅修改，各个部门都有审批意见，一系列的分包合同条款都要经过数次修改，门槛设得极高，脱离了合作共赢和风险共担的原则，使得分包人感觉合同"变态"，导致分包队伍流失，留下的分包人为了保住利润、规避隐藏事项成本，往往会抬高报价。

从该案例可以看出，某建筑公司是减成本，想要把报价分项抹掉，通过把风险转嫁给分包方的方式来节约成本。这样做将会带来更大的损失，其弊端有以下几点：

（1）"老分包人"对招标文件有异议，"霸王"条款过多，"坑"太多，只能放弃合作或提高报价。

（2）"新分包人"看到招标文件不合理，"门槛"高，进去要"摔跟头"，提高报价，即使中止合同进行结算也可以保证不亏本。

（3）合作过程中处在针锋相对的"战场"，分包人"有空子就钻"要不然会亏本，"没有空子钻就死皮赖脸地耗着"，心想：现在亏本，干完工程更亏本，不如磨下去，说不定能涨价。

（4）分包人利用工人"闹事堵门"，企业被拉入诚信系统"黑名单"，半年内不能投标，真是"赔了夫人又折兵"。

（5）多个分包人上诉，企业应诉耗费大量精力，整日讨论诉讼问题，日常经营管理松懈无力。

通过上述案例可见，合同不清存在的风险，如若故意采用"背对背"合同，将风险转移至分包人，看似减成本的做法实际上会带来得不偿失的后果，如图 1-5 所示。

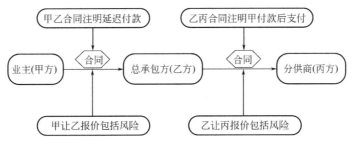

图 1-5　"背对背"合同的成本管理方法

资源和利润平衡、可持续发展才是企业经营之道。分包资源过剩，可以追求利润空间，反之，项目给分包人带来的经济效益与市场水平相比，略低于市场水平更佳。

1.2.1　利益与收益的区别

越乱越管、越管越乱，治理企业管理乱象找到根源是关键。在项目收益和企业持续发展平衡时，要看企业实力和市场方向。

案例：　**管理岗位不同，解决办法不同**

某建筑工地的施工现场的大型机械存在机油滴漏现象，公司领导视察工地时发现该情况后的处理方法有以下几种：

第一种：漠视不管，这么大的领导管这些闲事显得丢面子。

第二种：工人马上拉一些沙子盖住油污，领导发现后要处罚项目部。

第三种：安排修理工把机械修好，做好定期保养。

第四种：追查责任到人并开具罚款单，会议上提到这项问题并立即执行。

第五种：处罚公司的管理层，没有监督到位是失职行为，安排管理班子另行监督。

以上解决方案都可以，但是要找到问题的根本。不能因为管理而管理，要换个思路想问题，如果是自己家买的机械，怎么会视而不见呢？管理不是非要制定各种制度标准，许多事故的背后往往是人的问题。

责权利三者平衡，才是项目正常运营的方案，只有与个人利益挂钩时，负责人才会对所负责的项目更加上心。以上述机械漏油事件为例，当该项目与项目经理工资挂钩并列入绩效，每月定期组织维修便能有效地减少损失；还有就是责任落实到人，项目负责人务必清楚明确，让事故发现人有处可报，若是有员工发现故障却还要考虑跟谁说合适、说了能安排修理等问题，看见故障不知找谁处理，自然只能当作没看见。

今天机械漏油没人管，明天说不定哪个机械损坏更严重，日积月累便形成了公司"文化"，老员工默认这种情况，即使有好的管理制度也推行不了，有好的管理者也会被"熔化"在环境中。企业的长远利益与最大收益相比，投入一定的物资人力、减少短期收益才是长远利益。

利益和收益平衡，要看企业近十年的发展目标。只看近五年，管理要以增加收益为主，两个项目周期就是五年，五年以后付出的代价更大，那是掌舵人需要操心的事情。

1.2.2 围绕市场经营

经营管理者要用理性管理，靠感性激化人心。企业制度要与市场规则同步，严格的制度会让合作者更加理性地合作，基于此，重视事前控制，成本管理将事半功倍。

案例： 变更拖延解决将带来更大的风险

某项目工程变更，分包人害怕结算时"扯皮"，先报送价格，等审核完成再施工，导致项目停工30d。由于企业要求严格，超过20万元的增加费用要经过企业高层管理的审批，高层管理必须找到依据才能审批，事项审批流程滞后导致项目只能停工。

某厂房基础施工，设计槽底标高－2m，挖至槽底后发现部分建筑垃圾，设计院出具方案是挖至原土层进行灰土夯填。劳务分包为包干价格，劳务费用单项超出20万元需要签订补充协议，必须经过企业审批流程，由于费用明细审核时间长，分包人当时报价低想趁机索赔，导致项目停工30d，劳务分包撤场清算。更换劳务分包队伍延期15d，新劳务队伍报价超出原分包合同价格，停工损失、分包方索赔、物价上涨等原因导致整体成本费用增加1.2倍。

企业制度是理性的，用感性的管理可以降低成本。综合本案例来看，事前控制协商解决可以避免双方损失。合约之外的风险共担原则、履约过程中检查纠偏也是成本管理的任务之一。

企业制度和人际关系平衡，能用人际关系做好的管理比用制度规范更有效。在发生甲乙双方争议时，解决的办法是双方协商共同克服，而不是抛出"冰冷"的合同条款。

1.2.3 执行计划和检查纠偏

二次经营是指甲乙签订合同后的履约过程，二次经营主要工作是防止各种风险。一次经营发生成本目标偏离，用二次经营补救的办法是无效的。

案例： 管理双方对抗可能引发更大的风险

某建筑公司对外投标时由于疏忽大意，导致基础内的地环梁格构柱支护系统报价低于分包价格。为了掩盖报价失误，商务经理让专业分包人采用固定总价包干，包含变更签证，采用最低价中标。在施工过程中，该专业分包人提出变更优化方案可以降低费用，施工方拒绝优化方案，双方矛盾激化。

专业分包人故意拖延进度，导致大面积土方无法开挖，施工方命令土方分包人按照土方开挖方案调整进度，而土方分包人则要求施工方另行签订质量安全免责协议。

由于专业分包人与土方分包人不配合，进度延期后三方相互推卸责任，延期2个月后正好赶上雨期施工，基础降水费用比原计划增加100万元。

上述案例中，施工方报价失误后使用了错误的方法将风险转移到专业分包人，未能及时识别出可预见风险，给双方带来更大的损失。

二次经营是执行计划和纠偏管理，把一次经营中的风险转移到二次经营中，可能会使施工成本反弹。有准确的预判和正确的处理方法才是有效的成本管理，出现问题时甲乙双方先协商再判断后做决定，可以避免不可控风险的发生。

1.2.4　部门协同管理的重要性

成本经营管理离不开工程管理和商务管理。作为成本管理者，应做到明确工作范围与能力需要，明白具备什么样的基本能力才能达成成本管理的目标。

案例：　解决问题要各部门协同管理

　　某施工方的商务人员对公司其他部门的不配合感到很苦恼，感觉其他部门提供的数据不是自己想要的结果。比如商务部门要求工程技术部门用分部分项工程量清单表格提供项目的形象进度，而工程技术部门只做了进度计划表并对完成情况加以说明，结果部门交接不清楚导致绩效下降。由于申报进度款的时间节点推后，建设方拨付工程款时间推迟，导致项目资金流断裂，需要从公司账户补充资金才能正常运营，从而导致施工成本中增加了资金利息。

全过程成本管理要从全方面管理，跨部门管理工作必须协同操作，要厘清职责和权力，跨部门抓取的数据口径是对方部门工作的内容数据。商务管理者应了解各部门的具体情况并做好充分沟通，全方位、多角度考虑问题解决方案。

1.3　成本价格的要素组成

成本价格的形成与企业管理水平、工程项目特性、外部因素有关，这三个因素之间存在价格差异。其中企业管理水平是重要的影响因素之一，企业管理水平将直接影响成本价格的高低。成本价格是一个相对数值，而数据库中或借用的数据只是具有参考价值。因此，成本管理不能在价格中反映企业管理水平的高低。

工程核算时，成本价格最终体现在人工价格、材料价格、机械价格中。当成本过高时，不要误认为是采购环节需要解决的问题，这是企业整体要解决的问题。采购价格与市场环境有关，价格会随着交易时间、交易对象、交易数量的变化而变化，采购价格直接反映企业管理水平的高低。

1.3.1　企业管理水平的影响

（1）材料采购管理对成本价格的影响

每个企业都有不同的工程材料采购渠道，从成本管理视角来看，如何获得最低成本价格是企业首先要考虑的问题。有的施工企业材料采购权在公司采购部门，有的施工企业把采购权放在项目部，两种做法各有利弊，适合企业管理模式且采购价格低才是理想的结果。在许多管理者看来，采用信息化管理的手段可以规避采购员"灰色收入"等人为因素，但作为一名合格的成本管理者，应站在更高的位置、用更广的角度考虑工程材料采购的成本问题。

例如某公司使用的集采平台，将分供商集中起来进行资源整合，其中优势是通过分供商竞价的方式使成本价格降低。相同规格型号的材料，当采购数量多时分供商会降低材料价格，采用"量增价降"的方式实现管理效果。通过公司各个部门的管理，项目采购的材料统一价格，分供商让利后可以实现长期大体量采购的合作。

分供商数量在采购价格中也占据一个主要影响因素，在过去的十多年里，由于信息不对称，寻找合适的供货商与批发价格难度较大，中间商提供的价格差异影响到企业采购价格。分供商的数量多时采购价格就低，所以企业数据库里的分供商数量是采购价格影响因素之一。

采购时间也是材料价格的影响因素之一。施工方在判断材料价格幅度变化风险时缺乏判断能力，可以采取转移一部分风险给分供商的方法，约定市场交易价格作为参考标准，解决价格幅度变化风险。例如公司要采购一批钢筋材料，采购合同中注明"以兰格钢铁网的本地区公布的价格为参考，超出价格幅度变化3%时调整供货价格。"

采购价格的影响因素众多，需要选择长期合作的分供商，这样可使供货质量和采购服务得到保障。当企业数据库中长期合作的分供商较少时，在投标时需要从市场中采集价格数据，俗称"询价"，但这种操作模式可靠度差，"询价"价格偏离会导致项目亏损。从企业自有资源向市场资源拓展才是管理材料采购成本的正确方法，可按内部评定和外部参考的办法解决，通过权重计算搜集各渠道信息，最终确定投标时的采购价格。市场采集价格数据的方式及渠道有很多种，如图1-6所示。

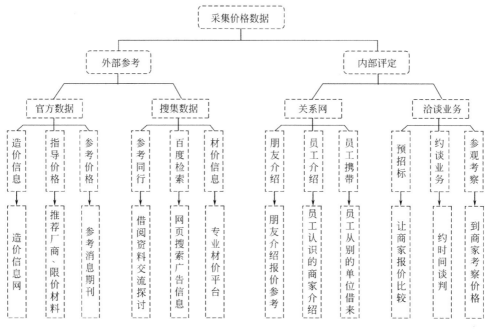

图1-6　市场采集价格数据的方式及渠道

（2）劳务班组管理对成本价格的影响

施工方采用劳务班组分包模式，用"以包代管"的方法控制人工价格。但是成本管理要以劳务清包或班组分包为颗粒单元进行分析，成本管理的末端就是分包合同的清单内容。

大中型施工企业劳务分包价格的最终确定主要通过分包人竞价手段控制。首先将招标文件发放给分包人，以公开或邀请的方式通知分包人提交初步报价，然后调研分包人各情况和报价内容，将有意向的分包人分别进行会议谈判，再让分包人进一步报价，将二次报价进行对比分析后确定中标人。具体操作流程如图 1-7 所示。

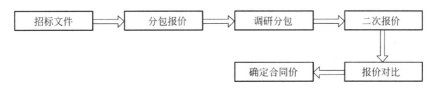

图 1-7　分包人投标流程图

　　若分包人参与报价数量较多，可以在初步报价时设定分包招标控制价，或者指定合理中标的报价区间值，通过竞争方式让分包人主动降低报价。在施工过程中若要防止分包人随意涨价，可以在同一个标段且相同作业内容中设立两家分包人作为中标对象，通过质量评比、进度评比、安全评比方式奖励优秀的分包人，让两家分包人形成对比竞争，并在结算时采用信用等级评比考核方法，实现目标成本价格。

　　资金拨付时间也会影响分包交易价格。约定分包合同付款周期是影响分包交易价格的关键因素之一，编制合同时既要考虑分包人投入资金情况（分包人垫资多报价时价格就高），也要通过策划既能使资金收支保持平衡状态又有利于降低分包价格。

　　（3）机械使用管理对成本价格的影响

　　项目使用的机械设备分为自有购买和租赁两种，施工单位规模不同，选择方式会有不同。许多房建企业采用大型机械设备租赁、小型机械劳务分包提供的方式，市政路桥企业的大型机械则采用自有购买的方式，设立机械管理部门。有经济实力且考虑长远发展的企业适合自有购买方式，"以包代管"的方法往往会增加成本，每向下分包一层就会减少一部分利润，因此企业抓好机械管理是必要的。

　　机械设备采用租赁方式时，管理应以减少机械消耗量、抓工期进度为核心。从公司成本管理角度可将其定性为机械采购任务，要考虑施工方案的选择和机械配置情况。例如某项目有 45 栋别墅施工，单体为地上 2 层带坡顶框架结构，成本管理人员首先要对使用塔式起重机还是人工运输做经济方案分析，然后与技术人员讨论性价比合适、作业效率更高的施工方案。

1.3.2　工程项目特性的影响

　　工程项目特性对成本价格的影响分为地区差异和构造差异。工程所在地区的气候条件、地质情况、交通运输情况、地方材料价格、地区劳动力情况等影响因素可以理解为地区差异；建筑结构尺寸变化、分包交易工程量、垂直运输情况、现场作业面状况等影响因素可以理解为构造差异。

案例：　**地区气候影响成本价格**

　　某建筑公司在多个地区承接工程，房建工程项目采用班组劳务分包模式，成本管理数据库中泥工班组分包价格为 17 元/m^2，西藏自治区拉萨市的项目班组分包价格超出数据库指导价，按工程项目特性进行分析，地区差异分析如图 1-8 所示。

　　通过地区差异分析，西藏地区气候影响较大，劳动工人作业量减少，地处偏远地区且当地建筑工人少等导致班组招人难，影响成本价格 3 元/m^2。

分项内容	增价影响原因	影响价格（元/m²）
泥工班组分包价格	数据库正常价格	17
气候影响	属于西北地区，年作业时间短	+1
地质情况	此项不含地下基础作业，无影响	0
交通运输情况	此项不涉及运输作业，无影响	0
地方材料价格	此项不含材料价格，无影响	0
地区劳动力情况	西藏地区招工难，务工人员少	+2
成本价格		20

图 1-8　某项目地区差异分析表

案例： **构造类型影响成本价格**

某项目为班组分包模式，成本管理数据库中砌筑价格为 280 元/m³，此价格超出数据库指导价，按工程项目特性进行分析，构造差异分析如图 1-9 所示。

分项内容	增价影响原因	影响价格（元/m³）
砌筑加气块班组分包	数据库正常价格	280
建筑结构尺寸变化	别墅短肢墙结构，楼层较高	+30
分包交易工程量	本项目共3栋，量少，难招分包人	+20
垂直运输情况	本项目无塔式起重机，人工运输材料	+50
作业面状况	跃层空洞影响砌筑作业，脚手架费用多	+5
成本价格		385

图 1-9　某项目构造差异分析表

通过构造差异分析，本项目内容为别墅短肢剪力墙结构，与高层住宅楼无差异，但是楼层高度 4.5m，砌筑作业时人工搬运材料比高层住宅楼要费力；本项目共 3 栋别墅，砌筑工程量 550m³，分包人组织工人和分摊现场措施费投入成本较高；本项目单体为 2 层别墅，垂直运输作业时，材料采用人工倒运至 2 层，用工量较大；由于楼内的跃层影响，多处楼面部位都是空洞，砌筑搭设脚手架需要从首层搭设，增加了人工消耗。综合分析影响成本价格 105 元/m³。

1.3.3　外部因素的影响

外部因素对成本价格的影响分为合作方因素、政策因素、自然条件因素等。外部作用会影响成本价格，很多外部影响因素是不可预见的，只有在工程核算时才能分析出差异。外部影响因素的可预见部分，在颗粒化分解成本时使用分解的余量做增补，可以不考虑另列项增加费用。

合作方的影响因素可分为建设方因素和分包方因素。例如建设方招标要求本项目质量标准达到地区优质工程，劳务分包价格增加 30 元/m²，相应的措施费用也会增加 20 元/m²，这就是建设方质量标准要求影响导致价格增加。例如建设方提出材料质量标准要求，指定材料品牌规格也会增加成本价格。同一个项目两家劳务分包人所报价格是有差异的，因为不同的分包人报价会产生价格差距。

政策因素也会影响成本价格。例如某项目因大气污染防治工作，有关管理部门命令该项目要在 10 月停工且停工 5 个月，导致分包人报价时填报了停工损失以及工人遣返路费，从而增加成本价格。自然条件因素也是常见的影响因素，例如内蒙古地区常年刮风天气，需要加密外墙保温板钉等会影响外墙分包价格。

第2章

公司组织架构责任分工

公司设立什么样的组织架构更合理高效？应该怎样分工合作？这是管理者经常思考的问题，每个施工企业都可能会有管理经验欠缺、尝试组织架构调整的过程，使得企业逐渐得到改变，达到合理高效的管理从而获得想要的结果。各部门分工之间也会产生矛盾，由于任务没有合理分配、责任不清楚导致部门之间相互推诿等，在成本管理方面可以尝试定岗定责的方式解决。根据项目进展情况，确定在什么阶段发生的事情应由谁参与，可以增加部门之间的分工与合作，进一步明确责任范围让各部门接受，这是解决问题的一条途径。

部门之间的协同管理可以提高管理效率，但是协同管理的条件也限制了相应的管理人员。例如一个索赔报告需要项目各部门协同完成，但是没有类似经验应怎么处理就是协同管理需要考虑的事情。协同管理必须清楚地认识到需要什么，如何协同管理才能高效。

案例： **某企业对成本管理责任分工不合理**

某施工企业合同总价 5000 万元的项目，产值完成 3000 万元时财务数据显示已经亏损约 1000 万元。财务部门发布总经理签批的通知，请商务部门和工程部门限期一周内进行产值核算。于是商务部门和工程部门安排人员一起对项目进行现场测量，并一起就洽商、变更收集资料。

工程部门负责核算工程量，签字并转给商务管理人员进行数据核算，但是隔天商务人员说"工程部门交来的数据不合格，土方工程量只给出桩号和管道长度，没有上下口宽度尺寸，也没有根据工程量清单规则计算；道路工程土方也只给出面积数量，没有给出厚度尺寸"，总体意思就是提供的资料不符合商务要求，不能在规定时间内做出来。

因此，工程副总经理组织商务经理和工程经理开会，最后两个部门共同确定：

（1）工程部门提供的现有资料内容已经有足够的深度；

（2）因为工程部门负责形象进度和计划，因时间紧迫，除了土方工程给出了形象进度和计算公式，其他项目工程量均可根据分部分项计算规则提供；

（3）土方工程已经提供现场高程，由商务人员根据施工图纸和定额计算规则计算工程量。

商务人员计算完成后，发现发生的成本和报送的产值确实有不一致的地方，需要对分项明细逐一核对。但是成本部门仅有财务部门提供的数值，并没有提供分项明细，与财务部门经理沟通后财务部门不予提供，让商务人员向项目其他部门寻找分项内容。

之后，商务人员给项目经理打电话，让项目经理把电子版文件发送过来。商务人员核对后发现电子版文件中很多数据是错误的，根本无法满足使用要求，无奈之下只好请项目经理和财务人员共同审核无误后签字确认，并将纸版资料再次报送。隔天项目经理拿着签字文件过来，财务人员还是不予签字。最后，商务人员根据项目经理签字的成本资料出具了成本分析，根据上级领导授权命令，该数据需要对工程部门保密。

项目成本超支情况如下：

（1）该项目中标后应业主要求进场搭建临时住房和现场水电等设施，因拆迁延期2年，管理费约200万元，未编制索赔费用进入工程结算；

（2）在项目施工中，模板、脚手架等消耗材料根据实际采购价格统计，并没有进行摊销统计核算，采购价格约100万元；

（3）财务记账混乱，是流水账统计形式，施工成本中包括其他项目的人员管理费用和办公费用约200万元摊销；

（4）项目已经完成的3000万元产值中，不包括增加的500万元洽商变更，其中有200万元建设方已经签字确认，还有近300万元双方未签字确认。而且此500万无洽商变更需要等最终结算时才能上报，但是此次成本统计根据实际发生已经计入；

（5）项目亏损的结果与商务人员的产值计算错误、过度依赖其他部门的数据、对关键数据不复核、使自己在计算时出现差异有关，报送的产值少统计约200万元。

从成本产值超支这件事，反映出公司各部门管理存在的问题是：

（1）职能部门工作交界面描述不清，各部门对本职工作内容了解不够深入，主要责任部门对其无利益的边缘化工作任意推卸责任，造成整体商务工作进度缓慢，例如本案例中财务部门的成本分析工作；

（2）职能部门职责描述清晰，却以工作交界面不明确为由推卸责任，把本部门工作推到其他部门，没有其他部门的工作支持就不能完成自己的工作，例如本案例中商务部门的工程量计算工作；

（3）部门之间的配合因工作内容不同，往往不能提供主要责任部门想要的结果，而使工作效率大大降低。例如本案例中工程部门提供数据的深度仅为施工计划深度，而商务部门想要的是清单计算规则的工程量；

（4）各部门之间不能做到数据共享。例如财务部门的成本数据作为公司保密数据不予公布，商务部门的产值数据却对工程部门全程保密。

项目部因特殊情况请求公司相关部门业务支持，因公司业务工作界面划分问题造成审批流程缓慢，致使整个项目工作延误，造成公司施工组织任务无法按时达到目标。为了更加高效地完成部门工作，迫切需要对各部门的工作职能、工作职责、业务内容、对接线路具体细化，更需要职责界面划分清晰且规范化。

最优组织架构总体思路是自行独立组织工作，运营管理部门进行总协调。组织架构设立的最终目标是解决问题，团队作战、快速高效、缩短流程，交界面数据共享。

2.1　以项目生产为重心的成本管理

许多单位以商务系统的成本管理为主线，费了很多工夫却不见成效，反而是越管越穷。由于没有抓住施工企业经营管理的主线，只关注"钱"却丢失了市场。作为施工企业工程管理者需要对项目生产施工进度、商务、工程质量、施工安全等负责，而商务工作中涉及的成本管理仅是其中的一部分。

那么，施工企业以商务工作作为中心将是什么结局呢？举两个例子就很清楚了。

案例： 采购环节未做到流程闭环

施工现场急需一批主要材料，项目经理没有采购谈判的权力，按照公司主要材料采购流程和管理体系，采购任务由商务部门直接管理，所以采购部门要采购满足商务需求的产品。采购部门将采购结果直接汇报给上级领导，为了节省流程，项目经理没有参与采购环节。

采购流程结束后，将材料运到施工现场，由于监理工程师和建设方不认同该品牌材料，需要重新采购，既发生二次运费又延误工期。

综上所述，材料采购需要项目经理审批材料，在项目部确认材料规格及品牌后，汇报到商务部门，材料在总造价中所占比例较大时，还需要成本部门审批。只有采用这样的操作流程，才能让采购流程闭环且减少损失，因此以项目部门为重心才能做好成本管理。

案例： 项目以生产为主线还是以商务为主线要分清楚

施工现场急需采购一批物资，公司规定所有费用都必须经过商务领导签字确认后才可以拨付工程款，但是审批流程在商务部门被驳回，原因是拨付工程款比例已经超过成本计划，需要重新核算清楚再进行采购。两个部门领导之间经过几轮沟通与协调依然无果，最终因此项物资运不到施工现场而影响项目生产。

管理体系的建立本末倒置，导致工期进度延误，被建设方投诉，且使成本增加，项目部将对商务部门追查其责任。

综上所述，项目必须以生产为主线，可以通过后补手续的方法，让项目先正常施工才是正确的处理方法。管理流程发生冲突时，必须首先保证施工正常进行，再处理部门之间的流程关系。

从上述两个案例来看，以项目部为主线的管理才是正确的，项目受到影响必然延伸到市场，导致公司业务减少就更不划算了。

2.1.1 构建正确的成本管理体系

目前许多施工企业存在管理的怪圈，管理层以及各部门把控意识太强，未能站在公司宏观管理及企业运营战略管理的角度考虑。管理若分不清主次，必将影响现场施工，施工现场管理不足将会影响市场。

施工企业如何构建一个完善的管理体系做到正常运营很重要。归根结底与建设方对施工方的满意度相关，施工现场管理效果直接影响建设方的评价，牵一发而动全身。施工现场管理到位才能带动市场，才是施工企业的经营发展之道。

施工企业成本管理的前提是围绕施工现场，建立一套完善且可行的管理体系，也是成本管理成功与否的关键。

（1）项目生产业务优先原则

施工企业要以生产为主线，负责工程项目管理的总指挥才是主线管理的首选人，工程总指挥要有足够的权力才能直接管理生产线。项目部的所有工作需要管理人员上报二级管理部门，根据各部门业务进行沟通。

施工企业应以业务为第一目标，根据相关业务的特性，对于直接影响公司信誉及市场的，各部门要做到无条件配合与支持。技术部门、商务部门及采购部门的业务归属工程总指挥，要做全面的施工管理策划，避免各项计划无法完成从而造成工期延误。

部门设置要围绕生产一线管理，重要性依次为：工程部门、商务部门、采购部门、财务部门、人力资源部门。工程部门高于其他部门，或者工程部门下设技术组、商务组、采购组，工程管理必须高于商务管理、采购管理，这对项目管理很重要。

（2）部门之间的业务配合

部门与部门之间的关系既要互相独立，也要相互配合，且必须以项目管理为主线。以成本运营为中心的管理要以项目管理为前提，不能本末倒置，因为成本经营是贯穿施工全过程的一项工作。

公司组织架构构建合理性的关键在于部门之间的无缝对接，能够高效地完成任务，避免主线工作返工。设立清晰的管理流程，使各部门各司其职，对各自承担的工作任务一目了然。

部门与部门之间的关系不管是平行关系还是直接对接关系，都是为了达到各部门目标而开展工作的，各部门之间应避免发生互相推诿、扯皮的现象。

2.1.2　成本部门作业界面框架

在过去的几十年间，施工企业经营理念以建造为核心，建造实力决定企业的发展。如今施工企业以资本为核心，资金管理是首位，所以成本经营变为核心管理。从战略调整角度来看，这是从以项目生产为核心逐步向以成本经营为核心转变，虽然说项目部的生产是公司协调的首要任务，但是成本经营部门决定了企业的发展，与其他部门相比，成本部门必须提升其核心管理职能。

目前，许多施工企业把成本部门和商务部门合并为商务体系，把采购部门也归到商务体系中，采购部门变成一个执行任务的小组，如此各种材料价格控制在成本部门手中。项目部的任务是生产管理，其他部门配合管理，那么企业经营主要责任部门就变为成本控制中心。

有些施工企业以财务部门为核心管理，企业的资金控制比较严格，财务部门负责核算成本，但是财务部门是统计管理性质，财务部门对预控方面做不到事前管理，往往是事实发生后才做统计，项目亏损后才知道，这样的企业运营模式会越管理越混乱。财务部门与成本部门之间只是数据对接关系，需要财务提供什么数据就从财务报表中提取出来。财务是一套管理体系，成本管理是一套管理体系，互不冲突且形成协同管理才会形成真正的企业经营管理。

法务部门、合同部门、技术部门是协同管理部门，协助并配合成本管理和项目管理做好企业经营。法务部门可以协助成本管理相关的法律问题，预防企业风险，从专业角度考虑各种经营风险要素，为成本部门提供法律支持。有些施工企业会把合同部门合并到商务体系，将合同部门变成一个执行任务的小组；也有施工企业将法务部门与合同部门合并为

建设工程成本经营全过程实战管理

一个部门，由于合同部门的角色是为成本管理提供服务，合并在什么部门都可以，能够发挥其职能即可。技术部门在某些施工企业称为总工办，为项目提供技术服务，为成本管理提供施工方案和措施方案做经济分析，是一个协同配合部门，如图 2-1 所示。

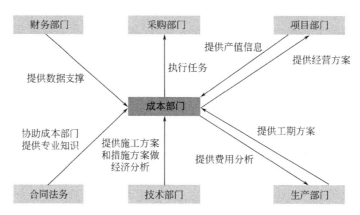

图 2-1 成本部门与其他部门的关系

施工企业设立的生产部门，是为项目生产而设立的独立管理部门，是综合管理多个项目生产的部门，成本部门与生产部门之间是相互协作的关系，成本部门提供费用分析给生产部门，而生产部门为成本部门提供工期方案。有些施工企业把分包方管理放在生产部门，分包队伍定价权在生产部门，会导致成本部门执行难，解决办法是把生产部门与项目部看作一个部门，选择分包队伍需要与成本部门共同完成。成本部门管理能力较弱会影响施工企业的分包队伍管理，从分包招标到结算全过程管理，成本部门管理不足将会增加成本。经常因成本部门与生产部门的管理界面不清楚，导致相互推卸责任从而造成管理混乱。

以成本管理为中心的施工企业，是从战术角度考虑，成本部门与项目部之间不能发生冲突，管理制度设立界面应清晰、可操作，管理界面之外的漏洞需要双方共同发现。绩效考核只能解决表层问题，更深层次的问题依赖各部门经理的责任心，岗位职责完成后发现企业制度界面不清晰时，每个部门主动承担是解决问题的关键。成本部门与其他部门的关系需要成本经理不断地摸索，需要上级领导的大力支持，每个施工企业的文化制度不同，管理人员之间的职责也有所不同，处理事情的方式也会不同。要想提升成本部门的管理能力，必须让成本管理人员有足够的时间分析问题、发现问题。

许多施工企业的成本部门是新组建的部门，企业还不够重视成本管理，或者根本没有成本管理方面的人才储备，人力资源部门考核成本人员也无相关经验，成本部门管理其他部门时，由于新产生的问题都是成本人员提出的，若发生职责管理界面不清楚时也只会削减成本管理部门的权力。上级领导应参与到成本管理中，施工企业要设立新部门、实行新制度且推广扶持，否则会导致成本管理人员发挥不了岗位职能。

案例： **某施工企业成本部门职责界面不清晰产生的矛盾**

某施工企业为正在发展中企业，需要新设立成本管理部门。原来是以商务经理代管成本、项目部办理分包结算的方式，现在因项目利润不断下降，公司要求增加成本管理部门以控制施工成本投入，获取更多利润。

由于新设立部门需要各部门的配合工作，成本经理需要财务部门提供项目各项支出明细，财务部门以企业财务保密制度为由拒绝对接数据，成本经理找到上级领导说明情况。拿到上级领导指令后财务人员把财务报表发送给成本经理，由于财务统计和成本统计口径不同，成本部门要求财务部门把措施材料分类列项整理，方便以后各项目的支出分项口径统一，但是财务人员感觉报表调整太麻烦，拒绝调整报表内容。成本经理汇报给上级领导，但是该工作是财务部门调整还是成本部门自行调整，公司没有相关制度，成本部门只能自行解决问题，逐项与财务部门核对落实，导致每个项目都要从财务口径转换成成本口径，成本管理人员劳动强度增加，仅此项任务就耗费一名成本管理人员的精力。

公司设立成本部门企业制度后，最终变为成本部门对分包队伍结算，项目部为了简化分包队伍管理，放弃了对分包队伍的管理任务，成本管理人员让项目部提供工程量和工程变更内容，项目经理说："新制度实施以后这些任务由成本部门管理，项目部设立的预算人员对外结算太忙，不能参与分包管理。"这样的管理界面导致分包结算时无任何数据支撑，年终给分包支付工程款时，分包队伍都跑到成本部门核对工程量和争议谈判，分包队伍也想借此机会增加结算额，因此给成本部门增加了巨大的压力。

成本经理向采购部门讨要材料供应商信息，需要统计企业以往合作的各供应商名单和现有合作项目分包队伍名单以及现在交易情况，采购经理以信息保密为由拒绝交接，成本经理向上级领导汇报实际难处后，采购经理把所有文件都拷贝给成本经理。由于成本管理人员不懂采购记录数据，只能专门设立一名成本管理人员与采购部门对接，使成本部门的劳动强度增大。

从上述案例了解到，各部门相互配合是成本经营的关键要素，成本管理不仅是成本管理人员完成的任务，而是由多个部门相互协作完成，只是各部门管理人员参与角度不同。从这一个问题就可以了解到企业的文化制度，从而验证企业管理制度是否合理，没有相互配合，成本部门就没有办法开展工作。

成本部门的工作是服务项目，其他部门也是服务项目的，成本部门与其他部门是平行关系，从经营角度入手管理项目才会获取更多的利润。一个项目的终极目标是获取利润，其次是给企业带来业绩增长和保持企业正常运转，这需要由各个部门配合完成。所以成本部门要求其他部门提供数据和技术支撑，是其他部门不可推卸的责任。

2.2 公司设立二级管理模式

许多施工企业由于组织架构与职能划分不合理，导致成本管理没少下工夫，却不知道怎么管理，最后只能以"减成本"的方法实施，到最后却丢了市场。

审批流程越复杂，成本管理越困难，项目就越无法开展工作。为了简化审批流程，需要设立二级管理模式，即公司层面与项目部形成两个管理层级（图2-2）。有些施工企业把成本部门和商务部门合并在一起，独立与合并只是商务人员分工不同，可以看作一个主体部门，项目部再设立驻场商务经理，商务经理下面再设造价人员。

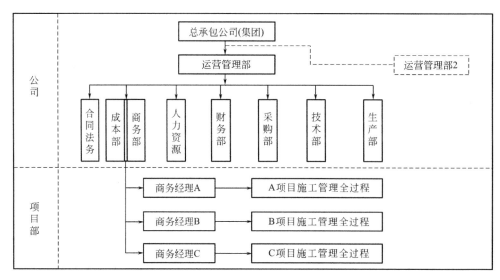

图 2-2　商务体系二级管理模式架构图

有些施工企业类型是集团公司，从公司盈利角度考虑，集团层面不涉及二级管理模式的职能。一般情况下运营管理部由企业副总经理管理，担任工程总指挥的角色，以项目为主线管理，在施工过程中作协调，具体项目具体分析，部门与部门之间的职责划分显得更加重要。

每个项目安排一名商务经理负责项目的成本管理，各个项目成本管理最终汇总到成本部门，实现二级联动管理机制。有许多集团公司分设三级管理，在集团内部设立成本管理中心，在各个区域再设立成本管理中心，项目部再设立商务经理，这样的模式可行，但是由于管理职能相同，可能出现管理流程混乱、责任划分不清、推卸责任的情况。集团成本部门直接跳过区域成本管理部门处理，会导致区域成本管理部门形同虚设。

商务经理是在施工全过程中负责项目对外结算和对内管控的核心人员，也是成本管理中心的一个"抓手"，采购部门、技术部门、生产部门都是商务经理的协作部门，但是项目经理是整个项目的第一责任人，主线必须与项目经理共同管理，如图 2-3 所示。

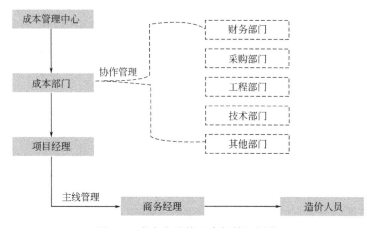

图 2-3　成本主线管理责任等级划分

许多集团公司虽然设立三级管理模式，但是每个区域采用独立经营管理，实际上集团管理的角度是从资金与资源方面考虑，并不涉及施工管理具体工作任务。

案例：　某企业数据没有闭环导致丢了市场

有一家施工企业在经营管理过程中，财务、工程、商务三个部门的工作数据完全"背对背"。工程部门作为项目管理的第一管理部门，负责质量、安全、进度管理，对项目施工过程进行敦促与管理。

工程部门为商务部门提供项目的完成情况，但是对于项目完成产值统计和项目成本支出情况，执行层确定由商务部门负责，对于项目部的采购合同和产生的成本，直接跳过工程部门，全部以保密形式处理。

长此以往，公司、项目管理集中出现矛盾。工程部门因为无法获得项目经营数据，对项目组织和管理出现的问题无法超前预估，成本的事前控制，项目经理和工程部门不是第一执行人，项目费用的主动权由商务人员和财务人员决定，工程系统无法根据过程管理进行管理纠偏，对建设方在过程管理方面的诉求也不能及时办理，最终造成项目的进度滞后、建设方投诉从而导致市场丢失。

2.2.1　设立二级管理的原则和目标

二级管理的流程是：施工项目需要申请工程进度款，项目部的商务经理上报之前，需要经过项目经理审核无误后，再由公司商务部门审核，然后根据相关流程进行审批报出；材料采购流程亦如此，经过项目部材料管理人员上报的采购计划送达采购部门，经审核后完成采购流程。

项目经理负责项目管理，业务对接的是公司工程部门。在项目部工作需要协助时，工程部门将予以支持。

项目二级管理是将项目部具备的各项职能，如项目设立的行政、财务由总部人力资源部门、财务部门管理，项目经理为工程部门做双向管理。目的是确保项目部工作的正常运行，协助支持和审核项目，以帮助项目部的工作无误完成。

设立二级管理的最终目标是：在一线项目部需要支持与服务时，能够以最快的速度解决问题，并且能起到监督作用。二级管理的所有部门必须以公司利益为上，以为一线项目部服务为终极目标。

一是在各部门的共同努力下，能够更好地服务建设方，服务项目施工；二是服务项目正常实施，以保证公司、项目部、建设方三方共赢。对于施工企业而言，各部门管理与服务效果的精准来源于项目和各部门，最终体现在数据分析与数据共享，也是对项目实施最有力的保障。

公司经营离不开精准的数据，数据就是经营盈亏分析的基础，项目施工是赔钱还是赚钱，离不开对专业数据的分析。对项目管理进行随时纠偏是工程部门的一项管理，也是公司高层对整体经营策略的一种把握。

项目管理的前提是为建设方服务，在满足项目管理的前提下，所有部门为项目管理让路。以公司整体角度进行工作，完成公司各项指标，公司各职能部门与项目部合为一体，管理并督促项目工作的正常进行。舍掉部门利益保公司利益、舍掉个人利益保集体利益才是公司经营管理的终极目标。

从该目标来看，任何公司都是一样的，在部门利益和公司利益发生冲突的情况下，高度服从与配合现场生产和经营要求，让主角起到应有的作用而不是被制约。各部门充分利用生产一线数据进行提炼与分析，然后做到各部门共享，具体流程以项目部的结算申报为例：

（1）项目部在限定时间内及时上报成本价格和工程量，完成基础数据统计；

（2）项目部对实际完成工程量进行审核后转至商务部门；

（3）商务经理负责统计产值、成本，对项目部当月进行结算，将结果转至成本部门；

（4）商务经理根据工程量进行成本核算，将项目经营盈亏结果转至财务部门和成本部门备案；

（5）财务部门进行后续的工程款拨付。

设立二级管理部门首先要满足项目生产，让项目正常施工，其次是满足公司正常运营，保证公司各分供商资源充足能让公司持续发展，最后是保证项目利润最大化，让公司实现盈利。部门是设立在公司目标基础上的，每个部门能够解决企业经营问题才是正确的，而站在公司成本管理角度考虑，解决部门管理问题、让企业正常运转才是最低成本。

案例： 某施工企业将部门拆分、合并的利弊

有一家施工企业二级管理部门，商务管理工作原来是一个部门，工作内容为投标（含投标材料询价）、合同签署（含材料采购）、工程款申请和洽商、索赔管理、成本管理和结算，确保每一个项目经理在初期投标甚至更早阶段介入项目，使商务各项工作都很顺利。

工程进度款、结算、投标三个平行完成的工作任务，赶在一起时，由于项目太多，11名商务人员不够用，任务并行时忙不过来。部门经理因为怕耽误商务工作，多次向上级申请增加3名商务管理人员，但是领导迟迟确定不下来，结果耽误了公司的投标工作，致使公司对商务部门很不满意。

于是公司对商务部门进行改革，拆分为投标部门、成本部门、采购部门、结算部门。以前一个部门经理管理的事情，改为4个部门经理管理，不仅各管一摊儿事还密切交叉。

以前一个部门增加3名商务管理人员就能满足公司所有的商务工作。改革以后，每个部门因为业务关系总是在做一些重复的工作，由于各部门人手不够而频繁增加，仅采购部门就增加了5名商务管理人员。

由于工作界面划分不清晰，合同谁来谈、材料询价谁牵头、分包人谁管理、结算资料是成本部门还是结算部门收集、谁来负责成本分析和产值分析，几个部门经理都认为不是自己部门的事情。

对于成本测算工作，投标部门、成本部门、结算部门三个部门都在做，都需要材料采购部门的价格，于是三个部门因为同一件事情频繁打扰采购部门，而得来的价格时间又不相同，一个工作基础数据频繁提取，随着时间的推移数据不断变化，使公司成本数据精准度越来越离谱，导致这几个部门管理水平被质疑，造成部门之间更加不配合，工作数据不再部门共享，全公司的工作效率越来越低，人员越来越紧缺，每个

部门人员的工作都处于高压之中，投标报价频繁出错，成本越控制越高，结算工作越来越忙……

由于重复工作过多，界面划分又不清晰，这几个部门因为工作有交叉，各部门之间开始推三阻四，均认为该工作是其他部门的责任，造成推卸责任的现象更加严重。所有的商务管理人员在工作中毫无主动性，工程结算效果越来越差，公司利益严重受损。

从上述案例可以看出，原本授权一个部门经理、15 名商务管理人员就能解决的事情，却要分成 4 个部门，不仅增加 3 个部门经理，还变成 20 名商务管理人员，管理人员工资翻倍造成公司管理费居高不下，部门之间的交叉造成人为阻碍，工作效率严重低下影响公司效益，真的是得不偿失。

分授权的最佳效果是以项目经理负责制为主导，二级管理部门全方面协助与支持，系统地进行全过程管理工作，由工程系统主导各部门的工作进度，主持并协调日常工作是最佳线路。各部门划分界面清晰，不产生重复交界面是基本要求。

2.2.2　企业各部门之间协同模式

许多施工企业的管理弊端是各部门都在争抢资源，个体利益至上、各自为政；部门之间互不沟通，对错误零容忍造成人浮于事，认为多干不如少干、少干不如不干。无论何种原因，出了问题不从自身找原因，而是第一时间思考如何推卸责任，责、权、利不对等使得各部门工作互相掣肘。

不以满足生产一线服务需求为主旨，对平行部门的要求能推就推，这样只会影响到主营业务，最后造成项目频繁被建设方投诉。各部门的工作要点和相互配合内容要紧密围绕生产一线，集体利益让位于公司整体利益，目标一致对外。

（1）以成本商务部门协同满足财务需求

敦促和协助商务经理完成项目部一切商务工作，以完成让建设方满意的项目为前提，首先完成拨付工程款数据的整理。其次满足财务系统在数据上的需求，例如拨付工程款的需求，成本商务部门具备对数据的整合能力，经过对数据的处理与分析，满足财务部门对此数据的需求，部门独立出具相关表单，达到工程款拨付条件，并对施工主导部门、工程系统信息共享等。

（2）以成本商务部门协同满足工程部门需求

工程部门必须知道产值的情况，才能满足后续的项目管理与工作支持。商务部门有义务满足工程部门在过程管理中对施工现场的工、料、机的需求，对所供应的主材等成本数据及时完整的汇总，数据共享才能更加顺利。

（3）各部门工作首先满足生产一线，其次是平行部门的数据支持

施工企业的经营理念是为建设方服务，二级管理设立部门的工作理念是为生产一线服务。这是施工企业运营的基础，各部门的最终目标应该一致，不能只是一句空话，必须围绕服务开展工作，且在各阶段均支持生产一线。

从投标开始到项目竣工验收，各部门都应该围绕着生产一线的主题开展工作，只有团队作战才能得到最佳管理效果，各阶段每一项工作的进展都离不开协助与配合，没有一个部门能够以"单打独斗"的方式完成任务。

标前投标管理的主旨是打好商务基础，前期的紧密沟通、投标报价及成本测算涉及协助与支持部门，例如法务部门、采购部门、工程技术部门，从根本上杜绝投标失误。法务人员从法律层面对招标文件进行把关，成本管理人员负责成本前期核算并对基础数据进行梳理，工程技术人员负责施工组织设计编制。

中标以后的合约管理侧重主合同、分包合同评审以及分包队伍确定，需要法务部门、工程技术部门的协助与支持，法务部门侧重合同文件中的不合理条款并出具沟通意见；工程技术部门核查技术条款和技术要求、施工图纸等；财务部门应该在税务方面进行把关。

中标以后全过程造价管理内容包括工程量清单核算、内部招标确定分包队伍、目标任务确定、成本动态管理与分析工作，均需要各部门的支持，需要工程技术部门、采购部门和财务部门在业务上的多重把关与数据共享。

各部门在每个阶段的任务必须明确，各部门承担起主要责任，部门经理要与每个部门无缝沟通，对发起的任务各部门要衔接流程畅通，部门与部门之间无隔阂，这样就解决了员工与员工之间的矛盾。

2.3 组织架构设计流程要点

没有哪家施工企业的运营目标是赔钱，管理水平的高低直接决定公司的盈亏。项目从开始到结束的每一个环节都要做到主次业务分明，效率第一，降低成本运营，提高盈利利润，完善工作流程，既可以提高工作效率，又能提高公司运营盈利能力。

以生产为主线的施工企业，必须"抓住现场"才是根本。流程是为了目标而建立的，一切工作的出发点是协助生产一线实施，工作线路越短、流程越简单就越顺利。

2.3.1 设立流程管理的目标

流程管理是为项目部设立的服务流程，经过每个部门的审批，通过每个审批人监控项目施工，确保项目正常运转。从监控点可以分析出项目存在的问题，从而配备资源和修改，让项目施工正常运转。

有许多施工企业设立流程反而扰乱项目管理，各部门流程审批设置各种关卡，甚至不负责任、退回流程发起点重新审批，给项目施工带来麻烦。因为项目发起的每一个流程都关系到施工进度、质量、安全，流程传到部门以后卡住却找不到合适的解决办法，所以流程审批不只是为了监控项目，给项目提出合理化建议才是正确的解决办法。

案例： **项目管理流程关系混乱**

成本部门需要做产值统计，直接对接项目部的商务经理上报后自行审核就可以，如果此项工作由工程部门审核后再转到成本部门，无形中增加了重复工作。经其他部门审核无误后再结转数据，只能说这个主要责任部门不能胜任此项工作。

因为进度涉及产值，为避免商务管理效率低和公司管理成本增加，不如直接由项目部负责申报施工进度，然后转发各部门以提高效率。

如果一个部门没有其他部门的支持就做不下去，说明公司整个工作流程出现了严重的问题，或者说这个部门的工作重点已经从为项目服务过渡到集权管理，也可以说由于被授权的权力过大，内在水平无法支撑其权力而造成其他部门去做本部门权限以外的工作。

但凡存在这种情况，就是权力集中到了项目管理非主管部门，而使其他部门的主体工作变为非主管部门的附属，最终结果就是所有工作都因为这个权力部门的工作而止步不前。

上述案例主要是权力支配不合理而使权力集中引发的事端，最终影响全公司的整体利益。权力要分配给生产一线，与之相关的主管部门才应是权力最大的部门。对各部门、各系统的最佳权力分配应是双审制度，既不会各自为营，又能相互监督与支持。在财务权上，工程部门、成本部门、财务部门的权力比例可设为 5∶3∶2，工程部门的权力必须大于成本部门才能使项目顺利开展，在某些特定情况下，成本部门必须无条件让步于工程部门。

流程的设立是为了提高工作效率，而不只是做程序。例如需要招标采购主要材料，往往局限于一种误区，尤其是作为成本管理主线的采购工作，要注重在约定时间内采购到质优价廉的产品，而不是侧重于领导签字是否齐全。

判断采购成功与否，从项目服务为第一宗旨考虑，当成本管理工作没有抓住主要材料时，成本增长是必然的结果。

案例：　采购要满足项目施工管理

某施工企业的采购经理以前的职务是行政经理，做了一段时间的材料采购工作后说："工程材料采购和行政采购没什么区别，不就是货比三家嘛，虽然不懂商务，但是我也能完成任务。"采购的材料没有任何问题，流程也很完美，所有人都签字了，采购节点也做得很到位，所有流程都符合要求，无论是谁来检查也查不出任何问题。

成本经理问："采购的产品是不是质优价廉？是不是满足项目施工？是不是符合施工要求？如何判断材料是否合格？"

采购经理说："我和我的属下做这项工作全部采用招标采购，有全套的招标流程，部门经理、主管副总经理都签字了。副总经理不懂采购，基本上也不管什么事。"

成本经理说："正是你这种什么问题都没有的，才会有问题。"

通过这段对话大家想一想为什么？主要材料采购全过程没有让直接参与项目的人和部门跟进，也没有让负责监督的工程管理人员参加，采购工作对生产一线全程保密，甚至连签署后的合同都不给其他部门，说是没有问题，这才是最大的问题！

对于项目的成本管理，不懂成本知识和施工工艺，只懂采购程序，这就是对成本采购管理效果的终结，对项目的出发点并非服务，所以工作起点就是错的，后面的一切也都是错的。

凡是不经过成本部门、商务部门和工程技术部门把关的采购，在成本管理上都是失败的，即便流程再漂亮，也已经偏离想要的结果。

上述案例很大程度上反映出许多施工企业的现状，关注流程的目的不是为了提高效率与效果，而是为了不出错。而不出错最好的办法就是糊弄，拉着尽可能无关的人一起签字，一起承担可能会出现的错误，而相关专业人员反而被排除在外。

为了不出现问题，就要让专业的人去做专业的事，从根本上解决跨行、跨专业管理的弊端，把专业的人放到对应的岗位，至少应避免行政人员做商务工作这种情况，毕竟隔行如隔山，很多专业都需要具备多年的工作基础，而不是从零开始那么简单。

2.3.2 分析流程执行的结果

设定流程的初衷是为了以最短的线路完成设定的目标，提高各部门的工作效率。但是在实际操作过程中，部门与部门之间存在交叉工作或者相同工作内容，各部门负责的工作不能根据部门职能划分清晰，甚至次要责任的部门也会对自己的工作范围不清晰，无形中会跨部门行使权力。

主要责任和次要责任所需工作内容和配合深度不同，某些部门对自身工作界面和工作内容有意或无意的混淆界面、各自工作界面的主要责任与次要责任、对其他部门的配合深度存在矛盾。

解决的最好办法就是建立考核制度，从根本上将被动变为主动，区分和细化标准。

商务工作中的产值统计事项和分包结算事项分为：

（1）工程部门的产值统计工作是为了体现形象进度和项目完成比例；

（2）商务部门的产值统计工作是为了体现完成工作量，为了数据再使用，产值统计是成本的一部分，数据的精准程度影响成本的分析精度；

（3）分包结算在工程部门的作用是掌握项目实施进展及推进工作进展；

（4）分包结算在商务部门的作用是把控项目完成工作量，体现在计量与计价方面。

所有的考核都要建立在主要工作和次要工作上。从上述案例可以看出，主要工作需要其他部门的辅助才能完成，容易在交界面上混淆，这个矛盾是一直存在的。

案例： **财务部门拨付工程款的流程环节**

某施工企业高层领导要求财务部门对公司全部项目的盈亏情况及资金使用进行梳理，然后确定后续经营策略，以确定对外埠项目投标的策略以及对后续资金的使用策划。

财务部门由于只有拨付工程款数据，没有其他相关台账，因为任务紧急并且非常重要，要求商务部门限期提供数据。

商务经理提出，此项工作的所有核心数据均在商务部门，综合测算容易造成数据改变，在数据交接中可能产生问题，不能保证效率；此工作数据暂时不能向财务部门提供，由商务部门全权独立完成，请财务部门只提供拨付工程款数据即可。

在经过一段时间的工作以后，商务部门将统计成果对工程部门、财务部门、投标部门进行数据共享，并上报相关高层领导进行决策。

各部门在工作交接中的原则是既要保证各部门独立运转，还要杜绝数据频繁结转，保证工作效率，也要对其他部门的工作予以支持。

部门之间的合作，首先满足公司决策层的最高要求，还要满足生产一线的各种需求。而高效的工作首先是独立完成，再进行共享，减少工作交接中的数据传输。

2.4　职能部门工作界面的管理

工作界面的划分和相关授权要分清各自的责任，避免人员冗余，避免责、权、利不对等造成工作效率低，拒绝等、靠、要等行为，让部门内外的全体人员在各自职责范围内各司其职，达到最高的工作效率，并在各自权限范围内有规则、有秩序的工作。

杜绝跨部门管理。"你中有我，我中有你"，扰乱的是整体办公秩序，助长的是部门之间对主要责任工作的任意推卸，最终影响的是企业制度。

2.4.1　各部门工作界面划分

工作岗位设置不合理，容易造成人员冗余。岗位职责不清楚，责、权、利不对等造成工作效率低。在经过数次制度改革之后，各部门的职能和权限也经过多次变化，于是各自根据以往的惯例工作，不经过系统梳理，完全依靠各部门人员的积极性和自觉性，容易造成推卸责任、扯皮的现象。责权利不对等，对权力与利益的追求不统一，使企业各部门责、权、利划分不清楚，影响企业整体运营效率。

各部门工作界面在多数施工企业中是以事件流程管理为主导进行划分，是以从项目承接到竣工结算为主线的划分。每一件事应由哪个部门发起、哪个部门审批、哪个部门执行？必须划分清楚才可以高效管理，否则会引起部门与部门之间的不配合，界面不清晰从而引起互相推诿。

虽然每个施工企业的工作界面存在差异，但是正在发展中的施工企业可以借鉴成熟施工企业的管理方法。以成本经营为主要责任部门的工作界面，可以划分为投标阶段、施工过程阶段、结算阶段，在开工前期还可以划分出合约管理的每个阶段，形成固定的职责管理，然后再细分每个阶段的任务分项，确定配合的部门，再划分出公司部门之间的界面。

某施工企业以成本经营为主要责任部门的工作界面划分见表 2-1。

成本经营为主责部门的工作界面划分　　　　　　　　　　　表 2-1

序号	工作内容	配合部门	公司部门之间的界面	备注
1	投标阶段			
1.1	市场信息与客户维护	市场部	1. 收集整理建筑市场竞争对手信息；建立并更新竞争对手信息资源库； 2. 分析竞争对手优势及劣势，收集研究客户信息；组织调查客户资信情况，建立并更新客户信息库	
1.2	投标报价	项目部、招标采购部	1. 项目部提前参与，评审现场施工组织方案的可行性； 2. 招标采购部提供主材市场价	
2	合约管理			
2.1	主合同、分包合同评审	法务部、工程技术部	1. 法务部对合同文件中的不合理条款把关并出具法务沟通意见； 2. 工程技术部对技术条款和技术要求、图纸等进行核查	

序号	工作内容	配合部门	公司部门之间的界面	备注
2.2	合同谈判	法务部、工程技术部	对策划实施方案提出针对性意见	
2.3	合同交底	法务部、工程技术部	技术交底有针对性	
2.4	合同变更与解除	法务部、工程技术部	根据公司流程标准执行	
2.5	分包确定及评审	工程技术部、项目部	1. 队伍资质的考核、材料、人力、机械方面全面把关; 2. 根据以往经验确定费用的审核权; 3. 施工组织方案的合理性等	
3	施工过程阶段			
3.1	工程量清单核算	法务部、工程技术部	辅助及审核项目部核查图纸与招标的差异以及后续施工的开展	
3.2	承包队伍、内部招标确定价	《公司内部招标管理办法》	根据报价、方案审核文件,审核最优队伍	
3.3	锁定目标成本	工程技术部、采购部	审核项目部编制的成本目标,对量和价进行双把关	
3.4	成本考核与预警	项目部、工程技术部	三个部门过程纠偏实操	
3.5	拨付工程款	财务部、项目部、工程技术部	1. 财务部:根据成本商务和工程技术双审的结算数据编制财务结算单并拨款; 2. 工程技术部和商务部出具完成情况表单	
3.6	主材采购合同	项目部、工程技术部、采购部	审核项目部提供的材料计划和合同	
3.7	月完成产值统计	项目部、工程技术部	1. 审核形象进度计划; 2. 审核项目部内价完成情况,提供分部分项工程量	
4	结算阶段			
4.1	承包、分包结算	项目部、工程技术部、财务部	1. 工程技术部审核产值完成情况; 2. 财务部审核分包结算票据	
4.2	索赔、工程变更与洽商编制	项目部、工程技术部	从技术及经济角度介入变更、索赔与洽商编制及签署	
4.3	结算书编制	工程技术部	核对量差及额外费用	
4.4	外结算报审	项目部	工作范围的确定	
4.5	结算谈判	工程技术部	工艺工序的解释,技术支持	

从表 2-1 可以看到,商务体系的每一项责任都需要市场部、项目部、工程技术部、财务部、采购部、法务部、合同部的共同配合,对应的工作界面都有其他部门相应的任务,把主要责任归到成本部门,次要责任需要其他部门配合,工作界面清晰使得各部门能负责地完成各自职责范围内的工作。

案例：　　某施工企业成本经营管理偏离目标

　　某施工企业原本设立投标部门和经营部门，分别承担投标和过程管理的商务工作。

　　为了解决项目部只负责干活、不重视二次经营管理的问题，公司给予商务工作支持，由工程部门组建一个商务组。商务组职能包含项目计量支付工作、所有项目的内外月度工作量核算，并协助项目部洽商变更等二次经营工作。

　　但是现实是商务组的工作任务被严重掣肘，导致二次经营无法开展。

　　经营部门涉及的每一项职能，若没有工程部门商务组的额外配合，每一项业务几乎都是寸步难行。经营部门不直接对接生产一线项目部的工作，等于直接伸手向商务组要数据，造成商务组的主要责任工作受到严重影响，形成经营部门过度依赖商务组的严重问题。

　　原因何在？只有一点：商务经理为了推卸责任！商务经理认为施工全过程的每一项工作界面都需要工程技术部门和商务组的共同支持，要不然增加商务组做什么？

　　主要责任部门未能把握工作要点，造成主要责任部门故意混淆工作界面，影响其他部门的主要工作。各部门的主要责任可以用管理制度约束，其他部门的主要责任不清楚会造成混乱，给成本部门的工作带来麻烦。公司应启动问责机制，按照月度或季度考核部门的责任履行程度，做好各部门相互评价的调研，这样可以解决推卸责任的问题。

2.4.2　避免跨部门管理的难点

跨部门管理的难点是使主要责任部门对本职工作不尽力，造成其推卸主要责任工作。

案例：　　跨部门管理的难点

　　某施工企业比较重视工程款回款，在成本商务部门职能中增加回款工作职责后，专门设立回款专员岗位，对各项目部的回款工作进行统一管理，每月向总经理汇报各项目部的工程回款情况和回款计划。

　　按照常规流程，回款专员直接对接项目经理或者直接对接项目商务经理就可以。但是在执行过程中，回款专员要向上级主管领导汇报并且制定管理办法，要求自己负责的工作与工程技术部门联系，要求技术部门与项目部提出回款计划，经过技术部门审核无误后转交给回款专员，签字确认后才予以接受，且在管理办法中明确：由于审核问题造成回款滞后，"打板子"给技术部门负责人。管理流程更改以后，回款专员就需要其他部门配合完成本职工作。

　　如果某一个部门的任何工作都需要其他部门支持才能完成，很容易对自身工作职责没有把握，甚至是对工作的不尽力和难以胜任。杜绝跨部门管理，各部门业务均与项目部业务对接，就不会存在"扯不清"的问题。

　　二级部门管理直接对接项目部，同级部门之间各自保持业务独立，以界面不交叉为原则，各自开展工作，减少各部门之间的数据流转。

　　主要责任部门的数据不是向项目部直接获取，而是经其他部门审核转交，为了保证数据的准确性，需加强审核机制，多一层把关。

例如某施工企业结算资料的流转流程。项目部结算资料应要求先上交工程技术部门，经工程技术部门审核后转交商务部门。商务部门对工程技术部门提交的资料再次审核，不合格的再次返回工程技术部门，工程技术部门重新走第二遍流程，自项目部再到商务部门，以此类推。

部门之间数据流转的缺陷是审核工作流于表面现象，被转交部门为主要责任，因依赖非主要责任部门的审核结果，对自己的主要责任工作放松要求。在资料出现问题时，部门之间就会出现互相指责的现象。

非主要责任部门代替主要责任部门审核把关工作内容，等同于已经被主要责任部门管理，即跨部门管理，这是部门管理的大忌。管理层次越简单，则工作效率越高。

边角工作的存在，是由于部门之间对本职工作深度的认知不清而出现的，但不至于使该工作无人认领，顺带手的工作不至于相互推卸责任。无论如何划分工作界面，都会有考虑不周的地方，因为工作不是一成不变的，边角工作也会一直存在，且在很多情况下，临时性工作会占据一定的工作比例。

企业文化会对员工产生影响。优秀的企业文化，会使员工在面对临时性工作时以积极的心态解决，员工对企业文化的认同，直接决定其在某些方面的主动性。许多企业只关注员工的价值创造，一味地强调付出，却不关注员工对创造价值的评价。员工是不是应该接受"996工作制"？高层管理为什么对加班热衷，却对那些正点下班的员工感到不可思议？认为作为员工就应该恪尽职守，对于所谓的边角工作，认为员工就应该拼尽全力完成。所以说，解决成本管理问题要从企业文化的源头解决。

如果在一个公司多做或者少做工作没有任何区别的情况下，再积极主动的员工最终也会发展为"自扫门前雪"。多劳多得和员工的价值匹配很重要，合理的评价体系会对混乱的工作界面起到管理作用。对于多做的工作或额外工作进行奖励，可以使员工的工作热情更高。

企业价值取决于员工的价值观，员工的创造力直接影响公司效益。员工积极自发的开展工作，在创造价值的同时获得心理和物质上的双重奖励和满足感，也是自身价值的认知。价值评价是对企业和员工利益的维护和平衡。

各部门工作人员要对自己的工作范畴和深度有所把握，如果不知道做到什么程度能解决问题就打算运用资料流转的办法，这是由于对工作流程和本职工作责任不清晰造成的。

工作有难度除了及时向上级反馈外，在努力后仍然无法达成时要启动协调系统，请求协调部门直接对接项目部，给予项目部直接要求，并申请授权。对于项目部没有完成的工作或者不予以配合的，可以直接开罚单，而不是追究平行部门的责任。

2.5 管理标准及考核深度

团队管理与考核深度的标准要在最高领导的指令下，根据现有任务组织及协调一切工作，整体把控好每一个团队与每一名队员，进行目标分解，最终达成目标。

团队管理与考核深度的前提是要给予团队一个通过努力可以达成的目标，进行目标分解，团队共同努力完成，并给予员工精神和管理上的协助与支持，而不能做甩手掌柜直接转移指标，拿奖罚说结果。

> **案例：**　任务要符合实际情况，不能只认奖罚

　　某团队是一个工程结算部门。上级领导给负责结算的经理下达的责任书是在半年内把存在的几十个项目结算报送出去，并在规定时间内结算定案、回款到位，该指标必须完成，否则重罚。

　　而作为结算经理，在没有对这几十个项目进行分析的前提下就直接同意了。然后转手就分配给该团队的每一名项目负责人，直接下达了一份条件苛刻的责任状，令其自行考虑解决问题，无条件满足上级领导下达的任务，并要求每一名项目负责人在各自责任状上签字确认。

　　结果是没有一名项目负责人响应，宁可不干也不签字。因为这些项目有一部分是由于建设方竣工验收的原因无法达成结算条件，更不可能满足结算定案并回款的要求。还有一部分项目安排不均衡，项目复杂程度不同，需要时间也不同，必要时这些复杂的工作还需要团队作战，而不是个人可以认领责任的事情。

　　直至半年后，这些项目也没有任何进展，责任状也不了了之。

管理与考核的主旨是为了达到目标，在公司战略领导下完成努力可以达成的指标任务。

完善的管理标准和考核能够最大限度地满足公司的各种要求，管理者对团队成员的目标管理是协助并充分授权，并在关键时刻提供后备力量。团队作战的前提是互相帮扶，共同完成团队指标，提高工作效率，并且让员工在工作中取得成功、体现价值。

2.5.1　各部门工作深度融合

各部门根据业务、主要责任对接项目部，同时各部门业务各自独立，各部门独立整合数据，最终达成公司各部门数据共享。

优秀的团队以节省人力、物力和降低管理成本为宗旨，团队协作能够给予各部门及员工归属感与满意感，是一种价值观的体现。每一个部门都是一个独立的工作团队，根据各自业务积极承担各种任务，并逐步发展为综合业务部，减少不必要的协调，让工作效率真正飞起来。对公司各部门的相同业务进行融合与合并，组成系统性大管理部门，对实施项目进行区域划分。

逐步在部门内部加强交叉任职，加强内部企业文化融合。促进部门内"你中有我，我中有你"，达成业务互补，避免管理部门之间业务交叉。公司的管理部门目标一致对外，减少内耗。

在企业经营中，最佳的管理就是团队管理与绩效考核相结合。一个企业具备高绩效的工作团队，才是企业整体竞争力和综合实力的体现。个人能力的不均衡发展容易导致团队工作效率低，全系统标准的考核重点不是考核个人，而是对整个团队管理的考核，使各个专业团队之间保持独立与互补。

打造高效团队是公司经营管理的基本要求。各部门的工作既有分工，又可以整合。团队管理的优势是能够提高员工主动参与管理的积极性及责任心，以积极主动的团队荣誉为主要追求，对部门内的固定职责进行量化考核；主动完成职责范围内与范围外的工作，工

作职责实行奖励机制，激发员工的工作潜能。

2.5.2 工作的态度和责任心

从各部门对非主要责任工作的态度上，可以确定企业文化对部门及员工的影响。在对非主要责任工作的推诿扯皮现象背后，是企业管理制度和企业文化的偏离。

一个内耗严重的企业，打造出的是平庸的团队，这样的团队管理不是业绩至上，而是个人利益至上，互相指责和争名夺利，避重就轻、相互推诿扯皮就会成为企业的常见现象。要做到团队之间的管理很简单，只需要让正能量在团队管理中起到应有的作用。

让团队充满正能量的管理就是以人为本。让每一名员工都发挥长处，让团队充满正能量，完善团队成员的弱项，增强能力，提升综合素质，做到人尽其才和人尽其用。作为团队领导，要给团队一种凝聚精神并有效实现目标，尊重团队的每一个成员，使员工真正获取成就感。

首先团队的引领人要做到德才兼备。企业要拒绝无德、缺德及失德之人，企业需要求真务实、大公无私，改革创新的人才，使企业文化建立在正能量的基础上，才能感召人心，上下齐心才是一家公司的运营之本。

绩效考核制度的前提是建立企业战略目标、文化氛围和核心价值观。绩效考核的最终目的是激励员工，让企业员工和团队与企业共同成长，使企业不断壮大。

重视激励作用，为企业打造良好的文化氛围，体现企业价值的同时让企业员工有归属感，无论是专业能力，还是对待工作的态度，都能全面激发员工的个人价值，也是企业战略目标文化氛围与核心价值观的体现。

成本商务部的职责范围和权限，可以参照某企业的规程制度，详见某企业成本商务部门职责：

（1）负责外合同、分包合同谈判与签订工作，参与其他合同的签订谈判等相关事宜；

（2）负责在招投标及市场经营活动中所需的公司法人授权委托书、营业执照、资质证书、安全生产许可证等复印件和投标印章的发放、备案、登记管理工作；

（3）负责资格预审文件登记备案管理工作和投标文件及图纸的复印、发放、登记备案管理工作；

（4）负责公司资格预审和投标文件资格证明部分的编制工作，并负责资格预审文件投标信息的获取及投标文件递交；负责与公司投标协作单位的投标相关工作；

（5）对公司的商务经济指标负责；

（6）负责本地工程项目、外埠工程项目内部招标询价工作；

（7）参与对分包队伍的考察，针对实力、履约能力、资金垫付能力提出部门观点；

（8）负责对各公司报价进行分析并存档，必要时测算成本价或标底价；

（9）按照《公司内部招标管理办法》组织评标小组对询价结果进行评定，与被选出的前三名按名次顺序就价格问题进行磋商，中标价格为合理低价，并把结果通知各参与者；

（10）负责审核支付分公司、项目部、外分包单位及个人的付款并签字确认；

（11）对所有工程项目与分公司、项目部、外分包单位及个人的谈判工作，负责分公司、项目部、外分包单位及个人的内结算工作；

（12）每个月接到工程部门上报的各项目部（内分包及外分包）月度工程量后，一周内编制进度报量预算，并提供给财务部作为进度支付工程款的参考依据；

（13）负责编制发承包经济档案和管理的各类台账，并对所有内结算资料存档；

（14）收集、整理项目部签证资料，待工程竣工决算后存档；

（15）负责中标后支付清单的编制及与监理工程师、建设方的核对；

（16）负责各种尚未施工前期概算的估算工作及各种不投标工程施工预算的编制工作；

（17）负责将编制好且由公司施工工程的预算发至工程部，以便其对内、对外的统计报量工作；完成相关收款工作；

（18）负责所有工程项目外结算与审计，以及与监理工程师、建设方的谈判工作；

（19）负责将最终的外结算定案表发放给财务部及主管副总经理，没有结算定案表的负责制作定案表并发放给财务部及主管副总经理；

（20）负责编制预结算经济档案和管理的各类台账；

（21）会同工程部、财务部开展工程项目成本管控工作，计划、统计、分析、控制工程项目成本，控制过程中数据以提高公司成本竞争力。对于亏损项目及时做出分析，查找准确亏损原因并提出相关改善建议。

第3章

成本经营全过程管控

在成本管理过程中，领导经常会问："现在这个项目亏本了没有？亏了多少？都亏在哪里了？如何才能减少损失？"要回答这些问题，需要建立资金管理和动态成本控制台账进行统计分析。亏本就是收入小于支出，即建设方付给施工方的钱小于支出去的钱，就是亏本了。解决亏多少的问题要根据账面核算一下，看是建设方应付款尚未支付，还是成本已经大于产值了。按照每月或根据施工部位核算一次，尽早发现就不至于亏的更多。解决亏在哪里的问题，就要做成本分析，目标成本分解完成后做好动态控制。解决减少损失的问题，首先要找到亏损的位置所在，然后考虑如何挽回损失，后期如何预防等。

随着成本管理工作的不断深入，发现原计划利润大，而实际完成后利润变小，主要原因是在施工过程中成本发生了变化，从而需要考虑变化前是否能够预防，这些变化如果可以挽回就可以变为利润，无法挽回就是风险。所以，按照识别风险、防范风险、控制风险、化解风险、转移风险归类整理分析，然后控制风险源头，这是成本管理的一项重要任务。

成本管理进一步细化，发现新合作分供商的管理能力强且报价低，而公司正在合作的分供商能力参差不齐。如何筛选出优秀的分供商，增加企业管理，提升公司整体施工能力，是成本管理需要考虑的内容。从更广的角度思考，平衡各要素并掌握全局。

再深入细化分解目标，发现操作过程中难度较大，需要多部门配合完成。把要做的事情分类整理，按照标准流程管理，例如要做哪个任务、公司要做什么样的管理，再分配到各管理责任人，由此团队协作可以实现更高效的管理。

3.1 成本视角的运营资金管理

成本管理过程中涉及资金问题，首先想到的是财务部门的管理，普遍认为财务部门可以将资金管理得很好。但是在实际管控过程中财务部门缺少预控能力，财务部门只是数据收集部门，财务账面与成本管理的口径不一致，无法实现管控。甚至向财务部门找一个数据，而财务人员为了应付事会发过来一堆报表，研究半天也摸不着头绪。

许多企业在财务管理中加入成本管理，财务部门每月核算一次成本，每周报一次表，搞得每个人都疲惫不堪。做好资金管控的主要目的是降低成本，从成本管理角度考虑做好资金管控才是解决办法之一。

部门职责中在资金管理方面都会有"严防、严控、严管"，每份分包合同中都写明

"因资金不到位不得停工闹事"等事项，虽然这些口号喊得响亮，可还是会发生分供商资金超支的现象，停工更是家常便饭。

能把这些问题都推给财务部门吗？显然财务部门不能解决问题，应该找到更合适的办法管理，减少企业内耗。

案例： 某施工企业资金管理流程问题

　　某施工企业缺乏对劳务分包的资金管理经验，出现过分包队伍工程款超支以后退场违约的情况。通过整改后设计的资金审批流程复杂，各部门的每个人都需要签字，流程发起人催着当事人签还是不签？对于这种前面有人签字、后面还有人签字，万一出事儿中间签字的人也只是走过场，于是各环节都顺利签字通过。

　　公司要求项目部赶进度，项目经理为了减少流程审核时间，提前给分包队伍申请工程款，流程审核不通过就将工程款另立科目申报，导致分包队伍工程款超支，分包队伍甩掉合同内的零星项目后退场。项目部又雇用临时工人，耗费 3 倍工资才完成零星项目。

　　这件事情发生后，公司把责任计入绩效考核，处罚了所有签字人，之后的资金审批工作难度再次增加，审批人以各种理由推脱，从资金拨付发起日到审核完成共花费 3 周时间，项目因工人工资问题而停工。

从上述案例了解到，拨付工程款的速度会影响工程进度，拨付工程款的额度会影响事件的走向，从分包队伍工程款超支到追回，可能要走法律程序。将拨付工程款的速度称为资金流速，拨付工程款的额度称为资金流量，支付款的流程称为资金流向。从流速、流量、流向三个方面考虑，通过资金管理降低成本。

3.1.1　项目资金池的建设与运营规划

为了方便核算成本，每个项目都要单独统计数据，项目运营资金流好比蓄水池系统，建设方支付工程款为进水，支出人工费及材料费等为出水，这样形成资金循环系统，可称为资金池（图 3-1）。资金池是体现项目资金动态的抽象描述，在施工过程中不断调整阀门，可以保持项目的正常运转。

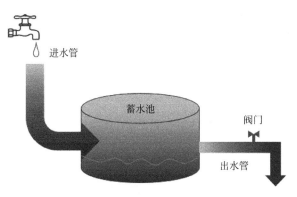

图 3-1　项目运营资金池示意图

项目中标后要投入部分资金做运营，施工至约定节点后拨付工程款，资金流入池内。

在施工过程中也要支付分供商资金，这样就形成上下游的资金流。在项目运营过程中，资金不断流入池内，也不断流出，到工程结算完成后剩余的资金就是项目利润。如果等到工程结算时才发现亏损，已经无法挽回损失，因此要在施工过程中进行监测，分时间、分阶段的核算，不断关注资金池内的变化情况，通过有效的成本管理达到预期效果。

资金池是为了形成责任目标而做的规划工作，一个项目要建立一个资金池，然后分解到分供商合同中，采用颗粒分拆细化的方法。建设方未按约定支付工程款，为了保证项目不停工，必须要按约定给分供商结算工程款，导致资金池中余款不足、需要向外部（公司或公司之外）借款时就会产生资金利息，借款数额多、利息高且周期长，会消耗项目利润，这时就要做资金平衡分析。所以资金池是成本管理的一项重要任务。

资金池建好以后，开工时就要注入一部分资金作为项目启动资金。建设方付款条件好的项目有预付款可以使用，但是多数项目没有预付款，需要从公司账户注入资金。这时需要考虑从开工到建设方付款前的资金使用量，项目产生盈利以后再从资金池中扣回注入的资金。可以从动态成本管理的目标分解中找到监测点，监测点位置需要设在建设方付款点，可以顺利核算建设方第一次付款前的应付账款。在成本管理过程中，需要从分供商的资金实力考虑，资金管理是成本运营中的一个重要环节。

案例： **项目启动资金的计算**

某施工企业承接了一个商业楼项目，前期没有预付款，需要垫资至主体结构完成，建设方才开始拨付工程款。投标时考虑工程利润率，结合企业特性需要向外单位借款，利息是年利率15%，因报价竞争激烈，投标价格按定额下浮方式无法确定报价价格，需要测算利润率及工程垫资的利息。

依据投标报价的计价清单（表 3-1），本项目共 3 栋楼，分别占总造价的 54%、58%、57%（基础专业和建筑专业两项相加的比例），加权计算工程进度至总造价的 56% 为建设方支付工程款节点。3 栋楼同时施工，主体结构工期计划 10 个月，总造价为 2394 万元，测算主体结构完成工程利润为 5%，需要项目启动资金计算为（2394－2394×5%）×56%＝1273（万元）。

工程量清单总价汇总表　　　　　　　　　　　　　　　　　表 3-1

表号	专业工程名称	含税总计(元)	专业造价比例
1	商业广场 1 号-桩基	308661	5%
2	商业广场 1 号-建筑	3191100	49%
3	商业广场 1 号-装修	2440892	38%
4	商业广场 1 号-给水排水	27390	0%
5	商业广场 1 号-电气	278904	4%
6	商业广场 1 号-暖通	197931	3%
7	商业广场 1 号楼-弱电预留预埋	17806	0%
8	商业广场 3 号-桩基	308661	6%
9	商业广场 3 号-建筑	3224575	62%
10	商业广场 3 号-装饰	1105053	21%

续表

表号	专业工程名称	含税总计（元）	专业造价比例
11	商业广场 3 号-给水排水	27271	1%
12	商业广场 3 号-电气	299461	6%
13	商业广场 3 号-暖通	193395	4%
14	商业广场 3 号楼-弱电预留预埋	17806	0%
15	商业广场 4 号桩基	1230808	10%
16	商业广场 4 号-建筑	5729285	47%
17	商业广场 4 号装修	3341030	27%
18	商业广场 4 号-电气	925704	8%
19	商业广场 4 号-给水排水	696465	6%
20	商业广场 4 号-暖通	294638	2%
21	商业广场 4 号-弱电预留预埋	83515	1%

计划主体结构完成后劳务分包结算时支付 85%，剩余资金待建设方支付工程款后与劳务分包结算，其中测算劳务费用占项目启动资金的 25%，即 1273×25%＝318（万元），计算出建设方支付工程款前可以欠款主体结构劳务费为 318×15%＝47（万元）；计划主体结构完成给付款材料商 90%，其中测算材料费占项目启动资金的 63%，即 1273×63%＝801（万元），计算出建设方支付工程款前可以欠款材料供应商为 801×10%＝80（万元）。

由此可以计算出垫资利息。计划分三次借款，利息计算公式为 (1273－47－80)×15%/12×10/2＝72（万元）。总造价为 2394 万元，项目计划利润为 2394×5%＝119（万元），实际利润为 119－72＝47（万元），意味着本项目实际利润只有 47 万元。

通过上述案例说明企业的预备资金对投标竞价有较大的影响。施工企业资金实力不足就没有利润可赚。在建立资金池的同时，需要考虑是否具备形成资金流的条件。以此类推，施工工期长的项目且建设方付款比例较低时，就要考虑垫资问题，一般按照进度 85% 支付工程款可以不考虑施工过程垫资。因为此时工程款在资金池中保持平衡状态，可以让专业分包人和劳务分包垫付部分资金。做分供商垫资估算时，考虑下游分供商的成本价格和利润，因为支付分供商的工程款低于成本价格时，分供商报价时就要高于正常报价，此时可以分析资金池与分供商之间的资金平衡点。

资金规划是要做资金最大限度的利用，资金从上游到下游既不能停，也不能流量过大，以保持项目资金池内流量流畅为目标。期望资金在项目资金池中沉没产生利息，但是分供商垫资时报价提高，许多企业在分供商合约规划中选择资金"背对背"的付款方式，规避建设方不及时付款带来的风险。在实践过程中，分包人虽然签订的合同是"背对背"付款方式，但是利用工人索要工资会造成合同失效；多数材料供应商认同货到付款、尾款压一个月结算的交易付款方式，或者按贷款计算利息的方式写在合同中，让材料供应商垫资的可能性极小。

当前建筑市场上企业对项目部的管理有两种模式：项目承包制和项目责任制。项目承包制是指工料机由项目部采购，以固定价格承包给项目经理的方式；项目责任制是指让项

建设工程成本经营全过程实战管理

目经理签订责任状，采用绩效管理的方式。在实践中资金池对接项目承包制是失控的，资金流到项目账户中由项目经理支配，项目亏损以后分供商向公司讨要工程款，这样会给公司带来更多的风险。有些施工企业设立资金池后再设立一个对接分供商交易账户，项目部申请专款专用以解决此类风险。对于项目责任制方式的管理，项目经理签认分供商付款单，最终核算结果与目标成本进行对比。资金从项目账户流到分供商账户的管理与资金池直接流到分供商账户的控制方式不同，项目承包制的项目启动资金，是由项目经理按约定比例注入项目账户。

3.1.2 企业资金流管理及控制办法

资金流管理要从流向、流速和流量进行分析，从各部门管理职责角度考虑。对于资金流的管理每个企业都有相应的制度，但是多数由于资金流路线规划不清晰导致成本增加，因此了解更多优秀企业的资金流管理是非常有必要的。借鉴优秀企业的做法前，要清楚自己的企业是否适合这种模式，依据企业特点在管理细节处做适当的调整是最好的。

实行项目责任制的企业，资金池对接分供商和项目支出，资金池对接可以划分为专业分包、劳务分包、材料费、机械设备、开办费、项目备用金、税金、规费及其他。财务账目的建立按照该分类能够与成本部门、项目部门、采购部门的口径相同，方便统计核算。其中开办费再细化分类由项目部支出，项目管理费、现场办公费、保函、保险归并在开办费中，其中项目备用金包括试验检验费、项目招采费和其他等杂项目，这样有利于项目资金管理自由支出。资金流流向分析如图 3-2 所示。

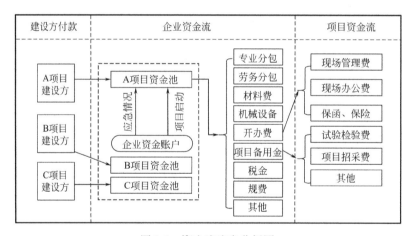

图 3-2 资金流流向分析图

项目资金支配权要放宽，以申报方式解决施工过程中各类杂项的支出，这样有利于项目进度协调。许多优秀的施工企业把开办费做成各个项目的标准化管理，配备相同指标限制，可使资金审批更方便，例如项目备用金规定项目部每月只能从资金池中支取 1 万元。

实行项目责任制首先要明确责任，资金池的流水要公开，向下分解到每一个单项，这样制定的目标成本才会有效。有些施工企业只是让项目经理签订责任状，在施工过程中并没有分解到单项资金管理，发现亏损后是由外部因素还是内部管理因素造成的无法判定，责任划分不明确，造成项目管理人员积极性减弱。

资金控制的主要方法是在施工过程中进行考核分析，监控资金缺口能更有效地利用资金并降低成本。对外的建设方和对内的分供商要对比分析，实时监控资金池余额和项目盈亏值，同时还要分析对外合同的增减额和对内合约的增减额（图 3-3）。从已收账款减去已付账款求出资金池余额，从应收账款减去应付账款求出项目盈亏值。需要商务部门和财务部门提供实时的数据，建立资金动态管理台账。

资金控制总表

项目名称：×××工程项目　　　　　　　　　　　　　　　　　　　　　　　单位：万元

合同金额	4201	已收账款	50	应收账款	2	未完成额	4199
合约成本	4000	已付账款	387	应付账款	476	待发生成本	3524

资金池余额	−337
项目盈亏值	−474

已收账款：已经收到甲方付款金额

应收账款：做到某节点部位以后，应该收到甲方付款金额

已付账款：已经支付分供商和支出项金额

应付账款：要支付给分供商和已经确定的支出项金额

资金池余额=已收账款−已付账款

项目盈亏值=应收账款−应付账款

合同价款调整额：变更、签证、索赔，能够增减合同的金额

合约增减额：分供商合同增减金额

合同价款调整额	1
合约增减额	−3527

更新日期：	2020-04-06

图 3-3　企业资金流盈亏控制台账

在资金控制总表中，可以实时、动态地观察项目的资金流情况。项目目前盈亏情况、资金够不够用、还需要准备多少资金、变更费用的差额，可以详细地从资金控制总表中看到。合约规划做好以后，在资金控制台账中对比分析，可以按照动态成本管理分类进行划分，可以方便掌握每一个分供商的付款情况。

"营改增"实施以后，根据成本管理体系的新变化，在资金控制台账中将已经签约的分供商的税率进行统计，对外合同总负税减去可抵扣税，可以计算出公司应付税，该数据进入合同总额进行对比分析后才是真实的成本。

资金流控制要监测流速和流量，流速太慢影响整体施工进度，控制流量会影响下游分供商的决策。针对分供商的付款节点设计要考虑分供商的下游资源，付款比例要从分供商需要多少资金决定。

案例： **分包付款超支带来的影响**

某工程项目有 52 栋别墅，地下室全部为剪力墙结构，地上部分为框架异形墙柱（图 3-4）。木工班组分包合同价格为 45 元/m²，施工至±0.000 后为年底付款节点，按照模板面积结算，付款时按照合同约定比例付款。由于地下室剪力墙模板比地上梁柱模板的人工消耗量少，发生分包工程款超额支付导致分包人年后退场。

主要原因是地下剪力墙结构模板支拆人工消耗量相对较低，而地上部分为框架异

图 3-4　某项目施工现场布置情况

形柱墙，模板支拆难度大且人工消耗量较高。支付分包工程款以后，分包人考虑到地下室模板完工后可以赚取利润 15 元/m²，若地上部位施工还按照 45 元/m² 结算，地上部位是没有利润的。春节开工后木工班组迟迟不到现场，项目部通知分包人开工，分包人以各种理由拒绝，要求增加补偿费用才会安排工人进场。

经过两次谈判以后，公司决定更换木工班组，对地上部位的框架异形柱墙模板另行招标，新招的分包人签约合同价格为 55 元/m²，按原计划目标成本直接亏损 30 万元。因木工班组分包导致项目整体进度延后 20d，估算间接损失 25 万元。

上述案例说明分包工程款超支以后会形成项目支付款的风险，这时就要考虑如何设计控制资金流量。有些施工企业害怕分包工程款超支，约定分包合同付款节点为完成额的 60%，分包人从进场到分项竣工一直处于垫资状况；害怕分包方施工工程质量发生问题，分包合同约定结算完成后付款 90%，这样总体分包工程款可以延期支付 6 个月，但是如果分包人报价提高 10% 就超过延期支付的资金利息成本，这样的设计模式还会在施工过程中受到分包人的牵制，也会发生有损企业信誉的情况。

资金流量可以在合约规划中设计，根据建设方付款情况平衡分供商付款。一般情况下，按照节点支付分包人 80%～90% 是比较合理的区间值，分包人不用垫付太多资金，也会认为该方式属于同行业内付款相对较好的，会对下次合作产生好的印象。

案例： **企业对分包人总体工程款支付设计规划**

某施工企业要求 B 类分包人不能跨工程承接项目。承接的第一个项目结算完成，第二个项目在建时，才可以承接新项目，这样有利于企业的长远发展，稳定分包人合作关系。该限制条款的制定，可以防止因施工过程中资金投入过大而拖垮分包人，如

图 3-5 所示。

预付款	指定付款节点	指定付款节点	工程完工	质量保证金
预缴5%	完成量的80%	完成量80%	合同额97%	合同额3%
−24万元	−27万元	−42万元	+21万元	45万元

图 3-5 某分包人整体投入资金分析图

通过计算分析，分包人承接第一个项目在无预付款的情况下，已经投入 24 万元。在指定付款节点支付时已经完成工程量的 80%，第二个项目要开工进场，经计算还需要投入 27 万元，这样第二个项目的垫资加上第一个项目预留的 20% 工程款就是分包人垫资的总额。若工程工期越长，设置指定节点付款增加，在投入最大时如果再增加新项目投入就会压垮分包人，为了避免项目重叠投入资金，跨工程承接项目的方法可以错开投入资金峰值。第一个项目结算完成后，分包人处于盈利状态，承接第三个项目时资金可以周转，降低分包人投资压力。

许多施工企业的分包付款审核流程太复杂，企业管理层都是放弃审核直接签字或者相互推卸责任不签字，流程越复杂内耗越大。所以，流程简化成三权分立形式，即文件做到发起人、参与人、授权人参与就可以。例如项目部申请分包工程款需要商务部门审核工程量，这样就形成了发起人和参与人，审核时要看是否有漏洞，需要成本管理人员的授权，就不会出现推卸责任的现象。分包工程款支付需要分包方、项目部、成本部门的流程管理，减少资金审批流程管理环节，有利于企业资金的快速流转。

3.1.3 项目垫资与利润的平衡点

随着市场环境的变化，有些工程项目施工需要全额垫资，如果超出施工企业的资金投入能力，就需要找渠道融资，企业长远战略规划还需要从企业参股角度考虑。融资参股常见的有项目参与形式和企业参与形式，主要以资金、物资、资源、技术为参与对象，如图 3-6 所示。

图 3-6 中有 6 类参与形式，一个施工项目中会有一种融资参股形式或者多种形式融合，也可以是项目和公司同时参与的形式。总之，参与方式越多，企业管理难度越大，从成本管理角度了解融资参股的常见形式，才能多方面思考，但是真正的操作过程是由高层领导决策，成本管理人员只参与核算和运营。

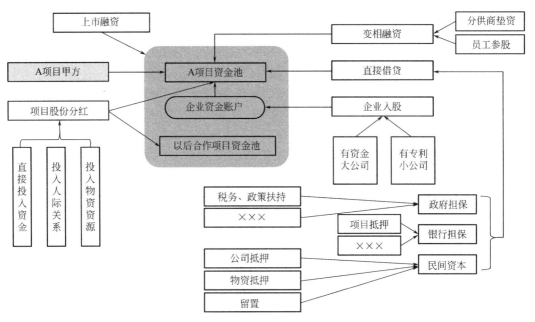

图 3-6　常见的融资参股形式

（1）项目股份分红

项目股份分红分为直接投入资金、投入人际关系、投入物资资源。直接投入资金就是指找投资人对项目投资，项目结算后核算，利润按投资约定比例分红；投入人际关系是一个抽象投入，例如承揽本项目需要经过"中间人"介绍才会中标，项目又是垫资项目，结算后才会收回投资成本，考虑让"中间人"参与项目股份分红，项目赚钱以后给"中间人"一定比例的利润；投入物资资源有多种多样的物资，例如项目需要采购大型机械、周转材料、钢材，与租赁站和供应商合作，让分供商参与项目利润分红，对外结算款收回以后清算租赁费和材料费，在清算时分供商还可以获得项目利润分红。

项目股份分红直接对接项目资金池，项目利润减少就要考虑经济效益平衡问题。直接投入资金占股份分红，可以考虑按贷款利息折算。例如项目总价 5000 万元，投入资金分红占利润的 1%，按贷款利息 12% 计算，工期为 1 年，分红计划可获得 50 万元，每月投入资金 80 万元，计算为 $80 \times 12 \times 12\% / 2 = 57.6$（万元），大于分红计划 50 万元，约投入项目资金 800 万元为经济效益平衡点。投入人际关系分红，一般考虑牵制"中间人"的方式，"中间人"有利润可赚就会把日常关系搞好，降低项目风险，牵制"中间人"有可能是为企业全面发展考虑，也有可能是多年合作关系，一般由高层领导决定分红比例。投入物资资源也可以考虑按贷款利息折算，计算出应付账款以后再计算出利息，求出股份分红的经济效益平衡点。

（2）变相融资

变相融资多数发生在资金流的下游，对象是分供商或企业管理人员。施工企业对分供商管理考虑合同约定付款节点延迟方式、降低付款比例、提高分包单价，这样可以实现融资目的。企业管理人员参与项目分红的方式有岗位薪酬比例和工资扣押方式。岗位薪酬比例是根据所在岗位不同缴纳项目分红金，工资扣押方式是要求项目管理人员的一部分工资作为投资，先投入项目运转，等项目结算时获得分红。

变相融资多数是分供商想参与承接企业的其他项目，或者是分供商的人脉资源短缺，如果没有项目就会陷入停工停产状态。这样的操作可以捆绑与分包方的合作关系，但是企业想转型升级就会受到牵制，企业外债过多也会失去信誉，分供商集体诉讼可能会使企业的声誉瞬间崩塌。项目分红是针对项目盈利来说的，分的是项目红利，项目在没有盈利甚至亏损的情况下不进行项目分红。项目分红具有激励性，允许参与项目盈利的分配，能更直接地把项目成员与项目捆绑在一起，达到利润共享、风险共担。缺点是项目管理人员知道项目处在亏损状态时，会减少积极性，甚至项目管理人员开始倒卖项目资源，通过其他收入作为补偿。

（3）直接借贷

项目直接借贷可以通过政府、银行或民间资本，政府、银行可以采用抵押方式，民间资本只能采用借款方式。企业由于自身资金少、经营规模小，很难提供银行需要的抵押、质押物，同时也难以取得第三方的信用担保，因此取得银行贷款非常困难，政府可以提供减免税收或者有一定的政策扶持。银行抵押主要有不动产抵押或者用在建项目抵押。民间资本的借款可以用公司抵押、物资抵押、置留等方式。

向政府、银行抵押或民间资本借款都是直接针对项目资金池，用公司或物资抵押从成本管理角度需要考虑抵押风险和资金利息。

（4）企业入股

引进企业入股主要针对公司资金账户的关联，有经济实力的公司通过控股方式融资给项目，企业合并重组等方式向项目资金池注入资金。有专利的公司主要有技术专利的支撑，项目需要专利技术可以通过股权方式合作。

企业入股是高层领导的决策，在成本管理过程中了解高层管理的操作即可，这是成本经营过程的战略性思考。

案例：　　**项目股份参与分红**

某企业计划承揽一个大型工业项目，投标总价暂定 3 亿元。公司发展规模处于扩张阶段，资金需求量大，签约合同是按照建筑工程完成后支付完成额 50% 的工程款，竣工验收支付工程款至 90%，经过成本目标分解测算以后，资金缺口为 8000 万元。根据现有资源有两个方案可以选择，即项目股份分红或者向民间资本借贷，需要对项目投资的经济效益平衡进行分析。

项目股份分红 5% 的利润为 1500 万元；民间资本借贷 8000 万元使用周期 6 个月，$8000 \times 12\% \times 6/2 = 2880$（万元）。通过测算，工程项目利润不足 10%，利润空间为 3000 万元以内，向民间贷款的成本是 2880 万元，两者比较后项目几乎没有利润。为了防止资金周转过程中的各类风险因素，决定提高对外报价价格，利润增加至 12%，通过提高投标总价平衡垫资成本。

成本经理提供分析方案以后，领导在投标阶段要做三项任务：弃标、找项目股份分红人谈判、核实民间资本借贷关系。最终领导决策确定以后，对成本管理部门提出的方案一致认同。

项目的投资管理是由高层领导决策，但是要有成本管理的数据支撑。通过成本管理的角度可以了解经营成本部门的重要性，中层管理人员的时间投入应集中放在一次经营之中。企业之间的投标竞价还要考虑资金实力，企业不同，成本管理的方法也不同，所以说成本经理是根据企业特性做经营的。

3.2 目标成本下的动态成本管理

项目投标时的成本测算看起来很简单，但是在施工过程中分解到每个细节，就会发现成本测算的深度远远不够，做计划很容易但是执行起来很难。做完成本测算形成目标成本以后，目标成本往往没有什么实质作用，导致动态成本控制无法进行。

案例： ▶ 动态成本决策错误导致损失惨重

某企业承接了某项目的一标段工程，评标办法是经评审的低价中标，形成目标成本以后预估利润为 2%，因市场劳务价格上涨波动，项目利润减少很多。项目施工至外装修基本完成，内装修已经完成 80%，领导通过关系接受邀请投标二标段工程。此时查看一标段利润情况，动态成本显示状态良好，项目利润为 1.5%，报价时参考一标段综合单价填报，结果项目核算后发现两个标段亏损 4500 万元。

为什么会出现亏损情况？分析原因是一标段的装修完成就已经处于亏损状态，动态成本显示状态良好，是因为部分待发生成本没有考虑。劳务班组结算争议较大，年底结算时分包合同款超额支付；外墙保温和装饰铝板幕墙为专业分包，分包单价均超出目标成本 20%，因签订的专业分包合同是包干单价，未及时统计汇总导致无法看出偏离情况。这几项待发生成本在二标段投标时未及时统计分析导致决策错误。

如果在受到邀请投标二标段工程时，发现一标段已经是亏损状态，二标段报价可考虑增加报价或者弃标，及时采取措施可以挽回公司亏损。想要达到此效果就必须使用动态成本管理，实时监测项目盈亏情况。

在工程投标时进行成本测算，测算得出的结果数值小于投标金额就有利润空间，再把测算结果数值按形象进度部位分解，设置监测点，将目标分解到各个监测点。制订好的目标成本相对来说是静止不动的，可以称为静态成本。

在施工过程中，随着进度的变化，资金不断被消耗，静态成本与实际发生成本在设定的监测点进行分析对比，成本随着项目的进展发生动态变化，称为动态成本（图 3-7）。监测点类似于医学观察 CT 片判断疾病，动态成本控制是把项目过程中的一个部位切开，通过该断面判断项目盈亏状态，进一步采取有效的措施进行调整。

目标成本形成以后，在施工建造过程中受到变更签证索赔、进度质量变化、人材机市场价变化、各类工程风险、施工方案变更、消耗量变化等影响，会有一定的变化，用动态形式展现出来，从这些影响中找到偏差原因并进行分析，即动态成本管理。

设立监测点的主要目的是把施工过程中发生的漏洞及时堵住，在执行过程中纠偏。监测点排布如果密集，成本管理任务就重，监测的数据准确性低；监测点排布稀疏，纠偏控制难。许多施工企业设立的监测点与建设方付款节点相同，这种方法容易核算，也有少数

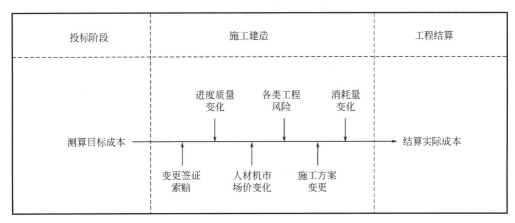

图 3-7　动态成本示意图

施工企业按分包付款节点设立监测点，常见的建设方付款节点是形象部位，许多分包付款节点是年底或农忙季节。

案例：　某住宅项目使用监测点分析法

　　某住宅项目 6 层，装饰毛坯交活，工期 10 个月。测算成本价格 4000 万元，合同签订后，建设方拨付工程进度款按节点支付：基础完工、主体完工、装饰完工、竣工验收四个节点。成本经理为了方便核算实际成本费用，设立监测点的方式同建设方付款节点，如图 3-8 所示。

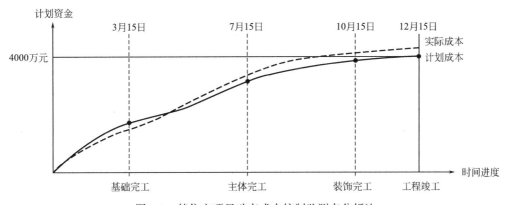

图 3-8　某住宅项目动态成本控制监测点分析法

　　计划总工期 10 个月（12 月 15 日）完工，规划总资金 4000 万元。开工日期为 2 月 10 日，基础完工监测点为 3 月 15 日，规划资金 1000 万元；主体完工监测点为 7 月 15 日，规划资金 3000 万元；装饰完工监测点为 10 月 15 日，规划资金 3900 万元；竣工验收监测点为 12 月 15 日，规划资金 4000 万元。

　　（1）基础完工监测点

　　基础完工时监测点分析，投入资金成本 980 万元，该时间段内实际成本小于测算成本，项目为节约状态。分析主要原因是基础内降排水作业实际发生费用较小，土方含水率低，挖土单价降低，测算成本时估值较高，基础完工与监测点对比节约20万元。

（2）主体完工监测点

主体完工时监测点分析，投入资金成本3200万元，该时间段内实际成本大于测算成本，项目处于超支状态。分析主要原因是在4月以后混凝土价格上涨15%，钢筋价格上涨10%，更换模板班组分包，导致模板人工费价格上涨5%，多种因素影响到成本价格。由于不可预见性的材料涨价风险、可预见性的人工费变动风险，使项目处于超支状态，主体完工与监测点对比超支200万元。

（3）装饰完工监测点

装饰完工时监测点分析，投入资金成本4050万元，该时间段内实际成本大于测算成本，项目为超支状态。分析主要原因是主体施工阶段已经超支200万元，该时间段内显示超支150万元，证明从主体完工至装饰完工成本控制较好，加强管理力度节约了50万元。

（4）竣工验收监测点

竣工验收时监测点分析，规划资金4000万元，实际发生成本4100万元，项目利润率降低，不可预见性的材料涨价风险统计为100多万元，整体项目实施过程中管理水平达到标准。

动态成本控制监测点分为按照形象进度部位分析和按月统计分析两种方式。上述案例按照形象进度部位分析，优点是容易核算成本，缺点是监测点间隔较远，采取措施时间滞后会导致风险增高。按月统计分析的缺点是核算难、准确率低，例如地下室基础筏板施工至钢筋绑扎完成，监测点设在每月25日，但是29日基础筏板才能施工完成，相差4d时间就无法将基础混凝土浇筑进行统计分析，耗费人力且分切部位不准确导致成本管理任务加重。

投入资金成本和工期进度是两个方向的分析，可分为五种情况：（1）投入资金成本高，工期进度延误；（2）投入资金成本高，工期进度减少；（3）投入资金成本和工期进度符合计划；（4）投入资金成本低，工期延误；（5）投入资金成本低，工期减少。成本与工期两个因素的综合分析，可以有效地控制成本。

投入资金成本和工期进度，在施工过程中根据经验累积判断，可以多部门合作完成。例如某住宅项目施工至主体结构5层时，实际进度比计划进度推迟20d，使用形象进度部位监测点分析，投入资金成本没有偏离测算结果数值。项目经理提出追赶进度的施工方案，增加夜间施工劳务班组人数，劳务班组单价预计上涨30元/m²，经过计算增加直接成本100万元，甲（建设方）乙双方合同约定工期每延误1天处罚1万元，按此节点进度分析，已经延误20d的处罚金为20万元，权衡之下放弃夜间施工方案，与处罚金相比夜间施工费用较高。

3.2.1 静态下目标成本分解方法

形成静态成本要根据企业特性，首先考虑组成测算结果数值的内容，然后分解到形象进度部位。测算时要采集数据进行各模块的目标分解，分解过程中需要考虑执行阶段的各种问题，多数施工企业分解口径按照分供商口径进行拆分，用人工、材料、机械、管理费进行拆分，如图 3-9 所示。

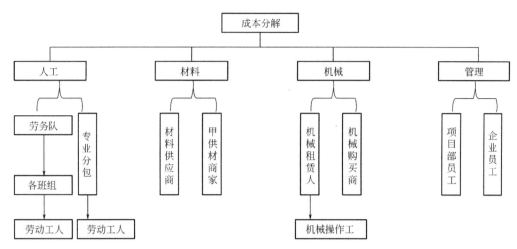

图 3-9 某施工企业成本分解图

分供商口径拆分与定额工料机拆分的差异，决定了执行阶段的难度。如果投标测算口径与分供商口径相同，执行阶段成本测算偏差小，容易统计，缺点是在投标阶段需要数据库和高端人才的支撑；定额工料机拆分相对容易，按照定额模式计入市场材料价格，根据经验进行定额下浮确定目标成本，这种办法是造价人员的传统做法，缺点是与分供商的口径不相同，执行阶段统计工作量大，测算偏差较大。

拆分颗粒细度与企业特性有关，企业的分供商资源决定了拆分方式。目标成本是合约规划的依据，按照合约进行分解。若公司签订劳务分包合同，控制到班组分包报价就是最细颗粒单元；若公司签订班组分包，控制到劳动工人就是最细颗粒单元；若公司签订专业分包合同，控制到人材机报价就是最细颗粒单元；若是在供应商交易环节，控制到采购交易单价就是最细颗粒单元。

近年来劳务分包人为了获取更多的利润，不愿意承担任何风险，当分包人感觉利润减少时就会带领工人闹事。项目部应通过考勤、教育、摸底、实名制工资发放等方式获得解决办法，在分解过程中，以参与的每个人为分解对象进行实名制管理，可以把这类问题归并到项目管理层。

案例： **某企业采用分供商口径模式拆分目标成本**

某房建项目成本测算时按照分供商口径进行拆分，结合企业的分供商资源，综合考虑各类材料采购资源，施工措施依据施工组织设计，测算后形成结果数值，可分为劳务人工费及管理费、机械设备临时设施、工程材料、专业分包，如图 3-10 所示。

（1）劳务人工费及管理费组成

可分为劳务人工费、周转材料、管理费、可预见风险、不可预见风险、利润和税金。

其中劳务人工费可拆分为主体劳务、二次结构、装饰装修、水电暖通。如果项目采用班组分包形式，主体劳务还可以拆分为钢筋班组、木工班组、瓦工班组、架子班

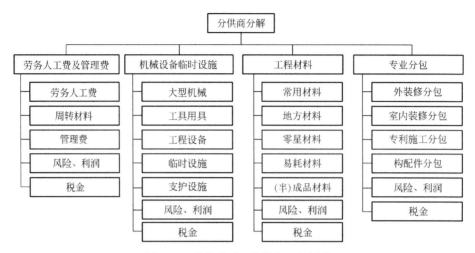

图 3-10　某房建项目分供商口径拆分

组、杂工组等。

（2）机械设备临时设施的组成

可分为大型机械、工具用具、工程设备、临时设施、支护设施、风险、利润和税金。

（3）工程材料的组成

可分为常用材料、地方材料、零星材料、易耗材料、半成品材料、成品材料、其他材料、风险、利润和税金。

（4）专业分包的组成

可分为外装修分包、室内装修分包、专利施工分包、构配件分包、风险、利润和税金等。

静态成本的目标分解要根据工期计划，从工期中找到监测点并将资金分配到各点。分供商付款以及项目经费在每个监测点需要按照进度节点统计支付，这样就形成资金计划。

这样做成的资金计划按监测点分析，企业财务按月统计，因统计口径不同无法详细到月报表。但是监测点与点之间可以细化，一个项目周期 2 年左右，按月资金计划分配偏差较大，成本管理一般按照施工部位节点划分，有利于与建设方的口径形成统一管理。

案例：　**某项目静态成本分解方式**

某住宅项目 6 层，装饰毛坯交活，工期 10 个月，测算成本价格 4000 万元，开工日期为 2 月 10 日，设定监测点为 3 月 15 日基础完工、7 月 15 日主体完工、10 月 15 日装饰完工、12 月 15 日竣工验收四个节点。

目标成本分解按照分供商口径进行拆分，劳务人工费及管理费、机械设备临时设施、工程材料、专业分包列项分解为四类，按照企业分供商模式进行细化分解，如表 3-2 所示。

静态成本目标分解表（单位：万元）　　　　表 3-2

分项名称 \ 工期进度（资金成本）	小计	2月10日	3月15日	7月15日	10月15日	12月15日
劳务人工费及管理费	1080	51	159	609	231	31
劳务人工费	819	2	87	540	180	10
周转材料	69	36.5	20.5	10	2	0
管理费	64	12	16	16	16	4
风险、利润	99	0	28	28	28	15
税金	29	0	7	15	5	2
机械设备临时设施	150	63	25	33	21	8
大型机械	38	15	10	10	3	0
工具用具	27	0	5	12	10	0
工程设备	0					
临时设施	65	45	5	5	5	5
支护措施	0					
风险、利润	15	3	3	3	3	3
税金	4.5	0	1.5	2.6	0.2	0.2
工程材料	2391	64	1188	840	235	64
常用材料	1180	35	620	410	110	5
地方材料	809	20	430	310	45	4
零星材料	54.5	4	25	20	5	0.5
易耗材料	22	5	5	2	10	0
(半)成品材料	0					
风险、利润	190	0	40	50	50	50
税金	135	0	68	48	15	4
专业分包	380	0	0	5	375	0
外装修分包	115	0	0	0	115	0
室内装修分包	213	0	0	5	208	0
专利施工分包	15	0	0	0	15	0
构配件分包	0					
风险、利润	25	0	0	0	25	0
税金	12	0	0	0	12	0
其他						
合计	4000	178	1371	1487	862	103

监测点资金计划：项目开工 178 万元，基础完工 1371 万元，主体完工 1487 万元，装饰完工 862 万元，竣工验收 103 万元，共计 4000 万元。房建项目基础完工以

建设工程成本经营全过程实战管理

后，需要购买钢筋和结算基础内分包工程款，监测点资金用量比较大，如果企业要求按月提供资金计划，可详细分解各项成本或者开工后再按实际情况进行调整。

资金计划与项目进度、采购方式、合约管理都有关系，企业一般要求提供下一个月资金计划。所以，详细的资金计划要结合实际情况调整，静态成本目标分解的资金计划只能作为项目总投资参考。

3.2.2　动态成本监测及案例解析

动态成本监测是以监测点为考核目标，按形象进度部位为监测点的项目，统计数据操作容易。统计内容包括已完成分项、未完成分项、摊销分项、已完成增减内容。

（1）已完成分项

已完成分项是指在监测点的日期之前已经完成的分部分项内容。例如基础完工的监测点为 3 月 15 日，此时间点之前已经完成的分部分项就要统计到动态成本考核指标内。例如土方工程在基础完工前已经全部完成，土方分包合同约定支付工程款 95%，年底结算至100%，在统计动态成本时要按照 100% 计入考核指标，因为在任何时间点付款都已经是实际发生的成本数据。

（2）未完成分项

未完成分项是指分项内容跨过监测点的作业任务。例如基础完工的监测点为 3 月 15 日，劳务分包结算按照建筑面积计算，基础不计算建筑面积但却是劳务分包要发生的费用，这时要考虑采用折合方式统计到动态成本考核指标内。

（3）摊销分项

摊销分项是指分项内容跨过多个监测点的作业任务。例如现场文明施工临时设施，从开工到竣工都涉及费用，可采用摊销方式计算。摊销方式分为按月均摊和按比例摊销两类。例如项目管理人员工资，固定人员每月工资发放差距不大，采用按月均摊计入考核指标；例如文明施工临时设施费用采用按比例摊销，因为开工时临时设施已经完成，在施工过程中仅维护工作，成本费用开支很少。

（4）已完成增减内容

已完成增减内容是指已完成的分项按照测算成本数值计入考核指标以后，增加或减少的费用。例如在基础完工的监测点统计成本，钢筋班组分包测算成本数值为 1100 元/t，在施工过程中因工期变更，钢筋班组分包人要求涨价 100 元/t，确定的成本增加要计入考核指标。未完成的分项中发生增减内容也要计入考核指标，这样能降低监测点间隔长的考核偏差。

案例： 某住宅项目各监测点对比分析

某住宅项目 6 层，装饰毛坯交活，工期 10 个月，测算成本价格 4000 万元，设定监测点为基础完工、主体完工、装饰完工、竣工验收四个节点（表 3-3）。基础完工规划资金 1000 万元，实际发生成本 980 万元，节约 20 万元；主体完工规划资金 3000万元，实际发生成本 3200 万元，超支 200 万元；装饰完工规划资金 3900 万元，实际发生成本 4050 万元，超支 150 万元；竣工验收规划资金 4000 万元，实际发生成本4100 万元，超支 100 万元。

某住宅项目动态成本对比分析表（单位：万元）　　　　表 3-3

工期进度 资金成本 分项名称	小计		基础完工 3 月 15 日		主体完工 7 月 15 日		装饰完工 10 月 15 日		竣工验收 12 月 15 日	
	计划成本	实际成本	计划成本	实际成本	计划成本	实际成本	计划成本	实际成本	计划成本	实际成本
劳务人工费及管理费	1210	1187	140	120	810	832	230	220	30	15
机械设备临时设施	128	119	70	65	30	31	20	18	8	5
工程材料	2262	2411	790	795	1150	1349	260	237	62	30
专业分包	400	383	0	0	10	8	390	375	0	0
其他										
合计	4000	4100	1000	980	2000	2220	900	850	100	50

备注：

　　填报部门：　　　　　　　　　　　　　　　统计人：

　　填表日期：　　　　　　　　　　　　　　　复核人：

> **案例：**　**某市政项目各监测点对比分析**

　　某项目是市政道路工程的一标段和二标段施工，工期 6 个月，测算成本价格 8000 万元，设定监测点为一标段主路基层完工、一标段路面交工、二标段主路基层完工、二标段路面交工四个节点（表 3-4）。一标段主路基层完工规划资金 2300 万元，实际发生成本 2100 万元，节约 200 万元；一标段路面交工规划资金 4000 万元，实际发生成本 3950 万元，节约 50 万元；二标段主路基层完工规划资金 6200 万元，实际发生成本 6300 万元，超支 100 万元；二标段路面交工规划资金 8000 万元，实际发生成本 8050 万元，超支 50 万元。

某市政项目动态成本对比分析表（单位：万元）　　　　表 3-4

工期进度 资金成本 分项名称	小计		一标段路基 2 月 10 日		一标段路面 4 月 15 日		二标段路基 6 月 12 日		二标段路面 8 月 10 日	
	计划成本	实际成本	计划成本	实际成本	计划成本	实际成本	计划成本	实际成本	计划成本	实际成本
排水管线工程	1750	1700	900	800			850	900		
路基、土方	2700	2750	1400	1300			1300	1450		
路面面层	2100	2000			1000	1050			1100	950
辅路工程	1450	1600			700	800			750	800
其他										
合计	8000	8050	2300	2100	1700	1850	2150	2350	1850	1750

备注：

　　填报部门：　　　　　　　　　　　　　　　统计人：

　　填表日期：　　　　　　　　　　　　　　　复核人：

3.2.3 动态成本统计及控制要点

（1）动态成本统计

动态成本包括两部分，分别是已经发生成本和待发生成本。已经发生成本是监测点核算之前的成本，即已完成分项和已完成增减内容；待发生成本是监测点核算之后的成本。由此可以推算出：动态成本＝已经发生成本＋待发生成本。

在动态成本控制过程中，用目标成本与动态成本对比分析得到总体控制数据。动态成本管理控制的重心是待发生成本，因为监测点核算之前的成本已经定局，主要是分析偏差原因以及追踪有问题的数据。动态成本管理有两种方式，一是通过合约规划管理，二是通过各项费用统计的方式。通过合约规划管理的优势是节省人力统计时间，缺点是许多小规模建筑企业未建立合约管理，事后算账导致统计偏差。

案例： **某项目动态成本统计方法**

某工程项目的目标成本为4000万元，采用合约规划管理方式将目标成本分解，共分解成15份合同（表3-5）。随着项目的进展，在动态管理过程中需要考虑以下3种问题：

（1）分项合同额小于目标规划额，节余部分进行计划余数管理；分项合同额大于目标规划额，从计划余数调拨，重点审核超出分项的内容组成。

（2）待发生成本额大于目标规划额，此分项处于高风险状态。要分析具体原因，及时提供有效的措施和解决方案，因为此时的预控要比执行阶段容易管理。

（3）分析动态成本控制过程中反映情况不及时，分析延迟上报原因。延迟上报有三种原因，其一是项目部害怕承担责任，推迟发现错误的时间以混淆过关；其二是分包方不积极上报，害怕因为上报数额太小要不到钱，不如最后一次算总账，或者分包人故意拖延至结算，因为隐蔽工程事项说不明白，到结算时以请客送礼的方式可以增加分包结算费用；其三是合同双方对变更金额有争议，分包人想拖延时间以便争取更多的利益。

某项目动态成本统计表（单位：万元）　　　　　　　　　　表3-5

分项名称	目标成本	实际成本	待发生成本	动态成本
劳务人工费及管理费				
合同1	750	650	130	780
合同2	200		200	200
合同3	150		150	150
机械设备临时设施				
合同4	15	10	5	15
合同5	8		8	8
合同6	2		2	2

分项名称	目标成本	实际成本	待发生成本	动态成本
工程材料				
合同 7	1200	1100	100	1200
合同 8	640		680	680
合同 9	250	100	100	200
专业分包				
合同 10	530	540	0	540
合同 11	190	150	80	230
合同 12	20		20	20
其他				
合同 13	15		15	15
合同 14	20		20	20
合同 15	10			10
动态成本	4000	2550	1520	4070

从表 3-5 中可以分析，此时的动态成本为 4070 万元，超出目标成本 70 万元，已经发生成本接近 60%。重点审核合同 1 和合同 11 的已经发生成本内容，管控合同 8 的待发生成本。而合同 9 计划余数是 50 万元，将进入项目资金池再分配，合同 1 为分包劳务费用，争议较多，待发生成本预计 20 万元，应该在年底结算期间发生增加成本。

由于建设周期长，工程材料价格变动大，在项目施工过程中很有可能会再向下拆分合约规划，只要拆分的金额总数归类到合约规划分项内即可。例如合同 7 为钢筋供货合同，目标成本选定某钢铁公司供应，在施工过程中价格波动 7%，供应商要求涨价，可以采取竞争压价的方式拆分合约，引入另一家报价较低的钢筋供应商使其拥有份额的 50%，最终钢筋供货拆分为两家单位，统计时合并到一个分项内即可。

（2）动态成本控制要点

动态成本控制主要是防范各种风险的发生。在目标成本分解细化中，每个颗粒都有数据支撑，偏离目标成本的主要原因是风险要素。动态成本控制主要是做各分项的预控和纠偏，在每个分项管理过程中，要考虑目标成本分解与将要发生的分项差距，以及在各分项执行过程中要考虑纠偏的办法。

偏离目标成本的起因是发生分项变更，由分项变更引发不可预估的风险。分项变更可分为已确认变更和预估变更，管理重心要放在预估变更中，以便更早识别可能存在的风险。变更分类可整理成六类：变更签证索赔、进度质量变化、人材机市场价变化、施工方案变更、消耗量变化、各类工程风险，如图 3-11 所示。

工程变更签证增减对企业管理来说是"背对背"的，因为分包方成本和材料费用增加

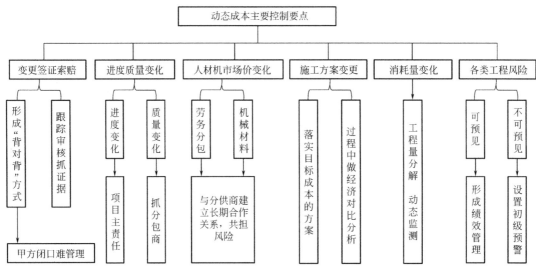

图 3-11　动态成本主要控制要点

时，对外结算也会增加相应的费用。分包方的诉求大多数情况下是根据对外结算费用增加而增加，但是对外结算往往因为各种原因不能索要到变更增项费用，从而将变更签证索赔转为风险部分。针对此类事件要集中审核分包人提供资料的真实性，组织收集资料齐全，分包方结算时点要在对外结算时间节点之前，要考虑分包人是否虚假乱报信息，排除项目部不确定因素，抓住证据审定结果。

　　进度和质量的变化是引发成本偏离目标的一个因素。项目部控制工程进度，公司各管理部门相互配合协调，许多不可控的工程进度是由外部因素导致的，可以归类为风险管理。工程质量标准变化增加的成本是可控的，项目部通过加强管理可以防范，工程质量标准可以划分在分包合同中，通过约束分包方达到标准，需要项目部监督。此类成本动态管理重点是加强项目管理，监督项目部门。

　　人材机的市场价格变化是动态成本管理的一项复杂任务。价格变化是由市场变化决定的，材料在总造价中所占比例很大，成本管理强度高且耗时长。许多施工企业采用"背对背"合同解决此类问题，但是在实际应用中效果并不明显，分供商承担的风险是有限的，没有利润空间时分供商就会逃离，所以要有长期合作的分供商共同承担风险。劳务分包必须是长期合作且存在信任关系才会共担风险，一般在分包合同中对人工费约定闭口价，此时需要考虑闭口价会不会引发更大的风险。

　　施工方案变更导致的动态成本偏离目标，源于形成目标成本前企业没有足够的技术经验，在方案优化过程中偏离了实际成本。房建项目的失控方案主要来自地基处理、模板脚手架、文明施工、材料组织采购，以及因项目结构类型不同导致预估方案不符合施工实际，这些因素是动态成本偏离目标的主要原因。市政项目的失控方案主要是混合料的拌和场地、预制构件场地变更、现场条件变更、地基处理，以及因投标时信息不对称或者施工过程中情况发生变化，导致动态成本偏离目标。在施工过程中，施工方案变更前要做经济效益对比，召集各部门进行会议协商，全方面考虑才能使方案变更落地执行。许多施工企业在方案变更时只有项目部知道，公司成本控制发现时已经太晚，导致方案变更增加成本。

消耗量变化影响动态成本偏离目标，主要原因是施工管理控制力度差、采购管理不交圈。材料消耗量管理在许多企业的统计办法是滞后的，发现超出消耗后才复查，结果采用堵漏洞的办法达不到有效地控制。为了控制材料消耗量，可先将图示工程量计算完成后分解到各部位，用动态监测的方法控制，制作一个进度与部位统计表即可。

各类风险是影响动态成本的重要因素，因此动态成本管理难度大。在分解目标成本时需要设立一个预估风险值，规划为初级预警线。将风险分为可预见风险和不可预见风险两部分，形成责任制度进入绩效管理。

（3）预警机制管理

偏离目标成本有两种情况，分项合同额小于目标规划额以及分项合同额大于目标规划额。分项合同额超出目标规划额以后要设置警戒线，高于警戒线就要请领导关注，进行策略调整，重点是监管该分项的成本变化。小于目标规划额以后，计划余数并入风险预备金内，重新分配计划余数的使用，可用公式表达：计划余数＝目标成本－动态成本。

按照分供商口径可以分为劳务人工费及管理费、机械设备临时设施、工程材料、专业分包四部分，在每部分中设置风险预备金和利润，可把风险预备金作为黄色预警，把利润作为红色预警，可有利于分供商的管理。

案例： **预警机制流程管理**

某企业分解目标成本采用分供商口径，项目是班组分包模式，将主体结构劳务分解成钢筋班组、架子班组、瓦工班组、模板班组四个班组。在设立预警机制时将风险储备金单独设立，以劳务人工费及管理费的 0.7％为预备资金，利润按照劳务人工费的 20％为预备资金，形成两个预警机制，如图 3-12 所示。

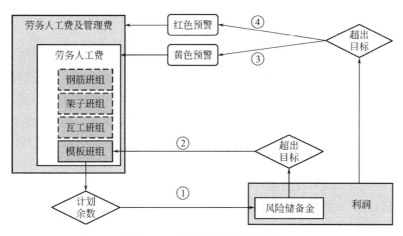

图 3-12 预警机制设立流程图

（1）模板班组若在施工过程中产生计划余数，则把计划余数并入风险储备金，采用图 3-12 中线路①方式将计划余数进行二次分配。

（2）模板班组若在施工过程中超出目标成本，则从风险储备金中提取作为补充，采用图 3-12 中线路②方式进行补充。

（3）模板班组或者劳务人工费在施工过程中超出目标成本，从风险储备金中提取不足、风险储备金成为负值时，发生黄色预警，按照图 3-12 中线路③方式进入预警。

（4）劳务人工费及管理费在施工过程中超出目标成本，从风险储备金和利润中全部提取成为负值时，发生红色预警，按照图 3-12 中线路④方式进入预警。

有些企业在动态成本控制过程中，成本管理强度投入少，没有及时反映不良情况，预警线触及延迟，就会在某个时间点集中爆发出偏离目标的问题，导致动态管理体系设置失效。所以要严防此类情况的发生，针对待发生的情况做好预估，在企业资金不足的情况下，依然要完善结算任务，提前做好预估值，提早识别风险。

3.3 成本视角的风险管理

工程风险是与工程利润直接关联的，有些较大的风险可以导致工程利润为负值，一个风险可能会让一个企业倒闭。减少风险就是要做到尽早识别风险、规避风险、化解风险或者转移风险。企业在不断成长过程中，打造一套完整的风险控制体系，可以有效地降低企业成本。

例如，河北省某大型集团公司承建某住宅小区，因工程质量事故导致企业整体风险上升，将 15 栋高层住宅的主体结构全部拆除，地下车库全部拆除。事发原因主要是混凝土设计强度等级为 C30，而实测值只有 C15。偷工减料、伪造材料试验合格证，责任事故全部由自己企业承担，规避了材料供应商的责任，实际偷工减料节省的钱与风险损失相比只是九牛一毛。该风险的发生意味着企业失去了多年的信誉，还要损失几亿元，此事故发生以后合作方减少很多，对企业今后承接工程也有较大的影响。

由此案例引导可知，必须找到风险发生点在哪里、要怎么做才能控制风险、怎么做才能降低风险。按项目施工进行阶段划分，分为投标、施工、竣工结算三个阶段考虑，再把各类风险责任分工管理，可以更深地认识和理解风险。

风险可以分成两部分：可预见风险与不可预见风险，也可称为可管理风险与不可管理风险。可管理风险是指用人的智能、知识等可以预测、可以控制的风险。不可管理风险是指用人的智能、知识等无法预测和无法控制的风险，即未知的风险。对于不可预见风险，企业常见做法是进行风险转移，把部分或全部风险转移到下游分供商承担，可以降低企业损失。

可预见风险要尽早识别，防范风险是成本管理的主要任务。识别风险可以划分为有意识和无意识两类。例如碰到过类似的事情，就是有意识的使用规避风险的方法；无意识，例如见到一个怪物不知道有没有危险，先怀疑后排除。先考虑其是否存在不确定性，要通过认真分析进行确认，要对风险带来的影响进行评估。

3.3.1 投标阶段的风险控制

投标阶段对风险的控制可以分为对外和对内两部分。对外是针对建设方及外部环境进行评估，对内主要是风险规避和风险转移。在我国工程量清单计价模式下，相对来说还是保护施工企业的。自然风险、社会风险、政治风险、经济风险都来源于外界，可以使用不可抗力条款，建设工程施工合同中也有不可抗力条款，对不可预见未知的风险有明确约定。

投标阶段对工程风险的来源可以划分为来源于外部风险、来源于建设方风险、自身承担风险。来源于外部风险可定义为非甲乙双方导致的风险，可预见性风险分为场地条件、地方性潜规则、地基挖填土方、冬雨期施工、地方气候条件，不可预见性风险分为交通条件变化、政策变化、自然环境变化、领导视察项目、地下文物障碍物；来源于建设方风险可定义为因建设方原因导致的风险发生，可预见性风险分为修改合同专用条款、修改清单计价规则、项目重新计量偏差、预交保证金、建设方管理附加要求，不可预见性风险分为项目定位偏离、不具备开工条件、付款条件与招标文件不符、地质勘察失误、施工图纸变更；自身承担风险可定义为在投标时考虑应由自身企业承担的风险，可预见性风险分为使用定额报价、工程转包、项目管理班子水平差、分包合作资源缺少、供应商资源合作，不可预见性风险分为人材机价格变化、地区招工难、特殊施工工艺。如图 3-13 所示。

	来源外部风险	来源建设方风险	自身承担风险
可预见风险	场地条件 地方性潜规则 地基挖填土方 冬雨期施工 地方气候条件	修改合同专用条款 修改清单计价规则 项目重新计量偏差 预交保证金 建设方管理附加要求	使用定额报价 工程转包 项目管理团队水平差 分包合作资源缺少 供应商资源合作
不可预见风险	交通条件变化 政策变化 自然环境变化 领导视察项目 地下文物障碍物	项目定位偏离 不具备开工条件 付款条件与招标不符 地质勘察失误 施工图纸变更	人材机价格变化 地区招工难 特殊施工工艺

图 3-13 投标阶段要注意的工程风险

（1）来源于外部可预见性风险

风险潜伏周期有可能是整个项目周期，可预见性风险可以根据经验判断，外部风险要尽量考虑周全，把可预见性范围扩大，只有找到风险源头才能有效地规避和控制。在投标报价时，施工现场勘察是在文字条款约定之外的事情，凭经验评估风险。

场地条件在施工现场勘察时不确定性因素较大，场内条件和场外条件都要考虑周全，通过观察可以找到风险源头。例如场内地势较低、挖槽后的雨水倒灌、古树名木的保护、地表积水淤泥处理、场区平面布置不合理、高压线跨过场地上空等，这些因素都可能是场地条件内的因素，分析风险源头是可以规避风险的。

案例： 某项目场地条件带来的风险

某住宅项目投标报价时，商务经理未认真进行施工现场勘察，到开挖基槽施工时正值雨期，临近围墙边的马路积水把一个槽边冲垮，现场槽内清淤泥处理停工 20d，在原围墙外增加混凝土基础加固，改为工字钢焊接围挡，由于基槽边坡外扩，回填土时购买黄土 600m³ 进行回填。

该项签证申报建设方，槽内清淤泥 20 万元，停工窝工 12 万元，重新制作围墙 15 万元，购买黄土压实夯填 5 万元，合计 53 万元。建设方针对该事件不予认可，理由是该事件属于施工企业未考虑雨期施工，对现场情况没有做好预案造成的。

施工至地上四层，监理工程师要求临近马路一侧的建筑做水平防护。要求向外挑出防护架 8m，对临近马路一侧的建筑立面外脚手架进行外网加固，采用金属钢板网全封闭。

该事项由监理工程师签字，但是在工程结算时审计方提出施工措施费在合同约定中是固定总价，监理工程师要求解决防坠落物现场安全文明问题，这是施工企业应该做的。22 万元签证申报资料被审计驳回。

最终因商务经理未考虑场地内建筑临近马路，项目损失 75 万元。如果在施工现场勘察时考虑该风险，可以在报价中增加相应措施费；在施工过程中考虑其风险，可以在基槽边坡处设置排水沟并对围墙进行加固。

地方性潜规则与场区有关，与地方材料也有关，地区垄断性价格对外来施工企业供货困难也要考虑。地方材料只有通过周边关系引进分供商，使分供商很难形成充分竞争。有许多施工企业为了降低此类风险，在中标以后打通地方政权部门关系，在县市级地区的项目可以找当地有威望的人做项目管理代表，主要作用是平息琐事。

案例： **某项目地基挖填土方风险**

天津市某住宅项目为小高层建筑，地下车库建筑面积 35000m²，地下车库层高 4.5m，挖土深度 6m。该项目在东丽开发区，地处偏僻，建设方在施工区搭设广告围挡，现场场区面积较大，施工场地开阔。

施工单位把土方挖填承包给土方机械分包人，因施工场地较大，土方分包人给出的施工方案是分两步开挖至槽底，第一步挖至 −2m 处，扩大槽边工作面可以节省钢板桩支护。项目施工至槽底时，分包人认为槽底淤泥出现导致挖掘机降效，要求挖土涨价 3 元/m³。

项目部按照合同结算分包工程款，分包人不同意就把进场大门堵住，之后项目部找到有意向合作的分包人但其报价很高，两家分包人熟悉也无法竞争，只能按分包人诉求结算才挖出槽底淤泥部分的土方。

基础完工需要回填时，分包人按买进黄土价格 20 元/m³ 计算，因为天津市东丽区地势低，需要抬高建筑场区地面较多，挖土时分包人以 15 元/m³ 卖出，项目部没有签订土方堆场合同，导致分包人故意习难。

经过谈判，分包人说："向外运输的是淤泥，如果项目经理同意就再运进淤泥，经过现场晾晒后再回填"。此时项目经理考虑土方现场晾晒要停工 30d，只能再签订补充合同，按照买进优质土价格 13 元/m³。

项目经理找到监理工程师谈判此事，监理工程师和建设方代表没有认同槽底是淤泥的事实，监理工程师认为天津市地下水位较高，基础降排水合格再挖土方不能称为淤泥，是湿土。

工程结算时由于签证争议，审计无法审定增加费用，而分包人按照分包合同结算增加 120 万元，对外合同与分包合同相比，土方分项亏损 100 多万元。

经过分析，地方性潜规则导致项目无法开展工作，只能任由分包人牵制，在报价时未考虑地方因素。在施工过程中项目经理管理经验欠缺，只考虑节省基坑支护桩而增加了土方开挖和回填工程量，未考虑外运堆场和土方外运管理，让分包人乘机钻了漏洞。

冬雨期施工气候条件，需要考虑当地天气对工程施工的影响，往往因为施工企业异地施工，对当地气候影响考虑不周全，导致项目施工过程中增加人力、物资。对工期无法把控，对施工节奏设计不合理等情况，导致成本增加。

案例：　**某项目施工现场雨期影响导致停工**

某项目施工场地内有一座电力铁塔，项目投标时分析铁塔高度距地面30m，铁塔位于场地北侧不影响建筑物施工，因项目为多层住宅，输电线路高度不会影响施工。

华北地区施工企业承包西南地区的项目，对西南地区天气状况未知，住宅楼主体结构完成正值雨期，有两栋楼处于高压线下方，雨天作业有影响。监理工程师要求拆除外墙钢管脚手架，更换木杆脚手架施工，要求将处在高压线下方的两栋住宅楼停止施工40d。

合同约定延误工期每天按2万元计算处罚金，装饰阶段施工企业为了赶工期，补偿装饰分包人20万元。

工程结算时施工企业提出该项费用为40万元损失，审计人员以综合单价已经考虑此项费用为由驳回申请书。因施工企业对西南地区雨期施工现场情况不了解，导致成本增加。

(2) 来源于外部不可预见性风险

外部不可预见性风险有交通条件变化、政策变化、自然环境变化、领导视察项目、地下文物障碍物，投标报价时这些外部不可预见风险要划分在报价费用之外，视为可容忍风险。外部不可预见风险发生时，应对策略就是风险共担，把一部分风险转移到分供商或建设方，可以有效地降低损失。

外部不可预见性风险发生后，要有应对方案。此类风险是不可抗力风险，应立即写报告向建设方说明情况，与分供商协商对策，把风险降到最低。

交通条件变化是指材料运输至现场的交通受限，影响正常施工。在投标时要对交通条件进行评估分析，例如到现场周边视察，从地图上查看交通路况，确认是否有多条道路可以通向现场，道路宽度、山区坡度、交管限行、桥梁限重等，这些都影响后续施工。

案例：　**某场区项目在建设过程中交通受限**

某工业建设项目位于天津市西青区赛达科技园新区，图纸设计中梁板为预制构件，在投标时未考虑场外交通情况，中标后交通主干道的桥梁受限需要二次吊运。

投标过程中商务报价人员在施工现场勘察时，未注意场外道路，图纸设计为工字形屋面预应力梁，梁长18m，重达10t。构件运输车每次运两根屋架梁，由于车辆通过桥面道路至现场入口的道路狭窄，转弯距离不够，只能租赁25t汽车式起重机倒运至现场，增加了二次吊运的费用，影响工期进度。

项目经理向建设方报告说明实际情况，因为建设方提供的三通一平不能满足施工条件，影响了工期进度和增加费用。建设方不予认可，认为施工单位证据不足，相关标准未明确规定三通一平是什么标准。最终在工程结算时施工企业放弃了该项争议，损失100多万元。

政策变化和自然环境变化的风险也是无法预见的，影响较大时有可能导致项目停工。已经识别出风险时，常见的方法是采取消减措施把风险降低。政策变化风险有国家级变化，也有地区级变化，根据变化情况做出应对措施。例如某新建项目开工以后，周边地区要举行体育竞赛，要求工地停工40d，影响项目进度。自然环境变化风险根据地区不同分别做应急措施，例如沿海地区台风影响，提前做应急预案，风险来临时立即启动应急措施，可以将损失降到最低。

领导视察项目也会影响成本，此类风险往往发生在国家重点项目或地区公共建筑。在施工过程中领导到现场视察，文明施工现场需要整顿，要对工程某个施工部位遮挡、改变现场面貌等情况。例如某大型污水处理厂项目，正在施工过程中领导视察现场，需要对现场进行平整铺路，提高周边环境水平，把正在施工未完成的沟槽填平，检查完成后重新挖开施工。此类风险要针对项目特性进行评估，在投标报价时要与普通项目的施工成本有所区别，或者报价中考虑此项风险费用。

地下文物障碍物存在地区特性，风险可根据经验常识判断。例如要投标西安市某住宅项目，投标时要考虑地下文物的影响，有重大文物发现时，施工现场需等待考古完成才能再施工。例如编制进度计划时，要把挖基础土方时间与分包方进场时间错开，分包方进场以后发现地下文物无法再施工，分包方再清场会造成工人窝工现象，规避此类风险能降低成本。

（3）来源于建设方的可预见风险

来源于建设方的可预见风险有修改合同专用条款、修改清单计价规则、项目重新计量偏差、预交保证金、建设方管理附加要求。该风险是建设方为了符合个性化要求把风险转移到施工企业，通过合同签约的方式固定总价。

在工程投标阶段要审查招标文件的特别约定，分析每项约定内容，从商务管理角度审查主要考虑费用方面的约定，但是成本管理也要全面考虑，包括不可抗力风险、法律风险、无限条件风险等。建设方无法判断此类风险，只用几句话代替所有风险，风险真正发生时建设方会推脱应该承担的风险。

合同专用条款是招标文件要求或签订合同中建设方的特别要求，针对编制合同文本一方有特别要求，只能在报价时考虑特别约定事项有没有增加费用，如有增加费用可以把该项费用考虑在综合单价中。例如合同中约定"工程材料价格固定总价，不做调整"，该约定中施工企业就是弱势群体，招标时明确材料价格涨跌的风险全部由施工企业承担，对于下游的材料供应商合同也不会形成"背对背"方式，因为材料采购是按批次进场现货交易。为了保证工程有利润，在报价时增加合同总价的1%应对该项风险。在投标时施工企业为了中标，往往会忽略该项风险，意图在中标以后再拿出标准条款文件向建设方证实此项不合规，但是绝大多数建设方不予认可因材料涨价增加合同结算额的事实。

建设方修改清单计价规则是近年来房地产企业的常见做法，为了保证在工程结算时减少争议，直接明确结算该项清单的计算规则。核对工程量时特别容易引起争议的内容，建设方直接在工程量清单条款中约定计算规则。在投标报价时要注意该项目风险，考虑影响因素，报价时把该费用体现在综合单价中。

案例： 建设方修改清单计价规则对施工报价的影响

　　某房地产企业将合同中的工程量清单计算规则进行修改，特别注明"工程项目的所有措施钢筋不计算工程量，投标报价时包含在综合单价中；工程项目中混凝土墙和混凝土板的钢筋根数计算时，向下整取一计算。"细节条款约定很清楚，投标报价时应根据经验考虑报价调整。

　　根据项目经验，措施钢筋占总钢筋量的 1%，混凝土墙和混凝土板的钢筋根数向下整取一计算，影响钢筋总量 0.5%，如果综合单价原报价 6500 元/t，应该调整为 $6500 \times (1+0.5\%) = 6532.50$（元/t）。但是为了中标，只能降低人工费和管理费，人工费约占 35%，将该项综合单价调整为 6520 元/t。

　　项目开工以后，项目部进行钢筋班组招标，分包合同中按照建设方类似约定规则计算，把风险转移到分包合同中。按照常规分包报价，报价表中未增加价格就是把风险转移给钢筋分包人。

　　项目重新计量偏差是指建设方没有施工图纸就进行招标，开工以后再重新修正工程量和偏离的单价，重新计量完成以后确定合同价格。这样操作导致在投标阶段施工企业的未知风险有很多，建设方一般会以同类型住宅项目的清单工程量作为参考，为了保证合同额不超过招标签约额，将参考项目的清单工程量按一定比例增加。投标报价有时间限制，在短时间内施工企业只能根据经验指标数据综合分析，合同价格确定后比投标价格降低很多，这样就偏离经验值产生投标报价风险。

案例： 项目重新计量偏差影响工程利润

　　某房地产企业招标，项目建筑面积 85000m²，采用模拟清单方式招标，中标后启动重新计量工作。本项目为多层建筑，共 23 栋楼，地下室建筑面积 15000m²。

　　施工企业投标报价时按照经验分析，经济指标约 1900 元/m²，投标报价总额 1.62 亿元。中标以后进入重新计量阶段，发现清单工程量比图纸工程量多 4%，图纸中外墙 GRC 线条宽度尺寸大，而招标清单中注明的线条尺寸是 200mm×300mm，计量单位按照延长米，综合单价 195 元/m。

　　专业分包报价 200mm×400mm 的 GRC 线条为 190 元/m，600mm×400mm 的 GRC 线条为 350 元/m。因为凸出外墙面较宽的线条需要钢龙骨支撑，虽然外围断面展开增加 400mm 长，但是价格相差近 50%，按照展开面积方法调整综合单价，该项目成本亏损，施工企业核对时按断面尺寸折算方法推算综合单价。

　　对于工程量偏差问题，建设方认为清单报价是固定总价，此项风险属于施工企业考虑不周全导致的。建设方认为 GRC 线条在清单描述中已注明钢龙骨支撑，是施工企业对施工工艺不了解导致的报价偏差，责任由施工企业承担。

　　项目开工两个月以后启动重新计量工作，然后再签订合同价格，施工企业承担了重新计量偏差的风险。经过测算这两项费用，因工程量偏差合同额降低 600 万元，因 GRC 线条报价偏离亏损 300 万元。签订的合同总价与投标报价总价相比减少 5.5%，投标报价时测算利润 6%，即使工程竣工项目也是零利润。

预交保证金是一些建设方需要施工企业垫资的陷阱，以交保证金的名义作为资金周转。投标保证金和保证金的区别是数额多少，超出投标价格3%就可以判定为垫资陷阱。往往是施工至约定节点付款时建设方不及时付款，施工企业在履约过程中退场，建设方以扣除保证金的手段迫使施工企业继续施工。预交保证金的风险是垫资资金的利息，建设方到工程竣工时才支付工程款，资金利息与利润抵消，工程利润很有可能是负值。

建设方管理附加要求有很多种，常见的有甲供材料、甲分包、甲指定分包人、甲控材料、限定品牌供应商、样板工程、压缩工期、按建设方要求进度施工等，这些附加条件都会影响投标报价，建设方管控概念不清晰，施工过程中会有一定的风险。

甲供材料、甲分包、甲指定分包人、甲控材料、限定品牌供应商，是建设方附加条件，意图降低工程利润、提高质量标准，在投标报价时要充分考虑该约定内容对工程利润的影响。建设方把该类分项单价约定高于市场价格，在借用定额组价方式进行投标报价时系数下浮，甲限定的该分项不能下浮，如果按照正常指标考虑就会减少工程利润，因为甲限定的该分项占比较大且价格较高。

案例： **建设方限定事项导致项目利润降低**

某住宅项目成本核算时没有达到预期利润，分析主要原因是建设方限定的分项内容较多导致项目失控。招标时甲分包和建设方指定分包人影响进度工期，甲控材料在施工过程中涨价，综合分析建设方限定的分项内容超出常规情况，与减少项目利润有直接原因。

招标时建设方把桩基工程、保温工程、涂料工程、门窗工程划分为甲分包项，甲分包人不受项目管辖，各施工节点协调难度增加，导致整体工期延误，施工成本增加。

建设方指定防水专业分包人，在施工过程中基础防水出现质量问题，整体停工修复20d，补偿给其他班组分包人停工窝工费用35万元，间接损失费用合计50多万元。

建设方为了工程形象，从销售角度考虑要做样板工程，要求采用铝模板和爬架施工，要求在小区业主看房期间提升文明施工防护，对工程质量要求严格导致分包人涨价。工程结算时施工企业针对该项申报230万元变更费用，建设方认为总价固定，合同中已约定样板工程包括这些内容，不应增加变更费用。

综上所述，甲分包不受项目控制管理，无法对甲指定分包人索要赔偿费用，样板工程质量标准提高，这三项风险是由建设方原因造成的，施工企业投标报价时忽略了甲限定事项，给施工带来风险。

（4）来源于建设方的不可预见风险

来源于建设方的不可预见风险是因建设方失误给施工企业带来的风险，常见的有项目定位偏离、不具备开工条件、付款条件与招标不符、地质勘察失误、施工图纸变更，由于施工企业属于弱势方，事件发生以后施工企业的损失很难追偿。

投标阶段很难发现此类风险源头，视为可容忍风险。投标时发现疑似风险时，要有针对性地召开会议讨论，做出风险规避方案，风险来临时能降低损失是必要的。风险发生以后立即将损失呈报给建设方，锁定证据，让建设方代表人签字确认该事实存在。

对于房建住宅项目，项目定位偏离是建设方的最大失误，影响施工企业有可能停工或退场清算。不具备开工条件就让施工企业开工的项目，也存在很大风险，例如经常说的"三边工程"，看似付款方式和价格都很不错的合同条件，但是面临风险时损失也是很大的。

案例： 项目定位偏离和不具备开工条件发生的风险

　　某施工企业承揽天津市静海区一个高档生态小区，地处偏远的生态林业区，项目定位为高档私人生活小区。建设周期为 6 年，分为一期和二期开发，建筑面积 180000m²。

　　建设方刚组建公司做房地产开发，主要领导人不精通房地产开发，经关系介绍某施工企业承揽所有建设项目。合同约定按天津市定额 2012 基价结算，人材机价格按施工当期调整，基础完成后付款按完成额的 80％支付。与以往中标项目相比，以往项目投标价格是定额基价下浮 10％～15％，此项目付款条件很好，施工企业顺利签订合同。

　　开工以后施工图纸使用的是初步设计图纸，边施工边出施工图纸，只有基础挖土方可以施工。基槽开挖全部完成后，正式施工图纸还在设计中，只能等施工图纸确定后再继续施工。

　　基础底板防水完成以后，因图纸设计变更需等待施工图纸完善而停工，停工期间恰巧多雨季节，基础积水严重，基础垫层上浮破坏防水层（图 3-14），建设方认为基坑降水设计不合理，属于施工企业责任。此项损失 30 万元，施工企业全部承担费用。

图 3-14　基础积水以后防水卷材遭到破坏

　　施工企业为了节约周转材料，采用分流水段施工的方案。当基础完成时，建设方认为标段内所有基础全部完成时才应该到付款节点，还有几栋楼的基础未完成不予付款。施工企业只能要求建设方预支工人工资，按建设管理部门工人储备金的提取方式支付。

　　建设方付款不足，项目进度缓慢，全部基础完成时，多数别墅的主体结构已经完成，此时建设方进入销售阶段。但是项目四周荒凉，别墅无人问津，建设方决定将二次结构砌筑完成后做样板房再制订销售计划。

建设方支付工程款困难，施工企业只能减少施工作业面，从开工到主体结构完成断断续续施工 2 年，项目现场杂草丛生、无人管理（图 3-15）。带下沉式地下小院的别墅项目，经过雨期积水浸泡导致地下室外墙已出现渗水现象。

图 3-15　工程款未支付导致施工现场停工

室外地坪至±0.000 处的防水卷材脱落严重，建设方要求将地下室外墙回填土挖出来，重新做防水卷材（图 3-16）。建设方以质量不符合要求拒绝支付所有工程款。

图 3-16　地下室外墙防水卷材脱落

施工企业要求基础工程款支付后再进行防水修复，建设方拒不支付并以诉讼方式解决，施工方亏损 5000 多元元。经事后分析，是项目定位偏离和不具备开工条件引发的风险，施工企业未及时识别出风险的存在，追偿防水公司时，防水公司以验收时质量合格为由，将修复时的质量缺陷责任推脱掉。

招标文件的付款条件与签订合同不相符，签订合同前建设方改变付款条件，这种风险是无法预判的，建设方的随意性也有可能会在中标以后发生。未签订合同时建设方没有违约，施工企业处于弱势方，也有可能是建设方想试探施工企业的"脾气"。建设方是民营企业的工业项目、房地产项目都可能会出现此类情况，在投标时要充分规避风险，通过事先调查掌握建设方的资金实力和财务状况。

地质勘察失误一般发生在工程开工以后土方开挖时，引发风险的源头是投标阶段施工企业没有深入了解地质勘察报告，例如了解本项目邻近位置的已建项目，施工企业就可以判定地质勘察报告描述是否准确。本土施工企业可以事先避开这些风险因素，外地施工企业可以事先探听信息获知情况，规避地质勘察失误的风险。

案例： 地质勘察失误引发的风险

天津市蓟县某项目施工，项目位置属于蓟县盘山，建设别墅旅游小区。由于外省施工企业对蓟县地理位置不熟悉，投标时未深入了解地质勘察报告，地质勘察报告中载明地下存在部分砾石。

施工企业了解到天津属于沿海地区，地下水位较高，在投标时考虑降水措施，挖土方价格考虑 25 元/m³，施工现场勘察时商务经理和投标专员到场，因经验不足未对项目地理位置进行预估，在现场勘察时只考虑场区情况，对四周环境状况没有预判。别墅旅游小区地基深度为 4m，不属于深基坑工程，对地质勘察风险没有警戒。

项目进场施工，签订土方开挖分包合同，基础没有发生降排水，挖至槽底部分时出现砾石，无法使用机械清除砾石。施工企业向建设方申报土石方开挖签证，建设方认为不应增加签证，地质勘察报告中已显示存在砾石。施工企业要求土方分包人破除砾石，分包人只承认签订的合同中是按土方开挖价格，导致项目停止施工，只能用撬棍和镐头人工开挖。

施工企业重新召集临时工人 160 多人，工作 25d 完成。对地质勘察误判损失 200 多万元。建设方在地质勘察报告中载明此项内容，但是招标文件中没有提供详细的资料，施工企业投标时也没有考虑报价的合理性，所有风险都由施工企业承担。

施工图纸变更的风险是指图纸变更较大，建设方优化设计会给施工企业带来风险。中标后施工图纸经常发生改版的情况，虽然主体结构变化不大，但是需要注意装饰工程和施工工艺的变化。招标时施工图纸中虽然有尺寸，但是材料品牌及质量无具体描述，施工过程中图纸优化并给出详细的工艺做法，招标清单中虽然明确说明，但施工企业对构件不了解只能估算报价，报价结果偏离实际价格，导致变更风险由施工企业承担。

案例： 施工图纸优化引发的风险

某工业厂房项目施工，招标时使用的图纸设计深度不够，设计的内隔墙板使用 ALC 轻质混凝土墙板。图纸中只标出墙体位置，墙宽度 150mm，投标时施工企业考虑 ALC

轻质混凝土墙板是一种类似砌块的材料，报价时考虑 650 元/m³，折合 98 元/m²。

施工过程中建设方优化图纸后发放到项目部，ALC 轻质混凝土墙板在设计图纸中带加劲钢龙骨，水平向设有槽钢加强带，楼层高度 5m，隔墙最低需要 4.5m 高，生产 ALC 轻质混凝土墙板厂家报价为板材 120 元/m²，远远超出投标时的报价。

钢龙骨、板材及人工费用合计价格为 230 元/m²，整个项目厂房工程量为 7600m²，此项亏损 100 多万元。工程结算时施工企业申报变更，建设方只认可图纸优化不属于工程变更内容，招标清单中已描述清楚隔墙材料内容，不予调整清单价格。

（5）自身承担可预见风险

在投标阶段由于施工企业原因引发的风险，通过经验数据可以识别出来。这类风险具备预见性，但由于成本管理经验不足或疏忽大意，此类风险需由施工企业自己承担。

自身承担可预见风险有使用定额报价、工程转包、项目管理班子水平差、分包合作资源缺少、供应商资源合作等，投标时对企业自身的评估要充分考虑，要详细分析承接项目的能力与风险。

使用定额报价是许多施工企业的现状，建设方招标模式采用国标清单或者港式清单。清单计价按照定额计价方式填报，通过经验按定额下浮比例确定投标价格，这种报价方式在以往的实践中可行，近年来项目利润率降低至 5% 以下，显然粗略的估价就成为报价风险。由于项目特性不同以及地区特性差异，这种报价方式偏离成本价格是常态。降低使用定额报价的风险可以考虑成本测算，根据工料机组成的数据，再通过估算指标的方法验证报价的合理性，形成"三算合一"的投标报价，可以有效地降低报价风险。

工程转包是施工企业一个较大的风险，在投标时考虑整体或部分转包给其他分包人，这种操作在施工过程中因分包人不可控制，导致项目存在巨大的亏损风险。工程转包必须要非常了解分包人的实力且合作关系可靠，在不同阶段施工企业都能有效地控制分包人，可以将部分风险转移给分包人，否则转包以后的风险是无法估计的。

案例： 工程转包引发的风险

某施工企业承接郑州市某工业厂房项目，总建筑面积 120000m²，共三个单体建筑，单体建筑面积约 33000m²。施工企业考虑建设方付款条件差，将 C 单体建筑转包给 M 分包人，投标时要求 M 分包人提供报价。

项目的 C 单体建筑结构相对复杂，有超大跨度钢绞线混凝土梁、钢结构、玻璃幕墙以及大型设备基础底座，A 单体建筑和 B 单体建筑的结构设计相对简单，投标报价时建设方要求经评审的低价中标，工程利润很低。

投标时 M 分包人报价为总价 2.15 亿元，考虑经评审的低价中标情况，商务经理要求降低至 1.98 亿元才能中标，折合总体项目均摊 1650 元/m²，室外厂区道路部分报价 1020 万元。

商务经理设计合理的决策方案，将工程转包到分包人，投标时考虑建设方付款按照节点部位，后期付款到位可以找劳务班组进行分包，室外厂区道路部分不再下浮，按路面面积包干的方式转包给 M 分包人，因 C 单体建筑结构复杂，施工企业只收取 M 分包人 2% 的管理费，实现项目利润最大化。

　　在施工过程中施工图纸发生变更，将 C 单体建筑基础中的消防水池移到室外厂区，室内增加操作间 1200m²，框架设计为混凝土楼板结构。M 分包人要求建设方增加操作间费用，申报费用 230 万元，建设方审计按照工程量清单模式计算费用，双方产生争议且解决未果。

　　工程施工至主体结构完成，建设方按照进度的 80% 支付工程款，M 分包人收到工程款以后带领工人再次讨薪，以项目承包亏损为由索要不足的工程款。建设方要求将 M 分包人退场，并且结算清工人工资，施工企业负责人只能同意 M 分包人退场，并答应解决工人工资事宜。钢结构专业分包通过施工企业关系介绍进场施工，M 分包人拖欠钢结构费用，以报价太高为由拒绝支付工程款给钢结构分包人。为了不延误 A 单体建筑和 B 单体建筑的钢结构进度，施工企业负责人只能将 C 单体建筑的钢结构已完成部位的工程款预先支付。

　　项目施工至主体结构完成，M 分包人拿到工程款退场，施工企业想要追诉 M 分包人并讨回工程款，只能通过工程造价鉴定确认 M 分包人完成部位的结算。按工程造价信息价格鉴定确定后，结果显示 M 分包人承包的 C 单体建筑主体结构价格确实超出预定投标价格很多。本工程转包方式虽然项目进度缓慢，但却能使 M 分包人获得很大的工程利润。等到竣工结算时核算成本，施工企业总体项目利润为零，工程转包的所有风险均由施工企业承担。

　　工程转包在投标阶段时需要考虑项目管理控制方案，可以将工程转包分解成更小的颗粒，有效控制在施工企业能够承受的风险之内，在施工过程中监督分包人可以有效地降低风险，及时阻断风险发生的源头。投标时要综合考虑项目管理水平与分包人实力情况，分包人实力太强就会发生"客大欺主"的现象，给项目管理增加难度。

　　由于一般民营企业的项目管理班子水平较差，导致许多施工企业的项目管理人员都是合同工，项目中标以后才临时组织项目管理人员。投标时未考虑项目管理人员的因素，在投标时看似没有什么风险存在，但是中标以后项目管理难度增大，工程进度和质量都无法控制。因此，在投标时先确定好项目经理和主要技术人员，主要项目管理人员在投标时将相关人员安排到位，组织其按时参与投标方案分析，从而降低施工组织管理风险。

　　投标时分包合作资源缺少是施工企业的风险之一，没有足够的分包方资源对施工企业投标决策来说是一个漏洞。在过去的 10 多年中，许多施工企业投标的主要任务是以中标为目的，认为中标以后就会一切顺利。而实际中标以后缺少分包方资源，新合作的分包人报价太高，分包队伍的实力参差不齐，所以施工企业在投标报价阶段就要寻找到充足的分包方资源，锁定分包价格才能确定对外的报价。

　　在施工过程中分包报价的风险源头是在投标阶段。在投标阶段需要锁定分包范围，让各分包人进行初步报价，采用分包方预招标方式，谈判后接近实际分包价格。如果施工企业的分包方资源有限，主要靠人际关系网拉近分包人，需要对分包人摸排清楚后才能锁定分包人。降低投标时分包合作资源缺少的风险，就要设立专门的负责外联管理人员，有些施工企业利用建筑市场的"中介人"拉拢分包资源、签订劳务协议，合作成功后付给"中介人"劳务费用。

　　供应商资源合作主要是指材料供应商。投标报价时要充分利用人际关系，找到项目所需的材料供应商，提前锁定各类材料价格。如果在施工过程中才确定价格，就会带来很大的风险。常用材料通过以往项目合作资源的采购渠道，锁定价格比较容易，而特殊材料和地方材料受到一定的限制，在投标时要重点考虑供应商资源。

案例： 找不到合适的材料供应商引发的风险

> 某施工企业承接天津市滨海新区工业厂房项目，厂区面积 85000m²，主厂房占地面积 60000m²，投标报价时未针对土方回填缺少问题完善解决方案，最终在施工过程中导致项目亏损。
>
> 施工企业在投标时只考虑挖土方清单，而设计室内地坪标高 0.6m，设计室外地坪标高超过自然地貌 0.2m，通过计算需要回填黄土约 30000m³。基础完成时正值雨期，找不到可靠的黄土供应商，只能以 30 元/m³ 价格购买，而买进的土方湿度大，需要增加石灰按比例拌和才能进行碾压施工。
>
> 投标报价时材料价格为 40 元/m³，施工过程中采购材料折合后价格已经超出报价，室内回填和基础灰土垫层两项直接亏损约 150 万元。场区面积大且是多雨天气，黄土供应不足，只能停工晾晒后断断续续施工，因土方含水率较大，在碾压过程中部分区域需重新挖开后再拌和石灰碾压，机械台班费用增加 30 万元。
>
> 如果在投标时找到合适的黄土供应商以及实力较强的土方机械队伍，可以调配本地的土方资源，降低项目损失。

施工企业不能只靠一个供应商资源合作，货源缺少时供应商会故意涨价，需要多条渠道支撑项目所需材料的供应，有合适的备选人能有效地降低风险。更多的供应商需要施工企业合作的积累，若没有针对性材料的供应商，投标时要对其进行重点考虑，采取提高报价的方式规避风险。

（6）自身承担不可预见风险

投标阶段自身承担不可预见风险有人材机价格变化、地区招工难、特殊施工工艺等，中标前降低风险可以有效地控制成本。虽然该类风险不可预见，但可以采用消减的方法降低风险概率。

人材机价格变化是指中标以后人工、材料、机械费用的变化，在施工过程中人工费和物价上涨导致利润降低。一般合同中约定材料价格上涨超出 5% 由建设方承担超出的部分，材料一般在总造价中占比 65%，在 5% 以内要由施工企业承担，即影响工程利润 1%～2%，如果人工费再上涨，工程项目就有可能发生亏损。

许多施工企业想要把人工费用上涨风险转移给劳务分包人，采用固定总价形式的分包合同，结果导致项目部分包队伍闹事堵门，给施工企业带来极大的负面影响。劳动工人实名制管理措施实施以后，劳务分包人不再承担人工费用涨价风险。材料供应商都是货到付款，拖欠的货款只能是尾款，而且超出合同约定日期需计算贷款利息，显然针对材料供应商采用风险转移的策略不可行。

地区招工难是当前施工企业面临的问题。随着建筑工人老龄化的发展，虽然项目采用劳务班组分包形式，但是招工也是施工企业需要考虑的问题。项目所在地特性影响到招工时，投标必须充分了解当地工工资和劳务承包价格，如果中标后再进行招工就会存在一定的风险，面临施工进度延误和人工费上涨造成的损失。

特殊施工工艺是指针对建筑特性，在投标时要考虑工程涉及的特殊工艺问题，不确定是否有特殊工艺，就要找到合适的专业人员进行评估。如果投标报价单纯按照人材机组价的方式进行分析，就会偏离成本价格从而形成风险。

案例：　　特殊工艺报价偏离引发的风险

　　某施工企业承接山西省钢铁制造厂扩建项目，因对排烟系统不熟悉，按照正常安装预算报价。通过从互联网上平台询价的方式确定使用耐火砖作为排烟道材料，人工费采用估算的方法。因排烟系统是附属工程，导致投标时许多商务人员在确定价格时抱有不严谨的态度。

　　施工时寻找该专业分包队伍比较困难，从互联网上只找到一家分包人可以承揽此项工程，并且该分包人已申请专利，分包报价是该项目投标价格的 5 倍。普通工人按照施工图纸尺寸砌筑烟道达不到设计效果，使用专利需要分包方有自己的施工图纸，耐火砖的规格型号必须对应分包人的施工图纸才能使用。

　　分包人承诺按专利施工可以验收通过，该项排烟工程只能高价分包，因为如果另招分包人按原设计图纸施工，可能引发质量风险及竣工验收风险。

特殊施工工艺要根据企业资源确定，或者根据已建项目的类似经验判断风险。有可能设计方对此项工艺不了解，只给出设计功能；也有可能设计方按特殊尺寸规格附带其他要求，施工企业找到设计方解决时，设计方会推荐该专业分包人承包，这是设计方在图纸设计时已经埋好的"定时炸弹"。只有在投标阶段充分了解设计意图，确定分包人后再报价才能有效地降低风险。

3.3.2　施工阶段和结算阶段的风险控制

施工阶段的风险多数来源于项目管理，施工阶段以识别和管理风险为主要任务。在投标阶段就存在的潜在风险，等到施工过程中就极有可能会发生，要进行项目交底，编制风险控制文件，多个部门讨论分析后再制订措施计划，落实风险监管人员。项目风险管理流程如图 3-17 所示。

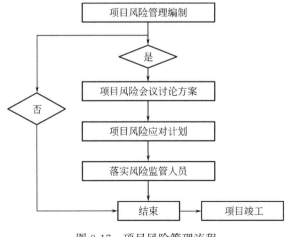

图 3-17　项目风险管理流程

67

随着项目的进展，施工阶段的风险主要有工程质量风险、工程进度风险、工程安全风险、资料缺失风险、分包管理失控风险、人材机浪费风险、方案变更风险、工程变更风险、项目管理风险、签订"阴阳合同"风险、工程索赔风险、建设方更换项目人员等，如图 3-18 所示。

	来源外部风险	自身承担风险
可预见风险	签订"阴阳合同"风险 建设方更换项目人员	工程质量风险 工程进度风险 工程安全风险 资料缺失风险 人材机浪费风险
不可预见风险	工程变更风险 工程索赔风险	分包管理失控风险 方案变更风险 项目管理风险

图 3-18　施工和结算阶段要注意的工程风险

此类风险源头是在施工合同签订以后至竣工完成时发生，多数风险来源于项目管理过程，项目部门承担的责任比例要增大，可以按比例分摊方式计入项目绩效考核中。

投标阶段已识别的风险，需要在施工过程中给项目部交底，项目部参与监督管理，在施工过程中不断排除和筛选风险，随着工程进度的开展风险逐步减少。如果是潜伏于施工过程中的风险，随着工程进度的推进，则会逐步显现出来。

（1）工程质量风险

工程质量是企业管理的重点，没有质量就没有效益。管理者对工程质量的概念就是以工程交付和设计要求为标准。以工程交付为标准是一种潜规则，与施工成本管理发生冲突，建设方用单项报价约束施工企业，施工企业再分包到专业分包人，默认质量标准以交给建设方"合格"工程为准则。如果在交付过程中发生质量问题，建设方以标准要求约束施工企业，施工企业若达不到质量标准，风险则指向施工企业。

未达到质量标准要求主要是由施工企业偷工减料和建设方给出价格较低原因导致的。具体表现在：施工企业为了节约成本，降低施工质量标准以求利润最大化，以及建设方指定分包人的价格较低，分包人把质量问题推给施工企业，导致质量风险的发生。

想要防止工程质量风险的发生，就要从分包方和项目管理入手。在分包招标文件中约定质量标准要求，然后让项目部和分包人共担责任。针对甲方指定分包的情况，可签订质量承诺书让分包人承担责任。甲方指定分包所进的材料必须要有复试报告，如果材料质量有瑕疵，可以存档作为证据。在项目管理过程中由于管理疏忽，对各分包人要求不严格，事后发生质量问题很难追查责任。这类问题可以依据工程部位质量检测报告约束项目部，让项目部记录工程部位质量检测报告，监督每个施工部位的节点，可以有效地降低质量风险。

工程质量问题分为易修复的质量和难修复的质量。易修复的质量一般可以在短时间内修复并且费用较低，在分包合同中约定质量保证金的方式就可以控制风险。难修复的质量一般是隐蔽工程，质量缺陷较大并且修复困难，修复费用很大。成本管理需要重点监督难修复的质量事项，确保从源头控制风险。

案例： 地面防水质量问题引发的风险

某住宅小区为精装修工程，属于安置房项目，卫生间洁具安装到位。住户入住以后，多数户内卫生间顶棚出现渗水现象，整个项目有 3000 多户需要修复，是一个很大的质量问题。

施工企业首先需要拆除 PVC 吊顶面板，然后检查漏水点。因为地面防水涂料质量问题，必须将地面拆除后重新做修复，此项修复费用为 2400 元/户，项目总体修复费用为 1000 万元，因质量问题损失惨重。

施工企业追诉防水专业分包人，以防水质量不合格为由想要让分包人赔偿，但是分包人说是由精装修施工企业造成的质量问题，地面防水闭水试验合格，已经交付完成。最终扣除专业分包人质量保证金 15 万元，剩余损失只能由施工企业自己承担。

工作界面交接必须由双方验收签字。因质量问题出现纠纷，多数原因是因界面工序交接未验收就进行下一道工序施工造成的。例如地下室漏水就是劳务分包人、专业防水分包人、混凝土供应商的共同责任，施工图纸设计中防水混凝土和防水卷材是两道防水，追诉时防水分包人会以混凝土部位开裂原因导致渗漏辩解，许多漏水点出现在混凝土蜂窝麻面处和墙体竖向裂缝处，导致出现三方推卸责任的情况，再追查责任就很困难，只能由施工企业承担大多数的维修费用。

试验报告是以检验批为对象抽样测试，样品合格不代表部位质量合格，施工企业要以交付合格为目标。许多施工企业只是为了平衡各方关系或者想偷工减料，工程质量终身制对施工企业来说是一个新概念，主体结构出现质量问题给企业带来的损失是不可估量的。所以，针对主体结构工程必须严格监督，不能为了利润最大化而铸成大错。

（2）工程进度风险

工程进度延误会受到建设方处罚，同时增加项目成本，也有可能引发其他风险。在施工过程中，如果保证不了工程进度就没有利润可言。影响工程进度的主要因素有施工管理、甲方指定分包、合同约束，在投标时需要充分考虑，这些因素的风险源头都是在施工过程中发生的。

施工管理是项目部的责任，公司负责协调生产，抓住生产线是第一任务。工程进度取决于公司各部门的配合，物资供应和资金支持是公司层管理的要点，许多施工企业由于物资供应不足、资金不足造成项目进度延误。

房地产项目涉及甲方指定分包的情况较多，施工企业只能从付款方式制约分包人。但需要注意的是，建设方指定的分包人都与建设方有一定的人际关系，实际上并不受施工企业控制。甲方指定分包只有在分包合同中约定工程进度追偿的条款，才能从合约与法务层面解决问题。

签订合同时，建设方工期要求与正常情况工期之间存在差异，在投标阶段就要考虑赶工措施，这样可以提前识别风险。如果在施工过程中建设方要求压缩工期，也会产生风险，必须考虑压缩工期带来的风险，进行评估以后再签约工期变更文件。

案例： 压缩工期引发的风险

某工业生产厂房项目建设，合同约定工期310d。开工以后由于建设方无法解决"钉子户"拆迁赔偿问题，导致项目停工80d。复工以后建设方要求按合同约定工期完成，经双方协商增加50元/m² 赶工措施费。

原合同工期已按定额工期压缩15%，停工80d致使工期再被压缩25%，这种情况下施工企业未考虑赶工难度，错误地承诺了建设方的赶工要求。项目采取24h不停加班的赶工措施，由于室内楼层较高，无法确保作业安全，只能从室内搭设满堂脚手架防范安全事故。

竣工结算时施工企业要求增加脚手架措施费用，建设方拒绝支付。建设方认为增加50元/m² 赶工措施费已包括满堂脚手架费用，已经签证的文件只是认可现场实际情况，并不能证明需要增加费用。最终该项结算80多万元的脚手架费用和其他费用由施工企业承担。

工期延长也是施工企业的风险，工程进度无约束，整个项目就会失去控制，机械设备折旧、租赁器材、管理人员工资、护场门卫等致使成本增加，还有可能引发其他风险。例如基槽开挖时间过长受到雨水浸泡就会发生损失，安全文明防护措施老旧进行更换会发生损失，增加了额外的成本费用。

（3）工程安全风险

每个项目都喊安全第一，但是在实际施工过程中不规范操作导致安全事故发生的情况有很多。近年来国家对安全事故联网通报，发生一个大的安全事故就会导致企业各方面损失严重，所以工程安全风险是无法只用经济损失评估的。

安全事故主要是项目部责任，与项目经理的管理水平有直接关系。经验丰富的项目管理者对项目的安全有保证，但是随着大型企业的模块化管理，许多项目经理都是年轻人，一些施工企业为了避免安全事故的发生，设置同岗位项目经理（正、副）2人，经验丰富的项目经理主要作用是总协调任务和安全管理，这样可以降低安全事故的发生。

（4）资料缺失风险

项目开工以后要确保每一份证据都有效，因此随着工程进度的推进，要留存好每一份证据。每一份证据都是从项目部提取的，风险源头就在项目施工过程中。许多施工企业安排专人管理证据，根据项目管理经验，列表逐个核对。不漏掉每一份证据，资料缺失的风险自然就降低了。

资料提取证据与项目管理经验有很大关系。许多项目经理不知道需要留存什么样的证据，公司管理层也没有认真对待这件事情，等到风险来临时只能承担全部风险。资料提取证据的过程是甲乙双方博弈的过程，许多建设方的负责人为了推脱责任，拒绝签认事实，这种情况下要防止风险发生就必须收集间接证据，风险发生时有推定性间接证据就可以证明事实的存在。

案例：　某项目资料缺失引发的风险

河北省沧州市某住宅楼工程项目，共 36 层，地下室 2 层。基坑较深，土方开挖时建设方提供的基坑支护施工图纸做法为水泥搅拌桩支护，甲乙双方重新签订补充合同增加支护桩费用。工程结算时因施工企业管理混乱，建设方不承认施工企业已经完成支护桩施工。结算时双方进行谈判，增项费用争议较大，施工企业上诉法院要求建设方支付增项费用。

2013 年 5 月甲乙双方签订施工合同，2013 年 6 月 1 日建设方提供基坑设计施工图纸，2013 年 6 月 10 日甲乙双方签订补充合同增加支护桩费用，2013 年 7 月 5 日土方开挖。工程完工结算时间为 2015 年 9 月。施工过程中建设方现场管理人员替换岗位，建设方新入职的驻场项目经理对工程变更签证不予认可，只是口头答应。施工企业项目部管理和公司内部管理比较乱，没有充足的证据证明基坑支护桩已经完成。

工程竣工验收后再重新挖开基坑检验不切实际，小区居民已经入住无法再挖开验收，即使挖开一处，也不能证明其他部位都设有支护桩。如果有现场施工照片和建设方代表参与的签字验收，这项风险就不会发生。

（5）人材机浪费风险

人材机浪费是指在施工过程中项目管理失控造成的损失，浪费严重就会增加施工成本。以往项目部对人材机浪费都是容忍的态度，目前随着工程利润率降低，人材机浪费就是利润减少的一个重要因素。

施工企业实行规范化管理，能减少人材机浪费。应严格把控主要材料和易耗材料，合理计算机械使用周转，零星用工项目采用标准化管理，就可以降低成本。人材机浪费是项目部的责任，可以计入绩效考核中。

（6）分包方管理失控风险

分包人在施工过程中管理难度较大，项目经理未采取有效措施就会出现分包方管理失控的风险。许多大型企业对长期合作的分包人和新合作的分包人进行区分，按队伍数量比例分配，重点监管新合作的分包人，分包人不服项目管理就马上更换，储备备选分包资源，这样可以降低分包方管理失控的风险。

分包人更换频次较多也会引发风险，施工过程中双方产生争议是常见现象，各方互相退让就可以降低损失。许多管理者只注重分包价格，导致多次更换分包人，新入场的分包人报价一般会超过退场分包人的价格，并且会对项目部信誉产生极大的负面影响。

案例：　某项目更换分包人引发的风险

某项目在施工过程中出现变更，在基础梁已经绑扎完成时，设计变更通知单下达项目部，要求将轴线位移，需要拆除绑扎完成的钢筋笼并重新下料绑扎。分包合同中写明钢筋班组的变更签证不增加费用，一次性固定单价，按照建筑面积计算费用。但分包人要求该项变更增加零星用工，项目经理不同意，因此双方发生争议。

分包人认为该部位 50t 钢筋的返工制作需要 5 万元费用，这次变更带来的损失使分包利润降低很多，钢筋班组本身是人工清包，这项费用损失让分包人无法接受。项目部门认为按照合同不予补偿，双方矛盾升级，分包人退场清算工程款。

项目经理重新招钢筋班组进场，分包报价比原分包合同高出 3 元/m²，综合计算新分包合同价格大于补偿原分包人要求的费用，由于项目处于半停工状态，项目经理只能接受新的报价。因项目进度缓慢，影响模板分包班组出现窝工现象，模板分包人要求补偿 10 万元窝工损失费用。

项目部更换分包人需要全面系统地考虑，管理目标是把风险降到最低。权衡各方利益是管理分包人的方法，要从风险角度考虑施工过程中的管理任务。

分包管理在施工过程中的失控主要是由于变更，分包人以变更为理由虚报价格。有些施工企业在合同约定时，把可能要发生变更的事项列出来，让分包人填报单价，如果发生变更，分包人填报的事项单价就是变更合同中的单价，这样可以减少纠纷，分包方管理失控的风险也就降低了。

（7）方案变更风险

方案变更风险是指施工方案在施工过程中发生变更，导致施工成本增加，有可能引发其他风险。方案变更主要分为建设方要求、项目需要、降低成本。方案变更的风险源头隐藏在投标阶段，施工到该部位时感觉不符合实际就要进行变更，从而引发一系列风险。

有些建设方把措施费用固定，不管如何变更都不增加措施费用。如果施工企业在投标阶段未考虑周全，就要承担方案变更的责任。建设方要求变更时必须考虑变更带来的风险，变更前需要建设方签认确认，确定增补费用再施工，这样可以避免风险的发生。有些项目经理管理经验较少，听从建设方项目负责人安排，随意变更方案，导致风险发生，建设方随口一说的变更发生费用只能由施工企业自行承担。

案例： 某项目建设方要求方案变更引发的风险

在某项目施工过程中，建设方要求在室内做样板工程，为购房者参观做准备，要求加速施工临近施工大门处的楼座。项目经理为了赶工期，把其他楼座正在施工的工人撤下来，集中分配到建设方指定楼座内施工。

为了赶工期增加两套周转模板，项目部开会要求各分包人从其他项目调动工人到本项目赶工期，项目经理承诺对模板班组分包增加补偿费 5 元/m²，钢筋班组分包增加补偿费 3 元/m²。确保进度按时完成以后，建设方承诺补偿 100 万元赶工费用。

分包人认为项目经理承诺的增加费用包括其他楼座的单价，在其他楼座施工时停工并要求补偿由于赶工期完成以后，剩余楼座也需要赶工期完成。项目部与分包人签订补充合同，分包结算时增加全部楼座的单价。

工程竣工结算时审计认为赶进度是施工企业应该完成的内容，在总工期不变的情况下，建设方的要求只有会议纪要有记录，补偿 100 万元没有任何证据，不予增加结算款。

施工企业对分包人已经增加了赶工费用，建设方的承诺没有计入结算款内，再加上增加模板周转材料费用，损失约 150 万元。变更施工组织方案给施工企业带来较大的风险。

大多数情况下变更方案发生在工业建筑和市政项目中。项目占地面积大，不确定因素很多，变更有可能引发上千万元的损失。例如道路的路基部分，环保部门严查扬尘措施，必须采取由现场拌和灰土变更为集中拌和方式施工，这样就增加了成本，此项变更引发较大的风险。

项目部为了降低成本费用而改变施工方案也是常见的情况，临时变更施工方案增加了不确定性因素。项目部在有把握的情况下可以变更，但是只是为了降低成本而采取变更就要承担更大的损失。在投标阶段要充分考虑施工方案，施工过程中尽量减少方案变更，风险与利润之间的平衡必须要有绝对的把握，否则引发的风险会带来巨大的利润损失。

（8）项目管理风险

项目管理风险是指项目部管理水平低而造成的风险。一些民营企业为了压缩管理费，一个人代替两个人的岗位工作，但也不排除在岗人员技能差。项目部管理不能充分发挥职能作用就会导致风险。项目部一般是以抓生产为目标，所以需要项目人员参与成本管理工作。

项目管理组织松散，项目成本会增加，甚至还会引发其他风险。项目班子的管理水平与企业人才储备有关，是可预见的风险。企业合理聘用人才、留住人才，是解决项目管理风险的重要方法。

（9）签订"阴阳合同"风险

签订"阴阳合同"是甲乙双方共同的风险，施工企业处于弱势地位。从成本管理角度分析，阴阳合同引发的计价等风险是要考虑的。《最高人民法院关于审理建设工程施工合同纠纷案件适用法律问题的解释》规定，应当以"白合同"即备案的中标合同，作为结算工程价款的依据。签订合同时要考虑对外备案的合同价格低于实际承包价格时的风险。

（10）建设方更换项目人员

建设方在施工过程中更换项目管理人员，会给施工企业带来一定的风险。例如一些正在进行或者事后需要确认的事件，新上任的建设方人员不了解事件情况，可能会造成损失。常见的有建设方项目管理人员对已经发生的增项内容不签字确认，拖延几个月时间，施工企业在隐蔽工程完工后没有留下充足的证据，新上任的建设方人员没有参与不认可此项费用。

防范建设方在施工过程中更换项目人员带来的损失，必须加强跟踪变更的力度，即使建设方管理人员不认可，也要收到书面不认可的理由报告，双方有争议但事实已经存在。建设方更换项目管理人员以后，能够证明此项事实是真实存在的，就可以挽回一部分损失。

（11）工程变更风险

投标阶段的工程变更风险是指要做好风险预测，施工过程中要做的是抓住风险源头，尽可能化解风险和降低风险。在许多项目合同中约定，工程变更分为技术变更和费用变更。技术变更从质量标准考虑，主要责任人是项目技术负责人，费用变更主要责任人是商务经理，费用变更较大时成本管理参与解决。针对建设方原因变更的内容，可以做好风险转移的准备，以证据入手，抓住每个环节。

案例：　某钢铁厂大门变更引发的风险

某钢铁厂新建大门及门卫室工程，设计院交给施工企业一套施工图纸。项目开工以后，在基础开挖阶段，厂区领导要求门卫室在大门右侧比较合理，提出改变门卫室的方向，施工企业理解为门卫室在左侧和在右侧只是方向变化不影响费用，听取厂区领导给出的建议，挖土方期间的损失按零工签证计取。

基础完成以后某生产科长交代要扩大大门尺寸，因大型设备进出厂受限，需要向外扩大 3m，施工企业拆除基础以后，又向外挖基槽土方，土方挖至槽底发现有古墓坑洞，施工企业报告设计院地基情况需要处理后，设计院答复按原设计图纸施工，门卫室再移向左侧并向外扩大 3m。

工程完工后将各项费用报送审计，审计人员只看图纸设计内容，针对厂区领导要求改变的内容，施工企业没有充分证据证明设计变更，审计人员不予计算变更费用。门卫室基础发生了 3 次施工，结算时没有增加费用，给施工企业造成较大的损失。

（12）工程索赔风险

工程索赔风险分为赔偿风险和反索赔风险。赔偿风险是指在实际发生事实后，向建设方索赔却未争取到费用而导致项目损失；反索赔风险是指施工企业索赔报告递交以后，建设方以其他理由要求反索赔费用，造成索赔未果反而赔偿建设方。

降低索赔风险要从证据入手，组成索赔报告的文件要从事、项、量、价分析，要给建设方清晰地写出赔偿金额的组成。施工企业往往证据资料准备不够充分，索赔文件高估冒算，导致建设方无法审计，不予增加费用。解决索赔问题必须站在建设方角度审核自己的索赔文件，评估增加费用的额度再进行申报，这样可以降低与审计人员谈判的风险。与审计人员谈判是关键的一步，谈判人必须要有应对措施，让步或争取都必须考虑清楚，谈判时建设方抓住一个漏洞不放，就会损失很多索赔的机会。

在实践过程中，反索赔风险也是常见现象。在申请索赔的同时要考虑建设方有没有反索赔的机会，建设方抓住这个机会以后，有可能减少结算额，形成一个反索赔风险。例如疫情期间施工企业有损失需要申报索赔，建设方收到索赔报告以后感觉申报费用较多，以工程材料价格（例如水泥价格）在疫情期间降低为由进行反索赔，两份文件的费用相互抵消，总结算额没有增加反而减少，给施工企业带来风险。

3.4 分供商生命周期与价值管理

分供商管理是成本管理的一部分工作，加强公司管理岗位人员的管理水平非常重要。一个施工企业的施工能力，往往很大一部分要看劳务队伍和材料供应商的水平。如今建筑施工企业利润减少，市场竞争激烈，同行业内的竞争不仅是费用竞争，还要看供应链之间的竞争，下游分供商资源也是企业竞争力的一部分。

在投标阶段，一个项目可能会有十几家企业参与投标竞争，建设方的评标标准多数在造价方面所占比例较大，投标报价会直接影响项目中标。公司项目减少以后，公司不仅需要考虑管理人员工资成本增加，还要考虑分供商处于休眠状态的损失。

案例： 钢筋、混凝土供应商的价格差距

某房建施工企业在建 3 个住宅项目，建筑面积共 600000m²，与混凝土供应商达

成长期合作协议:"项目施工时间段内,混凝土采购价格比市场价低 30 元/m³"。投标测算时可以节省 15 元/m²,若是招标规模为 100000m² 的项目,混凝土成本可降低150 万元。

公司选择两家钢筋供应商,给出的采购方案是报价价格低的供应商供货数量多。通过两家报价竞争压低交易价格,低于市场价 150 元/t,若是招标规模为 100000m²的项目,钢筋成本比市场价低 75 万元。

与建设方谈判竞价时让利 200 万元,提高项目中标率。钢筋、混凝土供应商的优惠可以使成本降低,分供商资源可视为本次竞价的优势。

分供商的全生命周期通过选、用、育、留四个环节进行有效管控(图 3-19)。为了使成本降下来,要不断选出优秀的分供商,在施工过程中利用分供商的资源合理降低项目成本,通过施工项目培育成长为符合公司需求的优秀分供商,然后再与优质分供商建立长期合作关系。

图 3-19　分供商全生命周期管理

3.4.1　如何选择合适的分供商?

选择合适的分供商在成本管理中分为招标和中标两个环节。需要考虑如何拆分项目可以降低成本?谁可以作为这个项目的分供商?对分供商进行招标的主要目的是选取优质分供商,成本管理的重心是颗粒化拆分的价格内容。

许多施工企业把材料采购招标放在采购部门,劳务分包和专业分包招标放在成本部门,这样的做法容易导致部门之间没有相互监督而失控。例如确定材料价格时,采购部门没有与项目部协商,采购规格型号以及工艺参数不匹配项目需求;例如劳务分包人的管理能力,通过以往合作的项目可以了解清楚,项目部的选择权优于成本部门比较合适。所以,采购部门、项目部、成本部门共同完成分供商的招标采购任务是最优的选择。各部门之间有时会在选择权方面产生争议,可以根据不同类型的分供商、使用部门的权重比例控制,由副总经理解决确定。

进行分供商招标,要做资金准备情况分析、合同拆分颗粒细度分析、合同管理平衡分析、评选分包队伍工作。分供商招标是成本管理的重要环节,在招投标环节未完善的事情,在施工过程中解决需要花费两倍的精力,甚至需要全心投入处理,如果能在招投标环节解决效果最好。

（1）资金准备情况分析

设计分包合同付款节点时，不仅需要考虑建设方付款节点，还要考虑分包人垫资能力。分包人在什么节点保持盈亏平衡要看分包合同设计的付款条件，根据每个项目特点的不同，需要调整分包付款比例，平衡点越靠前分包利润越多，如图 3-20 所示。

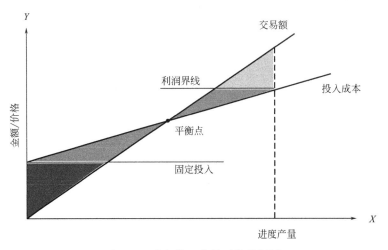

图 3-20　分包管理价款平衡分析图

许多施工企业在分包招标完成以后、签订合同前调整分包付款比例。为了让新的分包方入围竞争，把付款条件写在分包招标文件中，吸引更多的分包人投标，根据分包报价选定意向分包人以后，让分包人承诺付款条件，谁有垫资能力就谁中标签合同。这样导致分包人在报价中没有考虑垫资费用，谈判时已经锁定报价价格，分包人只能让利。

随着工程的进展，工程款支付在不断地变化，从项目开工时分包方投入资金到付款节点，付款节点与分包完工之间有一个平衡点。此平衡点越靠前，越有利于分包人资金周转。但是许多施工方都将平衡点设在分包完工验收以后，剩余工程款即分包人利润。

劳动工人实名制管理对这个平衡点也有一定的影响，特别是包清工模式。平衡点设在分包完工以后，分包人就要垫资整个项目，而劳动工人每月的工资是一个均衡值，这样的操作不利于项目管理。包清工模式可以在分包合同中分为人工费和措施周转材料费，签订两次合同，只有签订人工费的合同按足额支付工程款，签订的措施周转材料合同需要分包人垫资规划平衡点，这样的操作有利于解决在施工过程管理中的纠纷。

材料供应商的资金策划比较简单，如今一般采用货到付款的结算方式，质量保证金扣压 5%。资金策划可以从施工进度中分析，按照材料使用量考虑资金支付比例。

（2）合同拆分颗粒细度分析

项目分包有劳务分包和班组分包两种模式可以选择。首先要看施工企业资源，分包人各项优势大于施工企业就可以选择颗粒单元较大的劳务进行分包，缩短施工企业流程管理路线。从劳务的七项指标分析：工程质量、分包价格、工程工期、管理水平、外部资源、个人信用、垫资能力，分包人七项指标综合分析优势超过施工企业自身管理水平，就不需要再拆分颗粒细度。

劳务分包再向下拆分就是班组分包，劳务分包人可以考虑 10%～15% 的利润，施工企业若采用班组分包管理，劳务分包层面的利润就归施工企业所有。许多施工企业想找分包方作为"垫脚石"，把资金压力和工人管理推给劳务分包，实行"以包代管"的方式。实行劳动工人实名制管理以后，劳务分包方不存在资金压力，只有分包管理水平是市场竞争力，施工企业若采用班组管理模式，是可以增加利润的。人工费占总造价的 25%，可计算利润 10%×25%＝2.5%，在对外投标竞争中可以降低总价的 2.5% 作为竞争优势。

项目特性会影响合同的拆分颗粒细度。根据项目的复杂程度，施工企业自身没有这方面的管理能力，并且不熟悉项目施工工艺，只能让经验丰富的劳务分包人协调外部资源。例如某企业中标一个大型污水处理池项目，资源库中的分包合作方没有这方面的经验，这时，完成过类似项目的分包人就有优势。往往有经验的分包人更能把施工组织方案和施工工期整合，成为施工组织的一部分。

按照项目管理要求，可以将拆分颗粒细度分成四级管理模式，即施工段、分包合同、分包清单、企业标准（图 3-21）。施工段、分包合同是公司管理层的任务，分包清单、企业标准是项目管理层的任务。把一个项目划分为两个施工段或多个施工段，目的是让分包人在施工过程中产生竞争，找到可以参考的标准；分包合同按照各专业进行拆分，专业的分包人干专业的事是最优方案；分包清单是对合同价格进行拆分，为了在施工过程中控制工程款支付和施工进度，对分包分项内容再进行颗粒细化；企业标准包括企业规章制度、内部管理办法、内部标准资料、内部潜规则等，是施工组织过程中各细化项的管理要素，为项目在施工过程中的管理提供有力支撑。

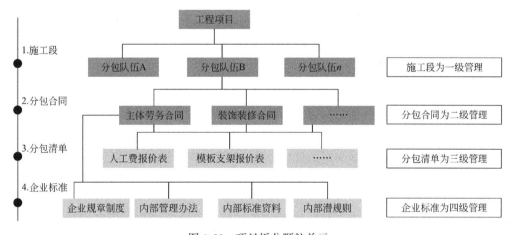

图 3-21　项目拆分颗粒单元

案例：　某项目分包方管理失控分析

某项目竣工结算后进行分析，分包方增项的主要内容有人工费补偿 24 万元、屋顶水箱增加费用 6 万元、地面钢筋变更增加费用 8 万元、降排水设备购买等零星项增加费用 3 万元，分包合同额 350 万元，结算额超出合同额 12%，成本管理处于失控状态。分析主要原因为：

（1）人工费涨价和环保停工导致分包人提出索赔，这体现在施工段控制，谈判由负责成本的总经理决定，应该有预防和应急处理方案。同期的其他项目分包人并没有提出人工费补偿，环保停工是在春节期间，不会影响费用增加。得出结论，该项目招标时选择分包人失误，合同约定内容模糊导致分包人索赔费用增加。

（2）主体结构分包完工以后，屋顶的水箱基础未包括在合同中，要另外增加费用。这体现在分包合同约定中，合同涉及范围有争议，如果有三级控制清单就会减少争议。得出结论，分包招标文件中有漏项缺项等失误，并且对分包招标范围及施工图纸内容理解存在差距，没有将施工过程中的不确定因素综合到分包报价中。

（3）分包清单中有钢筋混凝土地面，钢筋间距由 150×200 变成 150×150，分包方结算价格比清单提高30%，这体现在分包清单不够细，变更分项没有参考单价。清单控制一般由项目商务经理把控，分包清单影响价格调动范围较小。得出结论，加强结算管理，完善数据库，分包合同中应注明变更情况以数据库或市场价格标准为参考，可以按照合同中注明的标准核定钢筋增加费用，将风险控制在分包报价合理范围之内。

（4）降排水措施清单中未注明基坑集水井的抽水泵是由施工企业购买还是由分包人购买，分包人提供抽水泵采购数量，申报给施工企业采购部门，采购人员说应由分包人提供，双方发生争议。这体现在企业标准或潜规则中，长期合作的分包队伍根据以往分包范围，这类事情会自行解决。得出结论，施工企业应建立管理标准手册，项目管理细节由管理标准手册约束分包人完成任务。

通过分析这4个问题，发现第（1）项和第（2）项是施工企业管理人员需要解决的问题，招标文件和分包合同中的问题发生的费用较大，加强施工企业管理人员实力是关键。第（3）项和第（4）项是项目管理人员需要改善的问题，出现任何问题均应在结算前完成。

分包合同拆分颗粒越细，管控越容易，但缺点是在分包招标前期成本经理的工作量较大。招标耗时长、招标文件内容越多，对新分包人来说越难理解。导致新合作的分包人认为施工企业正规章程烦琐、容易受到处罚。拆分细度需要根据施工企业分包资源确定，若施工企业分包资源欠缺，采取固定总价是合适的解决方案，既减少项目管理的强度，又可以有效地控制分包增项费用。

（3）合同管理平衡分析

签订分包合同时，合同双方初始状态是平衡的，在施工过程中不断变化导致合同失衡。从分包招投标时就要考虑增项费用的解决方案。从项目质量、安全、进度方面考虑，以项目为服务中心设定管理目标，这体现出项目基层管理的重要性。

分包合同的原始状态为分包总价等于工程质量、工程进度、工程安全、付款节点、施工范围、工程风险等，到施工过程中增加工程变更、现场签证、处罚金、返工维修等事件，导致合同失衡。在分包人投标报价时就要考虑把这些内容约定在合同中，便于后期在施工期间处理，如图3-22所示。

从图3-22中不难看出，这些分项实质就是分包合同内加上分包合同外的费用，需要加强分包合同外的费用管理。分包人不会接受中标以后再约定其他内容，执行起来也比较困难。在分包合约规划中进行分类并明确任务，平衡分包人的心态，可以减少损失。

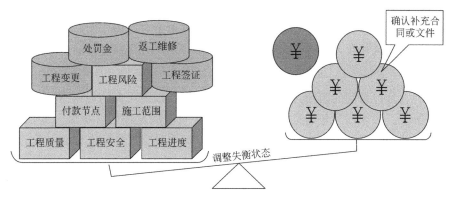

图 3-22 分包合同管理平衡因素分析

从合约规划角度考虑，分包合同外的增减项其实就是由约定内容、模糊约定内容、未约定内容三类组成。已经有约定的事项，在执行时分包人无条件接受，管理起来比较顺利，很多劳务班组按照常规合作模式考虑，但事先有超出常规的约定，分包人也会执行，因为分包合同中已明确，项目部执行到位就可以解决。模糊约定的事项，分包人会故意减少作业内容，得到补偿后再施工或者故意刁难项目管理人员，分包合同中往往是一句话代替所有情况，模糊约定事项在项目部很容易失去控制。分包人会以未约定的事项为由要求索赔。如图 3-23 所示。

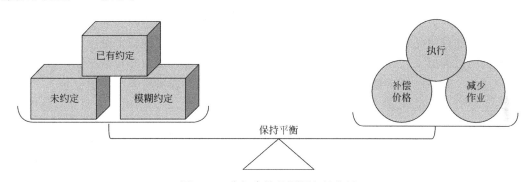

图 3-23 分包合约的漏洞归纳分析

案例： 　某项目钢筋分包合同的规划漏洞

　　某项目为班组分包模式，钢筋分包合同中注明"钢筋接头按照施工图纸内容一次性固定总价，在施工过程中钢筋接头增加时，分包人应无偿提供钢筋接头材料"。分包合同约定的目的是让分包人减少钢筋接头，接头增加就是浪费钢筋，分包合同约定由分包人提供钢筋套筒时，分包人自负盈亏就会减少接头数量。

　　在施工过程中监理工程师要求墙体纵筋在筏板基础顶面断开，钢筋断开后在施工时可以避免钢筋移位。分包人下料时考虑地下室楼层高度 2.2m，可以不设搭接接头，把接头移至首层可以节省钢筋连接用工和钢筋套筒材料。

　　分包人对监理工程师的要求争议较大，认为监理工程师的指令是施工图纸以外的工作，超出原有规定范围。如果按照监理工程师要求绑扎钢筋，需要将已经加工成型的钢筋切断后重新下料。项目部认定不增加费用，分包合同约定一次性固定总价，对分包人提出的钢筋接头签证不予认可。分包人申报此项签证 10 万元损失，双方僵持在分包合同的模糊定义，分包人减缓工程进度以要挟项目部签字确认，项目部最终同意增加费用。

由此看出，分包合同的模糊定义发生在施工阶段，如果在合约规划中预先考虑这些问题就会减少争议。如果在分包合同中备注"钢筋接头应满足项目各项施工要求"，这一句话就可以解决此项争议。分包合同条款约定是为保障项目施工顺利进行而服务的。

（4）评选分包队伍工作

评选分包队伍要从调研、考察、谈判、分析四个方面考虑。首先要调研分包人的实力，之后再进行详细地了解，然后谈判做出决策，进行分析后再选定分包人。对于长期合作的分包人可以免除调研、考察这两项工作，对于休眠期的分包人可以只进行调研。

1）调研分包队伍

调研，就是碎片化了解对方，可以交谈分包人已建项目的内容，突破双方无话可谈的局面，从已建项目掌握分包人实力情况。调研是为下一步考察做准备，可以把调研时交谈的项目作为考察对象。调研也是对分包人的考试，从价格成本方面可以交谈分包人预计投入情况的问题，对招标理解不清楚的地方做出解释。调研后让分包人调整报价，为二次报价做准备。二次报价是给分包人留有更正的机会，对项目有更多了解后能够更准确地接近成本价格。

成本管理人员需要对有意向的分包人做调研。调研一般采用邀请参加会议的形式，也有施工企业通过"亮资"的办法做调研。调研内容主要是针对工程施工难点重点的解决办法进行询问以确保工程进度和质量，同时可以快速了解分包人资金准备情况以及全部的施工计划情况。召开会议时要求分包人、技术负责人、现场管理负责人、班组分包人等一些分包人主要管理人员到场。分包中标评定结果要求各部门在 3d 内给出结论和原因分析。

调研需要各部门管理分析到位，调研是一种技巧，是双方初步发生的较量。许多施工企业都设有调研会议，但没有针对性、考虑不周全。因此调研不能只走流程。

2）考察分包队伍

选定分包人的范围逐步缩小，对新合作的分包方要进行实地考察。因为对新合作的分包方不了解，需要更深入地了解分包人的实力情况。双方关系增进分析流程见图 3-24。

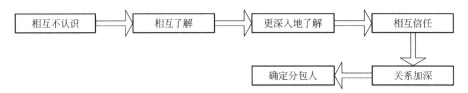

图 3-24　双方关系增进分析流程

考察是增进双方信任关系的一种途径，分包人会意识到施工企业比较正规，合作时会非常认真，在实地考察的过程中双方会有更深层次的互相了解。对分包人已建项目的考察，可以通过签订的分包合同、进度资料、工程照片等资料了解分包人。对分包人在建项目的考察，可以采用实地走访的方式，施工企业组成考察团，由项目经理带队实地考察。

对于有实力的分包人，还可以到分包人办公地点考察，了解分包人内部管理人员及管理方法，参观有代表性的建筑照片和业绩奖章等。

通过熟人关系介绍过来的有意向的分包人，可以约关系人一起考察分包人在建项目。施工企业要注意恪尽职守，不能因为熟人关系而敷衍考察，这样才能选到合适的分包队伍。

对于项目考察，双方应多充分沟通表达自己的想法，使洽谈双方达成共识。对分包人考察代表施工企业对分包人有很大的合作意向，而一些分包人往往用随意的态度对待考察团。长期合作的分包人是指已经合作完工两个项目以上的分包人，双方相互信任，可以通过历史数据分析考评，以内部会议讨论的方式解决。对于长期合作的分包人，考察可以省略，但调研不能省略，调研是双方沟通的基础，如果沟通无碍可以只偏重调研技术方面的问题。

3）谈判确定分包队伍

在谈判议价阶段，要根据以往分包合同或外部分包合同进行对比，将对比结果作为参考价格跟分包人谈判议价，切记不可依据网络上没有真实性的数据，分包人可能会因为谈判价格差距较大而弃标。二次投标谈判议价时需要依据本项目特征具体分析，让分包人按照两种方案报价，从中分析求出数据。杜绝不平衡报价，在清标时再次检查各项清单价格的合理性。

成本管理层决定的事情，要通过领导审批后再确定分包人，成本管理人员可以用推荐书的形式向上级汇报情况。推荐书必须有说服力，可提供首选人、备选人名单。

小型施工企业内部推荐分包人竞争激烈。项目经理和成本经理会出现意见不一的情况，出现这种情况时可以在部门权重分配表中填报部门建议，避免矛盾升级出现各部门都不配合，导致分包招标制度无效的后果。施工企业必须建立招投标规章制度，涉及个人利益的也不排除，同一标段内项目经理只能推荐一个分包人。通过招标选中的分包人与项目经理推荐的分包人在施工过程中较量实力，招标选中的分包人实力超过推荐的分包人，就可以有效地控制成本，从而解决内部矛盾。

4）分包方报价分析决策

在分包人招标时，长期合作的分包队伍往往都清楚分包人入围名单。有些分包人知道自己可能不会中标，就会故意抬高报价，为其他分包人报价提供支持，打算以后再合作，为分包方以后的合作打下基础。这种情况会对成本管理人员分析决策带来很大的影响。

为了防止分包人联手抬高报价，从收到投标信息到第二轮投标/议标时，可以单独邀请投标人参与，不再召开投标会议。可以邀请所有分包人投标报价，不报价的分包人意味着脱离投标圈，一般来说大部分分包人都会报价。在初步选中的三家分包人中，有一家报价最低时，让另外两家分包人重新报价，邀请三家分包人同时到场谈判。最终要公布中标结果，让所有投标人知道，未中标的分包人询问未中标原因时，解释清楚原因，下次报价时该分包人也会自动降价。

当分包人投标数量多时，会让施工企业难以决策，因此第二轮报价或竞争谈判时分包人一般会主动降低报价。有一些分包人通过公司内部管理人介绍过来，了解其中的利弊情况，所以在第二轮报价时该分包人会将价格调整到接近他自己预估的范围，以此接近中标价，从而拉低整体报价平均值。

剩余资源就是浪费，选择与项目合适的分包人会锦上添花，要根据每个项目特性的不同选择分包人。实力较强的分包人一般报价较高，施工能力强但是项目部不好管理，项目部与分包人配合不好就会停工闹事；实力弱的分包人，虽然报价较低，但是工程质量和进度不能保证，资金不到位时分包人会心生不满；实力适中的分包人，报价比较合理，在施工过程中分包人与项目部可以很好地配合，能够成为本项目合适的分包人。例如去市场上买苹果，选择大的苹果又红又甜，但是价格高，选择小的苹果虽然价格低但口感不好，最好的办法选择适中的苹果，价格合理且数量可控，这个道理与选择分包人相同。

根据施工企业特性，在招标设计环节采取不同的措施。常见的有 3 种方法：$2n+1$ 方法、二次平均值方法、5 去 2 留 3 方法。合理的招标方法可以让分包人有效地竞争，给成本管理人员分析决策带来最大的优势。

两个施工段内必须确保有 3 家分包人参与竞争投标，以此类推，有三个施工段必须是 4 家分包人参与竞争投标，这就是 $2n+1$ 方法。一般情况下中小型施工企业宜采用 $2n+1$ 方法，邀请或公开进行分包招标，参与投标报价的分包人数量不多。采用此方法招标，长期合作的分包人不会出现休眠期、没活干的情况。长期合作的分包人之间有竞争才能降低成本，在竞争中可以保留各方面最优秀的分包人。

多家分包人报价时，把各家分包价格计算取平均值，去掉高出平均值的几家分包人价格，平均值以下的分包人报价再取平均值，这就是二次平均值方法。大型施工企业在项目较多的情况下宜采用此方法，公开招标能引入最合适的分包人，通过市场淘汰方式选择优质队伍。只有分包人数量多的情况下采用此办法才能选出综合实力最强的分包人。

小型施工企业项目较少，通过朋友引入的分包人数量有限。找 5 家分包人进行报价，然后去掉 2 家实力较差的分包人后进行评标，这就是 5 去 2 留 3 方法。这种操作既能维持朋友关系稳定，还能选出最优的中标人。小型施工企业在施工过程中必须备有应急分包资源，资源紧缺时能及时补充非常关键，所以留下 3 家分包人的方法是考虑备有 1 家应急补充资源。

3.4.2 施工阶段的劳务分包管理

施工阶段的劳务分包管理是从进场开始着手管理，包括过程监督、审批、调控等工作。在工程进度计划中，劳务分包进场时间节点由项目部考虑，但是成本管理要做到相应的预控。按照分包人进场管理、分包人质量安全进度三要素、分包人施工过程价款支付、材料消耗量控制这四个关键进行管理。

劳务分包的签证主要是零星用工和分包合同界面争议。在公司管理层处理零星用工，只做签证单的审核工作，其他工作由项目管理层控制即可。分包合同界面争议可以在施工过程中通过谈判解决，但是为了让分包人在施工过程中配合听指挥，争议一般是在分包结算时处理。

（1）劳务分包进场管理

劳务分包进场后要召开分包人会议，进行技术交底和方案交底，考虑进场人员安排和确定所用材料的进场时间。这些内容由项目部管理，但是成本管理涉及对质量和安全的把控。质量安全、投入资金时间要做平衡管理，这是每个成本管理者不可忽视的任务。很多施工企业以抓工程进度为目标，在施工过程中工程质量较差，考虑只要交工就可以，该策略到后期要承担较大的质量维修费用。所以，分包进场时必须要求分包人承诺质量标准。

项目开工以后，第一个进场分包人的施工内容是措施项目，零星用工比较多，需要分清楚哪些零星用工是分包合同内的，哪些是分包合同外的。成本管理人员可以指导项目部，把签证部位明确划分出来。一般来说项目部对分包人的施工范围都认可签证，但是一些措施包括在分包人报价中，如果项目部随意签证，到分包结算时再扣除就会引发矛盾。

案例：　　项目部给分包人重复签证临时设施工作

某住宅项目由 A、B 两家主体结构分包人施工。因为刚进场施工，现场的工人宿舍和临时水电都还没有接通。成本经理考虑 A 分包人擅长零星作业施工，在已建项目中临时水电的结算较顺利，选择 A 分包人先进场比较合适。成本部和项目部沟通以后，选择 A 分包人先进场搭设临时设施，如图 3-25 所示。

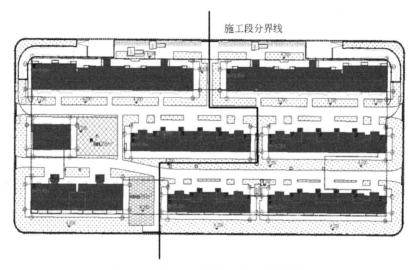

图 3-25　某住宅项目施工段分界平面图

分包合同中包括临时设施，A 分包人做完临时设施以后，项目部全部认可签证。因为 A 分包人的诉求是 B 分包人没有搭设临时设施，而分包合同价格只包含其中一部分临时设施。A 分包人认为 B 分包人使用的临时道路较多却不能均摊费用，原因是项目部无法解决问题，项目部决定全部签证，在分包结算时交接到成本部门解决。

成本部门和 B 分包人谈判时，认为 B 分包人应该承担一部分临时设施搭设，B 分包人却认为项目部签证 30 万元是随意签证的，零星用工费无依据。

分包结算时 A 分包人申报 30 万元临时设施零星用工，B 分包人只承担 5 万元临时设施用工，最终三方争议较大，导致成本增加 20 万元，项目部重复签证致使 A 分包人获利。

针对项目管理中的此类问题，可以使用企业标准进行监督。可以为项目部提供固定格式的零星用工签证，签认工作部位、作业工程量、作业时间写在签证单中，以免事后错报和漏报。

针对工程材料的进场管理，分包人和项目部要给公司报送材料用量及使用时间，包括材料规格及使用部位，由商务部门核查对比，报送工程量是否超出建设方清单工程量需要

建设工程成本经营全过程实战管理

商务人员审核。成本管理人员要审核材料用量与采购方案，项目部提供的数量是否正确，如果二者数据相符就可以批复。采购时间节点和采购方案需要由成本管理人员分析，各时间段内材料价格上涨或下跌要进行风险评估分析。采购部门执行采购时，与项目部和分包人三方确认供应数量，形成供应数据闭环。材料进场管理流程如图3-26所示。

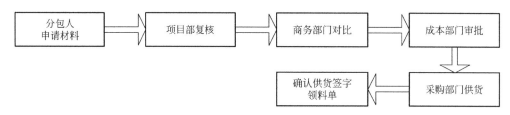

图3-26　材料进场管理流程

　　通过限额领料制度可以控制材料消耗量。开工之前项目部需要分包人提供材料计划，项目部与分包人共同讨论材料用量与材料进场时间，这样可以确保施工进度，由公司管理层复核，可以避免进场材料过多造成浪费，有效地降低成本。

　　分包人进场以后，项目管理人员和分包管理人员要再次细化目标工期，形成双方认可的进度计划。有些施工项目为了应付公司检查，工期不合理而造成损失，停工7d以上分包人就会向项目部提出索赔费用，但是在实际施工中总工期不变的情况下不应赔偿分包人。进度计划中要有总工期、节点工期和工期调整方案，整体工期不变的情况不应增补价格。发生工程停工相应顺延工期，可以降低成本。成本部门可以提出对项目部的进度计划进行复核，减少因工期安排不合理带来的潜在风险。

　　（2）分包人质量安全进度三要素

　　分包人质量安全进度三要素与分包价格之间存在因果关系。例如在投标时要求分包人达到外部奖项标准（如鲁班奖），分包人报价就会提高。签订分包合同后，按照分包合同要求施工会降低成本，但是许多项目部以分包招标时报价太低为由应付公司考核。分包人时常喊着工程难做，让项目部放松警惕，此时分包人更加相信自己承包的价格是亏损的。

案例：　某项目实行质量安全进度评优制度以降低成本

　　某住宅项目基础工程完成后，现场工作面全部展开，由A、B两家分包人公开竞争，实行奖罚规则带动效益。分包人签约目标责任状，评选出质量、进度、安全均优良的分包人，并奖励30万元，由项目部组织验收，奖励金额并入结算款支付。

　　在同样的施工条件下由两家分包人竞争，在施工过程中评比。A分包人施工队伍有实力，而B分包人想赶超A分包人就要增加工人数量，最终A分包人进度优先完成，在质量评选过程中A分包人胜出。项目部决定质量、进度两项奖励给A分包人，B分包人获得安全奖励。

　　在与分包人二次报价谈判时，压低分包人报价40万元，而此时奖励分包人30万元，二者价格相互抵消可考虑对施工成本无增加。A分包人奖励20万元，B分包人奖励10万元，对项目管理有很大的帮助，分包人认可管理制度，可以达到预期管理的目标。

　　上述案例中因为在分包人之间建立标杆，找到目标参照从而解决问题。但是许多项目管理无参照，质量、安全、进度甚至没有标准，随意约束分包人，写入分包合同的内容也不适用，分包人会认为项目要求过于苛刻而无法完成，使得分包人有心理障碍，无法达到预期目标。

　　许多房建项目通过项目观摩奖励带动效益。例如公司有多个在施项目，在主体结构施工阶段，选择其中一个最优的分包人作为观摩对象，适当的奖励带动三要素整体提升。例如 A、B、C 三个项目同时施工，其中一个项目的某个分包人质量好且进度快，可以组织其他项目的分包人进行观摩，创立样板并设立奖励，树立分包人中的标杆形象。奖励要当场兑现，可以将奖金设小一点，在项目权限范围之内，这对项目管理有很大的帮助。在观摩会上，各项目组的项目经理会表态跟进标杆施工，这样的操作模式更有鼓励分包人的作用。

　　质量、安全、进度三要素也可以设立在分包招标时的承诺责任中。例如在分包招标时，一个项目内有 3 家分包人施工，可以采用竞争质量和进度的方法，承诺创建优质工程的分包人可以优先挑拣施工段。在实际施工过程中未按承诺做到创建优质工程，可以设立处罚制度，也可以从付款比例中处罚只承诺不行动的分包人，为施工过程中带头领先的分包人增加付款比例，这样冲锋在前面施工的分包人心理也会平衡。

　　除此以外，设立项目奖励还可以在分包结算时产生效果。例如在同一个项目内，质量进度两项都领到奖励的分包人，在分包结算时的争议也可以劝说其放弃，让分包人无异议的同时也能顺利办理结算，可以帮助带头冲锋在前的分包人快速办理结算。该分包人既能领奖励还受到表扬，其他未拿到奖励的分包人也会默认这种结算，放弃争议服从本结算方式。

　　班组分包模式在主体结构施工期间是交叉作业，没法评定班组进度的快慢，因为班组之间又与材料供应相关联，工程进度只能按项目部进度计划，确定分包人工人数量后再推算工期。工程质量是由项目实测实量得来的质量标准，项目部在施工过程必须做好监督，项目安全责任由项目部安全专员负责。在同一个项目中有多个同类班组分包施工时，可以评选优秀班组，组织分包人进行实地观摩学习，从而达到预期目标，也可以通过小额处罚分包人的方法达到质量标准。

　　（3）在施工过程中分包付款的管理

　　多数劳务分包在合同中约定按形象部位节点付款的方式，但是如今在工人实名制管理的规定下，施工企业要改变分包付款方式。必须每月发放工人工资，需要按百分比支付工人工资，按形象部位节点付款的方式实际上是让分包人垫资做工程，分包人在施工过程中不垫资容易导致项目停工。也有许多施工企业采用在分包人中标前先缴纳足够的保证金，到付款节点退还的方式解决此类问题。

　　从投标开始就要给分包人带上一个"紧箍咒"，以防分包人在施工过程中开溜。通过计量支付控制付款比例的方法是不会发生超支付工程款现象的，但在实际施工过程中又不可避免会有外部因素影响。要综合考虑项目特征，从工程施工难易程度分析，如果在分包招标阶段没有控制好，可以在过程付款时及时分析补救（图 3-27）。例如：砌筑地下室通长墙体和地上框架填充墙体零星部位，两处部位的人工消耗量相差较大，分包人投入地下室部位的人工消耗量小，而分包合同是综合价格，合同中没有区分部位定价，结算工程款

建设工程成本经营全过程实战管理

时成本部门不结合现场就会超支付工程款。例如抹灰工程，到工程收尾时因门窗洞口窗户
处未安装门窗框，抹灰分包人结算时按照抹灰面积计算就会超支付工程款。

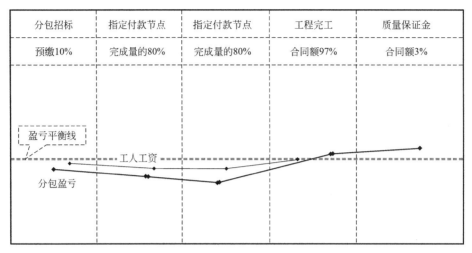

分包招标	指定付款节点	指定付款节点	工程完工	质量保证金
预缴10%	完成量的80%	完成量的80%	合同额97%	合同额3%

图 3-27　某分包工人工资与付款节点分析图

可以利用两家分包人付款不平衡的方式推动工程进度。例如在施工过程中，中途计量
支付工程款时两家分包人都会相互对比，利用分包人对比的心态推进工程进度。例如：财
务部审批后只批准拨付工程款 100 万元，根据工程进度和工程量需要支付给两家分包人工
程款 120 万元，资金缺口还差 20 万元。这时成本部门和项目部要统一，施工进度较快的
一家分包人可以按比例多拿工程款，施工进度较慢的一家分包人按比例减少。根据实际情
况，如果施工进度慢的分包人是因资金垫付不足导致招工难而影响进度，可以多拨款给该
分包人。

分包付款可以采用部门审批制度，采用由分包人向项目部申请工程款，项目部审核后
再交到成本部门，然后财务部门审核，最后分包人领取工程款的管理流程。项目部主要责
任是确认已经完成部位及情况，成本部门审核工程量及价格，最后到财务部门核算。部门
多且流程长，小型施工企业的管理流程会绕过项目部和成本部门，例如获得施工企业某主
要领导人同意就可以拿到工程款，这样的操作流程会使项目失控，对于分包人是否拿到工
程款，项目部没有掌控力，当然项目指挥权也就丧失了。

（4）材料消耗量的控制

近十年时间，建筑市场上大多数采用"以包代管"的方式管理项目，施工企业采用劳
务分包管理，劳务分包再交给班组分包管理，项目部隔着两层分包人控制材料消耗，管理
非常困难。因此，如何降低材料损耗率是成本管理的焦点问题。施工企业采用"以包代
管"直接签订分包合同的方式不合理，判断材料损耗率大的原因是分包人浪费、供货问
题、计算问题、变更签证，通过分包合同管理难以达到预期目标。

在施工过程中，监督分包人是项目部必不可少的任务，从细节入手管理，看得见的浪
费要按事实处罚，从每个细节把控材料就可以控制在目标范围内。有一些施工企业的项目
部没有安排监督人员，采用事后算总账的方式，分包人见有机可乘就会抵赖，从而造成工
程材料的浪费。

案例：　某项目对钢筋材料消耗量的控制办法

某施工企业与劳务分包签订合同，其中合同约定条款中写明："钢筋由施工企业提供，材料损耗直径 10 以内的圆钢为 1%，螺纹钢筋损耗为 2.5%，超出约定损耗以后按 3000 元/t 赔付费用，材料节约按照 5∶5 分成。"

在施工过程中，每进场一批钢筋都需要劳务分包负责人签认，负责清点供货数量。由于施工企业在建的另一个项目发生工程变更，需要直径 14 的钢筋，因此从本项目借调运走一批钢筋。劳务分包负责人发现堆场内的钢筋减少了，通知项目经理核实，但是借调的钢筋没有过秤计量，也未经过劳务分包负责人清点，双方只是默认借调的情况发生。

工程施工至 ±0.000 以后，经过对比分析，进场钢筋材料为 1200t，超出中标清单工程量 5%，公司启动核查程序。经核实钢筋废料 35t，剩余 25t 应该是由分包人浪费导致，不存在供货问题或计算问题。分析地下室变更内容只是减少钢筋工程量，因此并不影响统计。之后再追查钢筋下料单，与商务人员软件计算工程量对比分析，发现钢筋下料单的钢筋接头是搭接方式，而软件计算的是直螺纹接头。因为分包合同约定辅材（钢筋套筒）由分包人提供，分包人为了节省成本投入，在基础底板内的接头全部采用搭接方式。

工程量差距问题追查清楚以后，分析主要责任是接头方式影响钢筋量约 15t，但是劳务分包负责人的理由是项目部没有交底方案，分包人没有违反原则性错误，并且监理工程师、建设方认可此方案并且验收，因此分包人不承担消耗量责任。分包人认为外部项目借调钢筋约 15t，相加计算后施工企业还应该奖励分成。

借调钢筋时项目部没有工程量记录，项目经理因钢筋接头问题处罚钢筋班组 45000 元，分包人不认可导致项目停工，项目部为了追赶工程进度，此事只能放在主体结构竣工后分包结算时处罚钢筋班组。收到处罚通知后，劳务分包负责人带领工人闹事，最终分包人增加的钢筋损耗并没有受到处罚。

项目部管理不到位会发生机械闲置，以及出现模板运送到现场不使用、租赁到现场的小型机械不使用等情况。分包人只考虑自己的作业进度，随意给项目部报计划，提供的机械和材料过剩，发生类似情况时可以用处罚的方式控制消耗量。

约定处罚条款是让分包人认识到错误，学会合理使用材料，避免下一次材料的浪费。掌控材料损耗与处罚分包人之间的平衡点，能够合理降低材料损耗，否则处罚分包人起到反作用就是管理失败。一些项目部罚款过多或罚款不合理，使得分包人拒不承认错误。所以，事先告知分包人处罚事项，事先约定分包人各项作业标准，才能达到有效控制消耗量的目的。

3.4.3　分包结算管理策略

在分包结算时，首先考虑分包人的结算价格能够保本不亏损，其次再考虑分包人的心理底线价格。劳务分包价格的组成主要是人工费，承担风险能力有限，在分包合同中写明由分包人承担全部风险，但是分包人本次合作没有赚钱，就会放弃下次合作的机会。在结算时要让分包人相信本次合作不亏本，才能继续下一个项目的合作，成本管理人员只有这样看待分包结算任务时，才会确保留住分包人。让分包人相信结算内容没有差错，合同约定的内容是自己报价确定的，分包人对结算满意是成本管理人员需要考虑的事项。

分包结算时出现的争议往往是在施工过程中遗留的争议，还有一部分争议是分包人想"浑水摸鱼"，采用虚假乱报的方式进行结算。在施工过程中遗留的争议可以用倒推的方式解决，寻找各类证据，例如现场照片、项目经理谈判、证明人、会议记录、签证单、交底等，项目部会把琐碎的争议推给成本部门解决，可是成本部门不在施工现场，不了解实际情况，解决问题会更困难。解决争议可以采用向成本部门汇报的方式，召开两个部门的会议集中解决分包人提出的要求。

分包结算由合同价格和增项价格组成，难点在于发生在施工过程中的增项，在施工过程中减项一般很少，分包人未完成的施工部位直接在结算中扣除就可以。如果分包合同中没有分包清单，就会发生未完成部位扣减的价格争议，所以在分包合同中必须分解细化。在施工过程中一些争议都会推到结算时处理，分包人争议部分的申报结算价格较高，如果证据资料丢失就会给结算造成很大的困难。所以，在施工过程中的争议必须记录并保存好，项目部需要保留谈判记录、照片、辅助证据等，确保资料齐全有效，到结算时就会很顺利。

项目部管理失控时，发现许多资料由于项目管理人员随意签认甚至伪造签证单，给分包人高价结算留退路。成本管理人员要监督项目部的增项内容，必须以付款节点或按月报送资料给成本部门，形成项目部、分包人、成本部门闭环管理才能有效地控制成本。

分包结算书要统一文件格式，分包结算书分为四部分：分包合同价、变更签证、零星用工、分包人诉求，标准格式的表格在结算时可以减少与分包人的争议（图 3-28）。由于施工过程中变更导致实际工程量与施工图纸尺寸不符，有一些施工企业采取项目技术员用尺子实地测量的方法，量取结果作为结算工程量，不仅效率低并且项目技术员认为实地测量是本职工作以外的事，于是就变成商务经理与分包人共同实地测量工程量。这种情况属于把项目管理问题推给商务管理部门，不但耗费精力还争议不断。

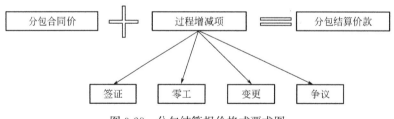

图 3-28　分包结算报价格式要求图

分包结算书拆分为五个颗粒细块，成本控制可以节约审核时间，可以减少分包人争议问题。许多施工企业的分包争议在项目部很难解决，推给成本部门重新审核工程量，可是实际发生的工程量在项目施工过程中最清楚，所以，工程量审核必须在项目完成后结束，只剩下争议部分放到公司成本部门解决。

（1）设立分包人资源库解决争议

分包资源较多时可以在资源库中设立分包人等级，等级越高承接能力越大，有利于对分包人的管理。对于长期合作的分包人，可以利用中标数量、工程利润控制分包结算争议。分包结算额超出合同额的规定比例以后，下次合作的机会就会减少，利用降低分包人等级的方式迫使分包人放弃争议。将测算的分包利润较大的项目设为只有分包人等级较高时才可以承接，可以有效地化解分包结算争议。

案例：   某施工企业分包人资源库设定规则

　　某施工企业设定一套分包人资源管理规则，将分包人设为 A 级、B 级、C 级三类。A 级分包人可以承揽 150000m² 以内的大型工程，需要施工能力强且各部门评价优秀的分包人；B 级分包人可以承揽 50000m² 以内的工程，正常情况下分包人都是 B 级；C 级分包人可以承揽零星杂项工程，施工队伍实力较弱，把 B 级分包人不愿意中标的项目都划分为 C 级。

　　从项目分包招标开始到分包施工完成，将各环节数据变化进行对比分析，形成数据参照。分包人资源库设定规则：从分包预招标到价格谈判偏离 10%，或者合同价格与结算价格相差 15% 时，降低承揽等级，如图 3-29 所示。

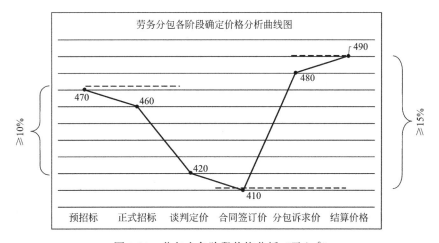

图 3-29   分包人各阶段价格分析（元/m²）

　　通过图 3-29 分析，全过程跟踪该项目主体劳务，分包预招标报价 470 元/m²，价格谈判价格为 420 元/m²，合同签约价格为 410 元/m²，最终结算价格为 490 元/m²。

　　通过分析，该分包人应受到处罚，降低承揽等级。分包人低价中标高价结算，突破合约管理以后，项目发生争议较多，该分包人由原来的 A 级变成 B 级。合同价格可以降至分包成本控制线，分包结算时增加变更签证或诉求，以不超过合同价的 15% 为准则，采取这样的措施方案可以控制分包人低价中标高价结算。

通过分包人资源库可以压低分包人报价，可以把风险因素包含在分包合同中，约束分包人。根据实际成本变化调整分包结算价格，形成"V"字形分析图。分包人无理取闹索要结算赔偿时，可以减少后期合作机会，同时降低分包人承揽项目数量和降低整体合作利润，使分包人意识到处罚力度，迫使分包人放弃索赔。

（2）采用连环利益平衡成本

分包结算争议较多时，采用"一刀切"的结算方式可以解决争议，但是这种方式不是最优解。留住已经合作的分包人是让分包人心态平衡，并不是多让步就能让分包人留下来。以人为本的管理才是成功的方法，让步以后分包人只会感觉这是他应该得到的。只有把结算处理得让分包人心服口服，分包人才会对成本部门感恩，对施工企业有高度认识才会有下次合作的机会。只有让分包人高兴，才能达到"水活鱼肥"的效应。

连环利益平衡成本是一种让分包人压制分包人的方法，通过分包人相互间的良性竞争使分包人放弃争议。有些分包人提出的争议很难解决，把曾经未结算项目中存在的争议放到现在结算的项目中一并解决，形成连环利益平衡分包人。

案例： **某施工企业采用连环利益平衡成本**

2019 年 12 月、2020 年 8 月、2020 年 11 月，分别有三个项目进入分包结算阶段，其中 A 项目作业由张分包人、李分包人、杨分包人共三个分包人完成，B 项目作业由张分包人、李分包人两个分包人完成，C 项目作业由张分包人、杨分包人两个分包人完成，如图 3-30 所示。

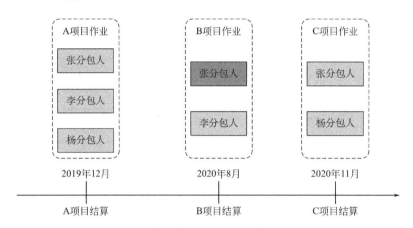

图 3-30　劳务分包连环利益平衡成本分析

张分包人同时在三个项目中施工，其中 B 项目结算争议较大，项目部把较大的争议推给成本部门，成本部门采用连环利益平衡成本方法解决。成本经理考虑张分包人在 B 项目提出的争议比较合理，争议理由占 80%，只是价格谈判时张分包人想要高价，分析 A 项目和 C 项目的结算争议不多，争议理由占 20%。从结算时间点分析，先把 B 项目结算任务完成，可利用张分包人打压各项目的其他分包人。

C 项目结算时，成本经理给张分包人说："B 项目可以按照诉求让步审批，但是 A 项目和 C 项目的争议你要放弃。"考虑张分包人施工实力最大，分别作业三个项目，把张分包人的争议解决，就会起到带头示范作用。张分包人估算以后同意成本经理的解决方案，张分包人认为合并项目结算和分开争议讨论结算的总额相差不大，可以合并项目结算，也避免其他部门对自己的不利评价。这样操作后，只要张分包人同意 B 项目结算额，其他项目也会顺利完成结算。

张分包人放弃 A 项目争议以后，结算顺利完成，A 项目的李分包人、杨分包人也无话可说，只能默认此结算方法。拿着张分包人在 A 项目签字确认的文件给李分包人、杨分包人看，实际上是打压分包人使其放弃争议。如果任何一个分包人提出争议，说明他的说法不合理，找到合理的切入点并向上级领导汇报此事，那么只能认为他是在无理取闹。

打开结算的突破口以后，C 项目也顺利结算，虽然让步了 B 项目的两个分包人，但是 A 项目和 C 项目的争议可以顺利解决。综合分析，三个项目的分包结算总额没有超过加权计算后各分包人所占的总额，这样有利于平衡各分包人心态。如果采用硬砍价格的谈判方式，无法平衡各分包人心态，会导致各分包结算谈判难以服众，无法顺利解决。

采用连环利益平衡成本的方法，利用分包人爱面子的心态，解决了结算时的争议。如果别人都无争议，而只有你有意见时，各部门对此分包人都不会产生正面印象。对于同一件事情，一个分包人认同以后，其他分包人也会认同。

（3）数据库引导分包结算

大型施工企业一般有企业内部定额或数据库，结算价格偏离数据库中价格 10% 以上时，必须采用申报审批流程，对分包结算进行严格规定以后，认价幅度可以得到有效控制。如果分包合同中没有约定变更分项价格，结算时项目部随意定价，到成本部门审批就很困难。分包人会以项目部已经同意价格为由，认为在结算时申报变更分项价格就是最终结算价格。

企业数据库标准的管理是固定不变的，需要两年或者更短的时间更新一次，市场价格变化很快，必须安排专人维护数据平台。数据平台解决了各项目分包结算的差异性，使分包价格变得透明，分包结算时通过成本审核也比较顺利，可以达到很好的控制效果。

案例：　**某施工企业使用集采平台解决分包人争议**

某施工企业管理劳务分包项目，成本管理人员使用集采平台价格进行管理，将临时设施的分包价格进行统一规范化管理，集采平台发布工程量清单指导价格。限定地区及更新价格，把零星任务规范化、标准化，使项目报价具有指导作用，项目部与分包人结算时有参考依据。

某项目需要砌筑挡土墙，因为挡土墙不在分包人合同范围内，项目部定价时可以直接查看集采平台价格与分包人谈判。分包人若不同意集采平台价格，必须有相应的解释，需要到施工企业审批后才能签认特殊价格，如图 3-31 所示。

序号	工作内容	施工部位	单位	不含税报价(元)			备注说明
				人工费	材料费	综合单价	
1	场地平整、夯实	现场场地平整、夯实	m²	4	0	4	土面基础，包括平整所需机械费用
2	土方开挖(人工、机械)	现场所有涉及土方开挖的部位	m³	30	2	30	人工挖土、机械配合，不包含土方外运
3	土方回填	现场所有涉及土方回填的部位	m³	25	0	25	场内取土，回填夯实
4	实心砖砌筑	现场所有涉及砌筑的部位	m³	260	430	690	包工包料，材料包括砖、砂浆等，含操作架费
5	实心砖砌筑(采用加气块)	现场所有涉及砌筑的部位	m³	260	335	595	包工包料，材料包括砖、砂浆等，含操作架费
6	空心砌块砌筑	现场所有涉及砌筑的部位	m³	260	290	550	包工包料，材料包括砖、砂浆等，含操作架费
7	墙柱面及其他部位抹灰	现场所有涉及抹灰的部位	m²	16	11	27	包工包料，按20mm厚计
8	满刮二遍腻子	现场所有涉及刮腻子的部位	m²	9	2	8	包工包料，基底两遍腻子找平

临建劳务2020年度集采工程量清单计价表（北京、天津、雄安、山东、河北、河南、东北及其他区域）

图 3-31　某施工企业集采平台指导价格

有些分包人中标之前都很客气，进入施工现场后却不服从项目管理，停工闹事找麻烦，甚至利用节假日期间带领工人闹事。需要项目部解决的问题，在施工中途停工的分包项目，均可以利用集采平台指导价格结算。

集采平台可以优化管理流程线路，得到最合理的成本价格（图 3-32）。在分包结算过程中，流程越长，公司投入管理强度越大。有一些施工企业结算付款条件差，故意拖欠分包人，结算时往往卡在分包争议上，争议越大解决时间越长，工程尾款只能等结算办理完成后才会支付，拖延分包人付款时间，等到分包人放弃争议时就会顺利结算。

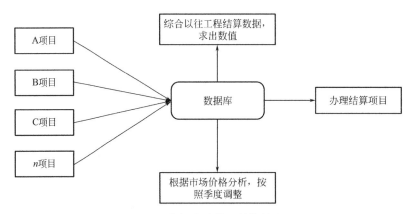

图 3-32　数据库对分包结算的应用

对于发展中的施工企业，必须避开分包结算争议，分项工程竣工验收后就要马上办理分包结算。工程款支付可以向后推迟，如果施工企业资金周转不足，可以采用给分包人追加利息的方式解决。对于分包结算争议，许多分包人通过诉讼方式解决，对施工企业信誉影响很大。近年来随着网络信息的发展，有意向合作的劳务施工队会通过网络信息了解本施工企业的分包结算情况。发展中的施工企业需要收集分包人资源，增加外部合作方的好评是必要的。

3.5　施工企业成本模块化管理

为了缩短流程管理，可以适当降低对专业人才的技能要求，帮助企业更快地形成模块化管理。在实践过程中流程缩短可以提高生产效率，就像工厂的流水线作业，某个零件加工的人员只负责一个模块作业，更换人员也比较容易，这方面的人才也能在短时间内快速培养上岗。施工企业也需要形成模块化，有一些施工企业把项目层管理设为一个模块，公司层管理设另一个模块，模块化管理可以解决人力成本。

目前大型房地产企业管理流程都是固定的，每一名员工只要在一个岗位上按照固定流程做事就可以，同岗位人员异地调动也很频繁，人员更换频次高，如果形成模块化，就可以有效地降低人力成本。此时有人会考虑：换人损失大吗？其实实行标准流程管理，工作交接是非常简单的，就像工厂操作工一样，采用统一的标准流程重复操作即可，与换岗后了解流程顺序就可以工作的道理相同。

例如万科地产管理模式，从设计优化到施工项目已经形成一套标准体系，户型设计是统一标准，每户计算工程量都是相同的。万科地产内部编写的工艺手册比图集做法更详细，对于经验丰富的中层管理者来说并没有什么优势，但是按照流程管理的话，毕业生可以很快上岗工作。这样的流程设计降低了高端技术人才的需求，公司运营成本相对减少。

在过去几年里，市场材料询价很费力，现在有专业的网上询价平台，更接近实际需求。例如每日钢铁网，可以随时了解工程材料每日的价格差距，而在 10 年前，这些价格信息全靠人工询价，交易价格偏差超过 10%，需要经验丰富的人记录材料价格，这些资深管理人员都是企业发展不可缺少的，而现在一个毕业生就可以做到。所以，管理人员趋向年轻化是市场发展的常态，市场发生变化，企业选人、用人也在变化。这是模块中拆分更细的分类，把岗位再拆分成细小模块。

大型集团公司可以分为三个模块，即总承包公司（集团）是一级、城市分公司或运营管理部是二级、项目部是三级（图 3-33）。人员配置需要根据项目的复杂性、工程数量、建设规模决定，形成三级管理机制，可以提高运营管理的质量，使成本管理各专业的人才充分发挥效力，建立标准化模块，管理人员定职定岗。

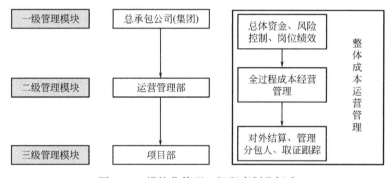

图 3-33　模块化管理三级职责划分标准

总承包公司（集团）是一级管理模块，主要职责是从资金管理、风险控制、绩效考核角度控制，人员配置情况根据城市分公司的数量决定，每个城市分公司或运营管理部必须有一名专员对接总承包公司（集团）管理；城市分公司或运营管理部是二级管理模块，主要职责是全过程成本经营管理，管理比较全面并且深入，对外管理和对内管理都与城市分公司相关，人员配置情况根据项目的复杂性和工程数量决定，成本部门一般最少配置 3 人。有些施工企业还把商务部门合并在成本部门中，这需要根据商务人员的技能水平考虑是否增减人数，商务人员配置需要根据城市分公司的业务量决定；项目部是三级管理模块，主要职责是对外结算、管理分包人、取证跟踪，一般每个项目部配置 3 人，含商务经理和 2 名造价员，建筑规模超过 100000m^2 或者工程结构复杂时再增加人数。

人员配置和职责管理的目标是加大对项目部管理。有一些施工企业为了监督项目部，增加了总承包公司（集团）审计力量，总承包公司（集团）审计不了解项目施工内容，导致城市分公司管理难度增加，重复核算和重复交接发生无效成本管理。总承包公司（集团）层面考虑资金能够正常运营就可以，规划好各部门责任，用绩效方法监督城市分公司的管理；项目部的商务人员发挥主要作用，与建设方现场管理人员和分包管理人员对接的都是商务经理，人际关系沟通和项目跟踪都有很好的优势。

三级管理模块是为了更高效的完成人才梯队建设的管理，从规划层、执行层、操作层中形成人才培养机制，使管理人才有上升通道。从基层提升的人才对企业的管理模式和文化都有深入的理解，减少新人培养时间，形成指挥与被指挥的关系，如图 3-34 所示。

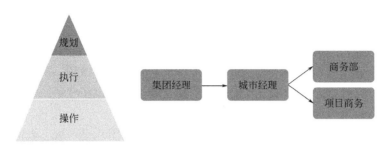

图 3-34　三级管理模块成本管理人员架构图

中小型施工企业设立二级管理模式，规划层、执行层合并在运营管理部。运营管理部的经理权限大于各部门经理，实现总体组织协调管理。有一些民营企业是副总经理管理成本，设立操作层时往往为了节约人力成本，项目部只安排一个商务人员，投标工作和工程对外结算都是企业商务部门管理，现场商务人员的职责就是取证跟踪、对接建设方现场管理人员、对接分包管理人员。参与这个角色的成本管理人员必须经验丰富，有协调管理能力，因为驻场管理需要考验技术人才的意志，许多工作经验丰富的成本管理人员拒绝驻扎施工现场，只有把招聘条件提高才能找到符合驻扎施工现场的人才。

3.5.1　项目层成本管理模块的作用与组成

项目层成本管理模块的设立，主要作用是对目标成本的执行和变更签证的收集。有些施工企业还需要商务经理与分包人核对工程量，基础工作做完以后交接到成本管理部门。现场商务经理需要与项目部交接管理，此岗位对上游、对内部、对下游都要做到管理界面清晰，如图 3-35 所示。

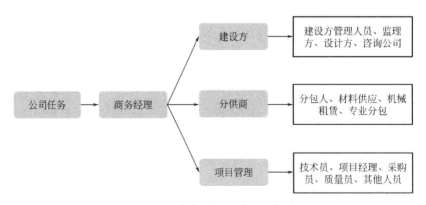

图 3-35　商务经理涉及的工作面

现场商务经理要求交际能力强和技术实战能力过关，对外涉及建设方管理人员、工程监理人员、图纸设计人员以及建设方的全过程咨询公司人员，灵活的应对能力是商务经理的必备技能。优秀的商务经理可以对接上游管理，成本管理的工作需要深入到对接面。

案例： 某高档别墅小区外檐装饰变更时商务经理的作用

　　某高档别墅小区外檐装饰，设计施工图纸要求全部使用荔枝面花岗石石材，价格为 600 元/m²，图纸优化以后发现檐口的石材装饰线条外挑出墙面长度太多，外檐混凝土结构不可以安装钢支架承重构件，于是设计人员将石材线条变更为 EPS 线条，之后又将外表面改为涂刷真石漆。

　　建设方针对变更事项在项目部召开会议，施工方商务经理和技术总工参加。建设方的全过程咨询公司人员提出，结算时 EPS 线条和真石漆在合同中没有标注价格，因此需要重新定价，提议可以参照施工一期地块的高层外墙真石漆价格定价。商务经理与监理工程师、设计人员等沟通，认为高层住宅的真石漆和别墅的部位有质量差异，价格应该是 120 元/m²。监理工程师提出现场先做样板，再谈价格问题，设计人员同意此质量标准。

　　经过样板对比，设计人员同意在变更中写明质量标准，结算时按照 120 元/m² 的价格计算费用。如果商务经理对工程施工工艺不了解，没有提出此类问题，那么结算时全过程咨询公司人员提出按高层住宅的真石漆质量标准计算费用时就不能及时发现问题并解决，导致价格相差近一倍。所以，商务经理需要参与上游建设方的管理，管理到位就可以避免争议和损失。

　　在工程变更事件中，商务经理岗位处在重要流程管理线上，变更下达以后必须经过商务经理复核后再施工，这样可以在工程结算时减少争议。有些施工企业忽视商务经理的职能，从上游建设方发送的变更直接施工，导致施工完成后变更发生的费用争议较大。商务经理对此项管理流程的控制，关联到事后工程结算问题，因此必须严格对待，如图 3-36 所示。

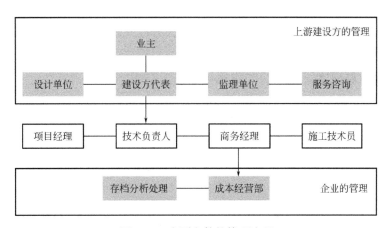

图 3-36　变更文件的管理流程

　　重大变更发生时需要商务经理汇报至成本经营部门，共同研究工程结算对策和讨论处理方案。商务经理是上游建设方与企业成本管理的桥梁，如果工程变更时商务经理没有参与，企业成本管理就没有预控方案，可能会引发工程变更带来的风险。

　　商务经理对分包方的管理工作多数是解决双方纠纷问题，分包合同约定没有细化导致在施工过程中争议谈判，商务经理与分包人、材料供应、机械租赁、专业分包都必须对接到位。从分供商人员管理角度考虑，现场签证的分解需要商务经理把控。

商务经理对外办理现场签证也是重要任务之一，发现问题需要与企业管理层相互配合才能完成。利用奖励的方式提高商务经理的积极性，在项目配合内容中设立绩效管理办法。现场签证是新增加内容，只有相关人员认真对待才能达到预期效果。也有项目部技术人员发现签证后督促商务经理办理的情况，但是现场办理签证要有明确的责任，这样才能形成有效的现场签证管理体系。办理现场签证涉及的部门配合需求如图 3-37 所示。

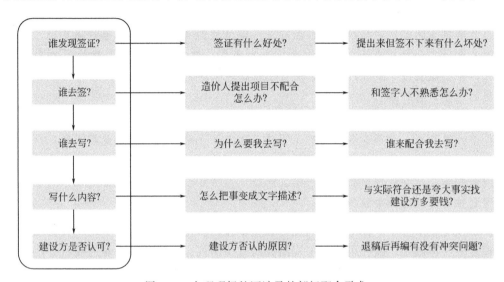

图 3-37　办理现场签证涉及的部门配合需求

商务经理对接企业层的成本管理，从中标以后就要参与分供商合约交底工作，了解项目的分包人组织结构和各分包人的合同界面划分。许多项目在施工阶段合同界面划分不清楚，商务经理每天都需要解决分包人争议。只有在分包人进场之前掌握合同界面内容，才能有效地规避分包人争议问题。

3.5.2　企业层成本管理模块的作用与组成

企业层成本管理有两种情况：城市管理公司和企业总公司的层面。城市管理公司是指放在二级管理部的模块，而企业总公司的层面就是整体企业管理。一般情况下，特大企业会设立城市管理公司。城市管理公司的模块功能相对来说减少了资金管理和风险管理，但城市管理公司要全面考虑，资金管理和风险管理也是管理层要做的任务，只是考虑角度不同。

项目层成本管理模块配置的商务经理优秀，可以减轻企业层成本管理模块的任务负担，把一些基础管理任务放在项目层，可以降低成本管理人员的工作量，也可以有效地根治分包人争议。许多施工企业放权项目层成本管理，企业层没有监督和管理人员，导致商务经理与企业对接难度增大，造成成本管理失控的局面。之后采用项目授权的方法，把争议问题集中到企业成本管理部门，从而增加成本部门管理人员数量，削弱项目成本管理以后，班组分包和项目管理人员都无法直接沟通，反而增加了成本管理的强度。企业层成本管理涉及事项如图 3-38 所示。

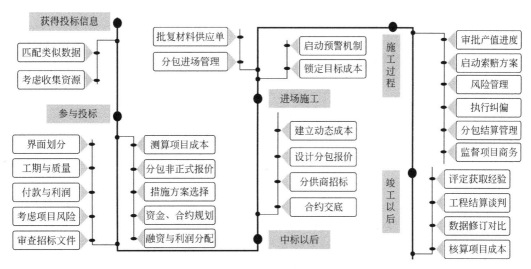

图 3-38　企业层成本管理涉及事项

企业成本管理层的工作是在获得投标信息时考虑收集资源，把建筑特性与企业施工能力相结合，考虑项目能否盈利，从数据库中匹配类似数据，把一些有用的资源整理出来，调动查阅一些可参考的数据。还要考虑信息的可靠程度，对建设方各方面资信情况提前做出预估判断。

企业成本管理层参与投标阶段要审查招标文件，考虑建设方的各项要求，选择投标策略，还要考虑项目风险、工程款支付条件、测算工程利润；与各部门配合分析工期、质量标准，掌握建设方要求的界面情况；对内需要测算成本，组织分包人预招标报价，考虑市场价格幅度因素，对施工专项方案进行对比分析；考虑资金周转与合约规划，进行拆分颗粒细度分析。对投入资金进行预测分析；从大方向考虑还要结合市场融资和利润分配情况，协助领导完成市场分析。

中标以后要建立动态成本控制表，对项目进行实时监控，对分包报价内容进行合理设计，对分包报价颗粒细度进行规划，并切实参与分供商招标工作以及完成对项目合同的交底工作；进场以后要启动预警机制，锁定目标成本，各分包人进场后要进行监管，复核材料采购数量。

在施工过程中成本管理层的主要任务是执行纠偏工作，复核进度产值、监督项目商务，对分包结算管理需要实时监管跟踪，发现索赔机会就要马上启动索赔方案，发生风险时要及时进行止损处理。

第4章

一次经营成本管理方法

一次经营的最终目标是签订施工合同。签订施工合同前就要考虑工程利润，成本管理的重心是测算成本，从商务角度考虑就是参与投标人之间的竞争情况，成本部门的工作就是对内企业成本的管理和对外招标方中标的管理。

许多施工企业以往的一次经营模式仅是围绕项目中标，几个项目结算发生亏损以后，核算分析后发现主要问题是在一次经营时没有做到详细测算。如今一些中小型施工企业的一次经营管理已经初步发生变化，为中标而投标的观念改变成为获取利润而投标，在保证利润的情况下中标是必须要考虑的。

有些大型施工企业投标竞争的房建项目只是为了增加业绩，因为企业在建的路桥项目利润大，在保证企业总体利润率的条件下，哪怕投标的房建项目为零利润，也可以定性为增加业绩。在同样的投标竞争条件下，建设方认为大型施工企业有垫资优势，要比中小型施工企业有实力，价格对比只是中标的要素之一。所以，中小型施工企业在投标时必须做好一次经营，各方面考虑周全才能全胜，即使在施工过程中通过变更签证增加利润，增加的利润也是有限的。

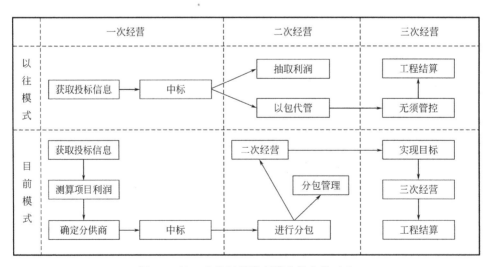

图 4-1　施工企业经营管理模式的今昔对比

施工企业经营以往的管理模式是只参与投标，商务经理完成整个操作流程。目前的管理模式是需要在投标阶段测算利润，并且需要确定分供商和掌握分包价格，对公司内的成本管理和对外招标的管理要同时进行（图 4-1）。在施工过程中以往的管理模式操作是抽取一定的工程利润，再将工程按照"以包代管"的方式切分成块，利润空间大且在最终结算时也无须管控。目前工程项目利润空间小，必须抓二次经营，在结算时还须把控三次经营。

案例： 某施工企业一次经营失败的教训

　　天津市某施工企业投标一个发动机研究所项目，商务人员未参与过工业建筑的施工，不清楚报价清单，其中防油金属骨料耐磨地面分包价格为 240 元/m²，而投标综合单价中填写的是 30 元/m²，压缩空气机及管线安装需要 120 万元/台，而投标综合单价中填写的是 30 万元/台，钢屋架涂刷防火涂料防火要求为 2.5h，清单中未单独列项，只在钢屋架的制作安装清单中有描述，投标报价时未考虑此项费用。

　　施工合同签订以后，经过初步估算，发现这三项内容与实际成本偏差约 600 多万元，与建设方协商调整综合单价未果。该施工企业只能通过二次经营和三次经营扭亏为盈，但是报价与实际偏差太大，采用压低分包价格和拖延分供商付款提高项目利润，导致分包人违约停工。更换基础施工的劳务分包，影响整体工期延误 2 个月，使用非标准、低价格的给水管道，导致试水时水管爆裂，又重新更换一次给水管道，此项损失约 30 万元。

　　竣工后对外结算变更增项较少，这时施工企业提出许多无理要求想要补偿项目亏损，但是建设方要求施工企业赔付工期违约金 200 万元。经过协商，施工企业必须撤回提出的无理要求，建设方可以免除工期违约金，最终双方撤回争议，完成工程结算办理。

　　经过分析，该施工企业一次经营失败导致在施工过程中失控，为了降低成本导致各方面违约，投标失败是无法挽救的。投标阶段必须测算成本，将分供商锁定才会有利润可赚。

按成本管理投入强度考虑，一次经营投入 60%，二次经营投入 30%，三次经营投入 10%，先形成目标成本再做中标准备。许多施工企业把管理重点放在二次经营，在施工过程中指望签证、变更、索赔增加利润，但是变更掌控在建设方手中，没有变更就没有机会增加利润，索赔还要考虑甲乙双方关系，最终索赔不成立，签证价款也是有限的，并不会增加很多的利润。

4.1　目标成本的测算

　　成本测算的作用在前期是指导对外报价，确定成本价格；在中标以后形成目标成本（静态成本），在施工过程中动态变化成本有参照性、有管控方向，竣工以后核算成本有对比依据。成本测算需要收集数据，了解企业运营模式，更多的是要从企业特性考虑。成本测算不是填写表格那么简单，测算出来的文件要应用到施工过程管理中，测算的精度才是重点。

　　在施工过程中失控，数据偏差的主要原因是静态成本数据问题，形成静态成本也就是前期的成本测算。测算成本不仅需要数据正确，还要把数据颗粒细化，每个控制颗粒的拆分都必须经过分析。所以，要拆分成什么样的颗粒细度是测算成本时需要考虑的。

成本测算颗粒细度要按照分供方与总包交易的模式分拆。许多成本管理人员都想着成本测算与清单颗粒细度相同，清单的颗粒按照构件划分，而项目按照劳务班组和分供商的颗粒划分，不同口径的情况下没有可比性。成本测算的目的是指导报价、过程管控、竣工核算，按照清单定额的颗粒划分是无法实现的，如图4-2所示。

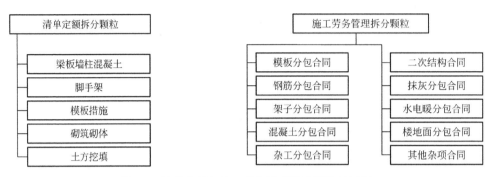

图 4-2 清单定额与施工劳务管理拆分颗粒的区别

从图4-2对比来看，清单定额按照每个构件类型进行拆分，施工劳务管理按照市场劳务分包模式拆分。例如清单中的梁板墙柱构件要分开列出清单项，而劳务分包则把人工费综合在一起，不区分构件统一分包价格。这样建设方交易环节和分包人交易环节的口径就不相同，需要转换口径，为了解决施工过程中成本控制问题，要按照分包人交易环节的口径测算成本。

案例： **某施工企业管理人员成本测算时按清单定额考虑出现的弊端**

某施工企业成本测算时按照清单进行拆分，本项目是高层建筑，将土建专业主体结构的劳务人工费从清单子目中统计出来，二次结构和抹灰的人工费全部从清单子目统计出来，将措施费中模板和脚手架清单子目的人工费并入土建专业的主体结构中。

在施工过程中，从清单中拆分出劳务人工费，按此价格签订劳务分包合同，导致主体结构劳务分包价格高出市场价15%以上。二次结构和抹灰清单中是按套用定额计算的，劳务分包价格低于市场价40%，价格太低找不到合适的分包人承接，只能按市场价分包，导致此项分包价格超过清单中拆出来的劳务人工费。

主体结构、二次结构和抹灰，这些分项劳务费用与清单中统计的人工费是不同的口径，拆分出利润多的分项缺少分包价格依据，进行分包时施工企业亏损，拆分出没有利润的分项必须增加价格才能完成施工。所以，按照清单定额的拆分颗粒无法控制成本。

成本测算要四个口径统一，即项目口径、分包口径、财务口径、成本口径。项目口径是指为了节约统筹时间，使动态管理数据接口方便，与现场施工人员经验数据统一标准；分包口径是指为了与市场行情保持一致，作业范围直接明确，劳务市场管理规则相同，可以利用外部分包人竞争降低分包价格；财务口径是指按分包人进行统计，为了方便清算，材料按栋号细分，便于管理资金流动；成本口径是指为了降低管理强度，一次成本测算分析可以作为施工期间的动态成本管理。

按照分包口径成本测算，还需要考虑对外投标报价的问题，成本测算在投标阶段有指导投标报价的作用。房地产项目大多数是非标清单表格填报价格，施工企业报价时，不区分构件种类，需要区分混凝土材料强度等级统一报价。劳务人工费和模板措施是分包人固定总价，不存在构件人工费价格差距，与建设方报价时统一口径很简单，但是按照定额计价办法根本无法分析，定额报价法反而增加造价人员操作难度。

案例： **某企业对外报价表的填报方法**

某企业参与某房地产项目的投标，建设方给出的商务报价是非标清单，采用模拟清单报价的方式，使用表格列出报价表，施工企业在报价时考虑与分包口径相同可以方便成本控制，按照劳务总价分解到清单中的方式填报价格。

经过估算，此招标项目住宅楼混凝土含量为 $0.40 \text{m}^3/\text{m}^2$ 左右，劳务人工费按照建筑面积分包价格为 18 元$/\text{m}^2$，包括小型机具和分包人提供的工具。计算后填报人工费：$18/0.4=45$ 元$/\text{m}^3$，增加 1.2 元$/\text{m}^3$ 风险费用，填报价格即 46.20 元$/\text{m}^3$，如表 4-1 所示。

××小区住宅项目投标报价表　　　　　　　表 4-1

编号	项目名称	单位	综合单价(元)(A+B+C+D+E)	综合单价组价明细(元)			
				人工费(A)	材料费		机械费(D)
					主材费(B)	辅材费(C)	
土建混凝土 30003	包含部位:筏板、集水坑、电梯基坑。1. 混凝土强度等级:C30 抗渗;2. 混凝土拌合料要求:商品混凝土	m³	655.96	46.20	484.80		11.16
土建混凝土 30007	独立基础:1. 混凝土强度等级:C35 抗渗;2. 混凝土拌合料要求:商品混凝土	m³	674.29	46.20	499.95		11.16
土建混凝土 30022	直形墙:1. 混凝土强度等级:C30 抗渗;2. 混凝土拌合料要求:商品混凝土	m³	655.96	46.20	484.80		11.16
土建混凝土 30024	直形墙:1. 混凝土强度等级:C40 抗渗;2. 混凝土拌合料要求:商品混凝土	m³	698.73	46.20	520.15		11.16
土建混凝土 30025	直形墙:1. 混凝土强度等级:C30-地下;2. 混凝土拌合料要求:商品混凝土	m³	631.52	46.20	464.60		11.16
土建混凝土 30028	弧形墙:1. 混凝土强度等级:C40-地下;2. 混凝土拌合料要求:商品混凝土	m³	674.29	46.20	499.95		11.16

建设工程成本经营全过程实战管理

人工费填报单价与劳务口径相同，可以规避与建设方核对工程量的变化风险。成本管理人员考虑劳务分包是针对整个楼栋号，并且不区分构件统一价格，建设方列出的清单表格分项是按照不同构件填报，项目中标以后，建设方正式签发施工图纸，清标以后调整工程量，工程量变化可以减少对成本的影响。即建设方增加该项工程量，综合单价固定，分包单价也是固定的，分包人也随即增加工程量，采用"背对背"价格的方式，建设方工程量变化对施工企业没有任何风险。如果按照套用定额的方法，单价高的清单分项工程量减少，工程量变化以后合同总价减少，劳务分包的价格不变化，中标清单与目标成本对比就会发生亏损。

混凝土材料费按照不同强度等级分别填入表格中，中标清单的工程量变化只对采购工程量有影响，采购数量变化对成本无影响。机械费填报表格的方法与人工费填报类似，与市场租赁费用口径相同，这样可以规避清标导致工程量变化的风险。

成本测算与定额计价的区别是分析思维、拆分方式、基准数据。成本测算是以企业实际施工能力为基础进行分析测算，符合企业实际成本，借用定额计价作为投标报价会偏离企业实际成本。成本测算通过切"西瓜"的方式分解，结合企业需求进行颗粒分切，而定额通过扩大单元法统筹计算，二者的区别是颗粒细度，如图4-3所示。

	成本测算	定额计价
分析思维	以企业实际施工能力为基础进行分析测算	以地区市场平均管理水平进行计算分析
拆分方式	切"西瓜"方式分解形式计算	扩大单元法统筹计算
基准数据	以单方造价为基准数据	以单位工程量为基准数据

图4-3　成本测算与定额计价的区别

4.1.1　人工费测算

人工费测算的数据来源分为历史数据、市场数据、分包人的报价数据（图4-4）。成本测算时，历史数据是以往竣工项目的数据，提取后分析形成的数据为将来投标时成本测算服务，此数据随着时间的变化会发生偏差，人工费在每个时间点都有变化，一般情况下每年都需要调整更新；成本测算时，市场数据来源于建筑市场行情，大多数施工企业采用探

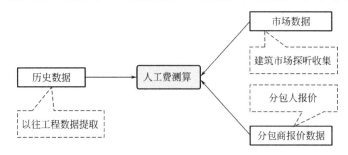

图4-4　人工费测算的数据来源

听和收集同类型工程项目的数据，获得的数据比较准确，例如某施工企业投标时寻找数据，以前的同事已经跳槽到别的施工企业，成本测算时咨询该同事当前材料交易价格，获得的信息可以作为指导价格；分包报价的数据在成本测算时相对偏高，但是可以作为最高限价参考。在投标过程中通知分包人报价，但是项目还没有中标，只是让分包人阅读施工图纸粗略报价，非正式报价会导致分包人高估冒算偏离市场行情。

人工费的颗粒拆分为劳务分包费用、利润、税金。劳务分包费用结合企业特性进行细分，企业内部有班组分包资源时，可以考虑拆分为各个班组颗粒。例如某施工企业承揽的房建项目，将主体结构劳务人工费分拆为班组，分为钢筋班组、模板班组、混凝土班组、脚手架班组。如果改为包清工模式管理，还须有利润空间和管理费用，测算时需要把此部位费用单独列出来，包清工利润一般按照10%考虑，管理费按照15%考虑。

施工企业的人工费测算利润考虑15%～24%，可以推算出人工费占总造价的比例约22%，即占总价的15%×22%＝3.3%，也就是说项目最低利润按总造价的3.3%考虑。税金要考虑抵扣以后的企业所负税率，一般成本测算时按5%考虑，但是人工费分项中只有人工费和周转材料措施，为了方便成本测算，操作时人、材、机统一按照5%填写税金。

许多施工企业的人工费测算时，忙于调研市场人工单价，详细了解市场分包价格行情。其实了解人工单价和市场分包价格行情应该是分包人做的事情，企业采用包清工方式测算精度到班组层面即可。通过分包人价格竞争可以找到合理的分包价格，历史数据和市场数据有确定分包价格的参考意义。成本测算时调研市场人工单价也是可以的，但是无效的成本管理浪费时间，调研出来的数据偏离分包交易价格，反而影响成本管理的决策。

采用班组分包时，成本测算必须要有充足的班组分包资源。有长期合作的班组分包资源才会锁定成本价格，因为班组价格相对透明，充分进行价格竞争可以得到最低成本价格。小型施工企业往往没有长期合作的班组分包人，在项目投标时临时从市场上寻找班组分包人报价，报价无法作为成本测算数据。领导往往安排初级造价人员统计这方面的工作，形成求证人工费组价的怪圈，做出来的成本测算数据是偏离实际交易价格的。

案例：　某施工企业成本测算的操作方法

某施工企业参与房建项目投标，进行成本测算时考虑采用包清工模式将人工费进行分解。通过分析企业自身的包清工劳务资源较多，以往工程项目已经采用包清工模式，符合企业自身的特性。

成本测算表格按照班组分包明细列项，即班组分包为测算的最小拆分颗粒。分包招标时将此分项明细放到招标文件中，各分包（包清工）人填写表格中的班组分包价格，成本管理人员认真分析分包人报价分项，收集每个分项的所有报价，计算平均值作为对外投标报价的基准值，如表4-2所示。

某项目主体结构劳务分包综合单价明细表　　　　　　表4-2

项目名称：××××地块工程

序号	项目名称	单位	暂定工程量	综合单价(元)	合价(元)
1	钢筋工程人工费	m²	40000	50	2000000
2	混凝土工程人工费	m²	40000	25	1000000

序号	项目名称	单位	暂定工程量	综合单价(元)	合价(元)
3	其他土建人工费	m²	40000	10	400000
4	辅助材料费	m²	40000	5	200000
5	中小型机具费	m²	40000	5	200000
6	安全文明施工费	m²	40000	15	600000
7	管理费	m²	40000	8	320000
8	利润	m²	40000	15	600000
9	税金	%	40000	3.00%	1200
10	合计	元			5321200

成本测算表格按照班组分包列出明细，即班组分包为测算的最小拆分颗粒。分包招标时将钢筋班组、混凝土班组综合单价列出来由分包人填写。通过多家报价对比，分析分项综合单价，找到合理低价的分包人即中标人。

成本测算在投标阶段进行，分包正式招标是在工程中标以后实施。许多施工企业忙于投标的其他事项，把历史数据放在测算表格中作为投标报价，这样的数据是偏离市场行情的。在非正式分包招标报价时，分包人报送的价格是随意填写的，导致成本测算偏离实际成本价格，此时要以参考历史数据为主。由于是非正式招标，分包价格可以侧重于以往合作的分包人报价，有过合作的分包人会为自己的报价负责，因为该分包人从始至终都相信自己的中标机会比较大，所以此分包人填报的各项单价比较接近市场交易价格。

4.1.2 机械费测算

机械费测算的数据来源有项目配合、数据支撑、供应商（图4-5）。成本测算时项目部必须配合成本部门做好机械配置情况说明，现场需要的大型机械由项目部提供数据，如果工程项目按照班组分包模式，还要考虑中小型机械的配置情况，测算表格填写时应按照摊销或自购折旧方式填报价格。

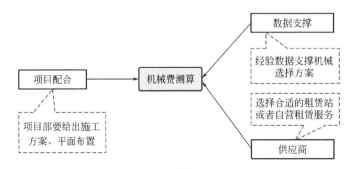

图4-5 机械费测算的数据来源

许多施工企业在投标阶段还没有组建该项目的项目管理人员，可以先由技术总工参与机械配置的分析，企业管理人员编制施工组织设计时就要考虑此项内容。有人认为施工组织设计编制太详细反而对结算不利，建设方的审计部门会通过该施工方案审减费用，但是成本测算文件与施工组织设计文件是不相同的，因为成本测算文件是对内管理，精细化管理是企业必要的。

项目部要给出施工方案及平面布置，要有数据交接文件。有些施工企业让拟派项目经理参与施工组织设计编制，在施工过程中随意改变机械的配置方案，导致机械费管理成本失控，可以让拟派项目经理发起签字流程，形成责任追查制度。

机械费测算要有数据支撑，机械选择方案需经验数据支撑。大型机械总投入费用根据各项目的单体建筑特性配置情况，进行建筑面积均摊分析考虑。机械选择方案可以从经济最优决策寻找到合理的成本。

案例:　**某项目寻找机械选择方案**

某施工项目为 36 栋洋房，地上 4 层带坡屋顶，每栋建筑面积约 $2500m^2$，楼面运送材料使用塔式起重机，施工时需要 2 栋楼合用一台塔式起重机。按照以往经验数据，塔式起重机施工住宅为 25 元 $/m^2$，塔式起重机租赁费用为每月 35000 元/台，预计使用 6 个月，计算为 $35000 \times 6 / (2500 \times 2) = 42$（元 $/m^2$），分析价格超出正常指标数据的主要原因是楼间距较远和楼层数少，导致施工成本增加很多。

机械方案确定后经过各部门会议讨论，改为汽车式起重机施工可以降低成本。每栋楼使用一台汽车式起重机，汽车式起重机租赁费用为 800 元/d，首层不需要吊运材料，只使用汽车式起重机 4 个月即可。计算为 $800 \times 4 \times 30 / 2500 = 38.4$（元 $/m^2$），吊运材料主要为成型钢筋和模板材料，工期不紧张时模板工人还可以两栋楼流水作业施工，汽车式起重机跟随工人流水作业，可以减少汽车式起重机数量，这样可以降低摊销费用。

使用塔式起重机施工时，塔式起重机基础费用为每台约 6 万元，摊销到建筑面积中计算为 $60000 / (2500 \times 2) = 12$（元 $/m^2$）。使用汽车式起重机钢筋班组和模板班组会受到影响，因为汽车式起重机的吊运效率低，可以考虑适当补偿各班组分包价格，将塔式起重机基础需要的费用增加到班组分包价格中，二者互抵保持经济指标平衡。

经过各部门会议讨论，决定使用汽车式起重机施工，至少可以降低成本 4 元 $/m^2$，在班组分包价格不做补偿的情况下，可以降低更多的成本。

采用机械租赁还是自购，需要结合企业特性确定。自购大型机械摊销到建筑面积中可以降低成本，但是企业整体承揽的项目少，机械购买后闲置时间长且需要仓库管理费用，企业需要设立专门的机械管理人员，也是一笔不少的费用。有些施工企业从战略考虑，以轻资产为管理重心，完全进行机械租赁，购买机械会占用大量的资金，不利于企业目前的资金周转，虽然购买机械成本低，但是不符合战略要求，否决自购机械方案。

大型机械还可以采用专业分包的方式。例如高压旋喷桩施工，施工企业租赁或自购此项机械都不如专业分包控制机械消耗量少，并且专业技术人员招聘难度大，采用专业分包的方式可以合理降低成本。采用专业分包既需要考虑地区市场环境，也需要结合企业自身的技术力量。专业分包的利润大，可以分解为大型机械、材料、人工，但是在无法控制各项消耗和施工工期的情况下，采用专业分包可以降低风险。

4.1.3　材料费测算

材料费测算的数据主要来源有历史交易价格、供应商报价、市场价格信息参考（图 4-6）。参考历史交易价格主要是零星材料和用量少的材料，数据收集容易但是偏离市

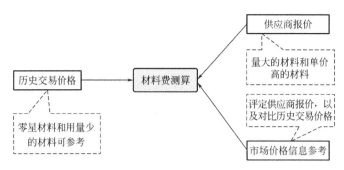

图 4-6 材料费测算的数据来源

场价格，测算时往往因管理强度投入问题而放弃询价，直接填写历史数据。供应商报价主要针对用量大的材料和单价高的材料，在成本测算时材料用量较大，如果偏离市场交易价格，在施工过程中就会失控。市场价格信息参考主要作用是有可对比性，可以根据市场信息价格评定供应商报价，以及对比历史交易价格的变化幅度。

材料用量的数据来源是施工图纸计算工程量，再增加相应的损耗即为成本测算的工程量。许多施工企业做材料损耗统计时，因为企业数据库中没有损耗率，需要借用地区定额损耗。按照施工图纸计算工程量在投标阶段要耗费较大的人力，一些施工企业往往借助建设方招标清单工程量作为测算基数，增加相应的损耗率求出测算工程量，这样的操作偏离实际工程量，增加了工程风险，需要考虑成本测算追求更精确的报价。

在实践中一些施工企业中标以后才会认真做成本测算，他们认为投标期间花费较大精力若是未中标就是损失，所以在中标以后花精力测算才认为是值得的。材料在总造价中约占 70%，影响成本较大，投标阶段偏离实际工程量，在中标以后就形成风险，可能损失更大。可以让第三方咨询公司配合完成工程量计算工作，减轻投标人员的劳动强度，不仅花钱少还能抵抗中标以后的风险。

房地产项目大多数采用模拟清单报价，投标阶段无法进行材料工程量计算，只有清标完成以后才能锁定目标成本，招标时工程量变化引发的风险较大。成本测算时可以根据招标清单工程量增加损耗进行测算，但是还需要结合工程量指标数据验证招标清单工程量是否正确，每项工程量偏离指标数据 10% 以上时，成本测算时就要填报指标数据，虽然对投标报价失去指导作用，但是形成的目标成本要更真实，对施工过程管理控制更有效。

4.2 投标报价对外管理

投标报价对外管理的主要工作是研究低价中标高价结算、对特殊构件或部位进行报价分析、完成投标文件的有效协同、企业分供商资源对接。从商务角度考虑，投标报价是最重要的部分；从成本角度考虑，有效协同是重要的部分；但是站在商务总指挥层面来看，首先要做到中标，然后再考虑项目是否盈利。

许多施工企业的商务部门侧重中标结果，并不研究项目是否盈利，结果导致项目利润低，不仅风险增大还可能亏本做项目。这些商务部门经理认为中标就是绩效，企业中标几个项目至少需要运营 5 年的周期，一般来说部门人员流动性较大，项目还没有全部完成人员就离职了，责任追查无法落实，所以侧重中标结果，这也是一名管理者的常识。

建设方评标往往是以报价最低的报价人为首选中标单位，施工企业之间为了中标而竞价是在所难免的。但是投标时要知道实际投入成本，还要考虑风险承受能力，过多的精力投入到摸清竞争对手报价，反而是浪费人力资源。如今许多项目通过竞争中标后利润很低，为了中标而随意降低价格会给企业带来很大的风险。

许多大型企业与中小型民营企业竞争时，大型企业的优势是保证项目不亏本即可，企业低价中标是为了完成今年的业绩，而中小型民营企业项目较少，低价中标会导致企业整体运营亏损。投标时要根据企业自身的情况决定投标价格，要从多方面考虑、多部门配合完成投标任务。

4.2.1　不平衡报价与索赔策划

工程项目投标总价确定以后，根据招标文件付款条件，合理调整投标文件中部分分项的报价，在不提高总价的情况下，能够尽早、更多地结算工程款，并能够赢得更多利润的一种投标报价方法，称为不平衡报价。

常见的不平衡报价方法可以分为四类：专业不平衡报价策略、清单子目不平衡报价策略、工料机不平衡报价策略、措施项不平衡报价策略。总体要点是早有资金回流，减少投入可获利，建设方招标文件可钻漏洞，争取项目利润最大化。

（1）专业不平衡报价策略

专业不平衡报价的目的是建设方支付工程款先得到资金，减少施工前期资金投入。在投标报价时对已经编辑好的各专业价格重新进行梳理，将可调整的清单子目修改价格。首先要满足招标文件的要求，修改分项价格时调整到合格区间值，先施工的专业分项总价调高，后施工的专业分项总价调低，这样投标总价变化不大，可以实现工程款提前收回。

案例：　**专业不平衡报价策略实例**

某施工企业在投标过程中采用专业不平衡报价策略，将已经编制完成的投标文件重新修改价格。在各专业汇总表（图4-7）中可以看到，实例工程一是编制完成的投标文件，实例工程二是修改后的投标文件。

实例工程一							
表号	专业工程	分部分项工程	措施项目一	措施项目二	规费总计	利润总计	税金总计	含税总计
1	建筑工程(住宅)	2564399	263508	219937	329409	266516	400815	4044584
2	装饰装修工程	436370	24519	21659	128308	69654	74856	755366
3	电气设备安装工程	402947	10348	0	57522	26946	54754	552517
4	给水排水工程	76997	2249	0	14464	6775	11053	111538
5	通风、空调工程	171484	5430	0	37480	17557	25515	257466
	预算总价（A+B+C+D）				567183	387448	566993	5721471

实例工程二							
表号	专业工程	分部分项工程	措施项目一	措施项目二	规费总计	利润总计	税金总计	含税总计
1	建筑工程(住宅)	2650000	263508	219937	329409	266516	400815	4130185
2	装饰装修工程	403000	24519	21659	128308	69654	74856	721996
3	电气设备安装工程	382000	10348	0	57522	26946	54754	531570
4	给水排水工程	66100	2249	0	14464	6775	11053	100641
5	通风、空调工程	151000	5430	0	37480	17557	25515	236982
	预算总价（A+B+C+D）				567183	387448	566993	5721374

图 4-7　专业不平衡报价策略案例分析（单位：元）

修改时将装饰装修专业、电气设备安装专业、给水排水专业、暖通空调专业中报价清单中的某项调低，修改后汇总的专业分项总价低于实例工程一的分项总价，而将建筑工程专业中报价清单中的某项调高，修改后汇总的专业分项总价高于实例工程一的分项总价，这样投标总价数值只是发生微小变化，并没有提高投标总价。

工程中标以后，该项目在主体结构施工期间可以早收回 10 万元的工程款，即提高 2% 的收款比例。如果建设方无特殊评标要求，可提高 5% 的收款比例，将这 5% 的提前收款再支付给分供商，企业整体运营过程中减少资金投入，从而降低施工成本。

通过上述案例可以了解到，专业不平衡报价是以各专业的施工顺序为调整思路。如果是同一个专业内的报价清单，有的在前期施工，有的在后期施工，可以只调整专业内的报价清单即可。许多商务人员操作时害怕调整幅度过大而废标，但是建设方要求对综合单价组成分析做出解释时，合理即可。一般情况下，综合单价与其他投标单位的投标报价相比，有差距是不会构成废标的。

清单综合单价在评标时限定范围，会出现每一家企业都有偏离报价平均值的现象，可以对招标人的招标条件提出质疑。有些招标人会以招标控制价中的清单综合单价为标准，对比各投标人的综合单价，但是目前招标控制价是套用定额的方式编写，然后下浮确定控制价，与实际成本价格不相符，投标人对招标人提出的质疑有正确解释即可。

（2）清单子目不平衡报价策略

清单子目不平衡报价是通过建设方所给的工程量在中标前后的变化，到结算时获得更多的利润。在投标报价时依据建设方所给的施工图纸估算工程量，与建设方所给的清单工程量作对比。若是建设方给出的清单工程量少，报价时提高综合单价；若是建设方给出的清单工程量多，报价时降低综合单价。最终结算时按施工图纸重新计算工程量，工程量增加且填报的综合单价高，这样可以获得更多的利润。

在工程投标时，要经过核对才能判断建设方给出的工程量偏差，许多商务人员无法在短时间内完成核对工程量，清单子目不平衡报价的策略就实现不了。在投标时核对工程量，因结算阶段也需要做核对任务，不如在投标时把工程量偏差风险降低。往往施工企业计算工程量的人手不够，委托给第三方咨询人员又不放心，考虑中标概率低就放弃核对，结果中标以后失去了有效的成本控制手段。

施工企业应该做到规范管理，把工程量偏差的利弊考虑清楚，在投标时多用一些人力，把风险降低就是降低施工成本。施工企业内部管理混乱，只为中标而投标，损失的是企业利润。

案例： **清单子目不平衡报价策略案例应用**

某施工企业在投标过程中采用清单子目不平衡报价策略。本项目为 5 号楼的装饰工程，建设方给出的电梯前室地砖 800mm×800mm 工程量为 137m²，轻钢龙骨石膏板吊顶工程量为 137m²。投标前通过核对工程量发现，建设方给出的工程量是错误的，商务人员考虑不平衡报价可以带来利润，如图 4-8 所示。

　　商务人员考虑到地面面积和顶棚面积应该相差不多，但是顶棚电梯前室部位图纸设计不完全是吊顶，结算时工程量可能会减少。在工程量清单 1 中调整综合单价，把已经填好的"地砖 800×800"的综合单价由 220.47 元调整为 260.00 元，轻钢龙骨石膏板吊顶的综合单价由 181.60 元调整为 142.40 元。调整前后总报价相差不大，并且价格修改幅度在 20% 左右，没有明显不符合实际成本价格的情况。

工程量清单1

工程名称：5号楼

序号	分部工程名称	工程量	单位	综合单价(元)	合价(元)	备注
1、电梯前室					74703	
1	地砖800×800	137.0	m²	220.47	30205	
2	铝合金踢脚线	300.0	m²	40.05	12016	
3	墙面大白乳胶漆	300.0	m²	17.40	5219	
4	轻钢龙骨石膏板吊顶	137.0	m²	181.60	24880	
5	顶棚大白乳胶漆	137.0	m³	17.40	2383	
2、走廊						

工程量清单2

工程名称：5号楼

序号	分部工程名称	工程量	单位	综合单价(元)	合价(元)	备注
1、电梯前室					74748	
1	地砖800×800	137.0	m²	260.00	35620	
2	铝合金踢脚线	300.0	m²	40.05	12016	
3	墙面大白乳胶漆	300.0	m²	17.40	5219	
4	轻钢龙骨石膏板吊顶	137.0	m²	142.40	19509	
5	顶棚大白乳胶漆	137.0	m³	17.40	2383	
2、走廊						

图 4-8　清单子目不平衡报价策略案例分析

　　清单计价合同在结算时按施工图纸计算工程量，虽然轻钢龙骨石膏板吊顶工程量减少，但是降低了综合单价，损失相对减少。在投标时提高了"地砖 800×800"的综合单价，结算时工程量不发生变化，利润相对增加。这样的操作实现了总利润增长，通过清单子目不平衡报价带来收益。

　　通过上述案例可以了解到，清单子目不平衡报价策略的主要作用是增加利润空间。在投标报价时发现该类情况，有些商务人员会在招标答疑文件中提出，因为清单工程量的偏差应由建设方负责，提出工程量修改建议并不会给施工企业带来任何收益，所以商务人员提出问题是无效成本。

　　（3）工料机不平衡报价策略

　　工料机不平衡报价是在投标时将建设方指定的分包方或供应商的价格报低，在施工过程中建设方要变更分包人或材料品牌，需要重新定价时再提高价格。根据市场交易价格进行签认，降低建设方指定事项价格，在清单中增加其他项价格，这样的操作在结算时实现了总利润增长，达到不平衡报价收益。

　　"营改增"实施以后，甲分包大多数变成甲指定分包。甲指定分包的定价权掌握在施工企业可控范围内，商务人员会降低甲指定分包人的报价，提高其他项的利润率。有些招标文件中写明甲指定分包的单价，投标报价时要按照甲指定分包的价格填入报价表中，其他项的利润不变，投标总价会提高，使得建设方要承担甲指定分包价格高估冒算的风险。

甲指定分包价格明确后，建设方要承担对价格高估冒算的风险和施工过程中涨价的风险。如果不指定价格，施工企业故意压低报价，使得建设方在招标时只能指定分包类型，指定质量标准，建设方从主动干预变成被动干预。

甲指定材料也是类似的，在施工过程中材料价格的变化幅度较大，如果超出指定价格，施工企业可以申请价格调整，如果在施工过程中变更材料品牌，就需要重新认定价格。

案例： 建设方指定品牌采用不平衡报价策略

某项目招标文件中，建设方指定分体式太阳能热水器为四季沐歌 FPC1188，投标报价时将该项清单的主材价格调整后低于市场价 20%，填写主材价格为 6000 元/台，把其他项的主材价格调高，投标总价不变。

在施工过程中建设方因设计原因下达变更通知单，变更为太阳雨品牌的热水器，供应商报价 7000 元/台，商务人员申请变更材料差价，要求建设方确认采购价格。

此时建设方认为合同中的热水器价格偏低，要求同比下浮当前供应商报价，可是没有任何资料能够证明报标时报价太低，只能认可 7000 元/台的采购价格。

从整个项目管理过程中可以看到，建设方指定热水器有很大弊端，如果没有指定该项品牌，施工企业也找不到补材料差价的理由，无法实现不平衡报价。

通过上述案例可以了解到，建设方指定的分项内容可以使用不平衡报价策略实现项目利润增长，建设方干预过多可以找到理由补偿。许多项目虽然使用了不平衡报价，但是建设方在施工过程中不承认且推脱责任，建设方负责人不敢签字确认，但是材料供应不能耽误，必须先确保正常施工。所以，加强项目部的成本管理意识是关键。

站在总体报价角度考虑，即使建设方不承认甲指定材料是自己的责任，采用不平衡报价策略对结算价格也没有任何损失。这样的操作在施工现场还会降低材料供应质量，因为在双方协商确定价格的同时，建设方自知理亏就会让步，施工企业只要质量验收通过就可以，建设方想尽快推脱责任，就不会提出更高的质量要求。

（4）措施项不平衡报价策略

措施项不平衡报价是在投标过程中将措施费中的组织措施和技术措施的综合单价进行调整，降低因技术措施工程量变更而引发的风险。组织措施分项是在施工过程中必须要有的项，填报综合单价时要调高，而技术措施在清单计价或模拟清单中的工程量在结算时会有变化，将该项综合单价调低。

案例： 措施项不平衡报价策略案例应用

某施工企业投标一个房建项目，建设方采用模拟清单报价的方式进行招标。施工企业编制完投标报价以后，采用措施项不平衡报价策略，将文明施工费、综合脚手架、垂直运输费的综合单价调高，因为该项是综合费用，施工过程中必然发生。技术措施填报时，考虑到工程变更导致模板工程量可能会减少，将模板各项综合单价按一定比例调低，如图 4-9 所示。

中标以后，利用施工图纸清标时，双方核对工程量时发现招标文件预估的工程量

序号	项目编码	项目名称	计量单位	工程量	单价(元)	合价(元)
		措施项目清单计价表(二)				
1	013102001001	综合脚手架	m²	1860.5	36.1	67171
2	013103001001	现浇混凝土基础模板	m³	59.933	161.3	9667
3	013103002001	现浇混凝土柱模板	m³	125.898	852.67	107350
4	013103003001	现浇混凝土基础梁模板	m³	52.845	634.16	33512
5	013103003002	现浇混凝土圈梁模板	m³	16.981	587.3	9973
6	013103003003	现浇混凝土过梁模板	m³	11.478	828.98	9515
7	013103004001	现浇混凝土墙模板	m³	0.486	849.79	413
8	013103005001	现浇混凝土有梁板模板	m³	371.46	1031.92	383317
9	013103007001	现浇混凝土台阶、散水模板	m²	253.085	49.31	12480
10	013104002001	混凝土泵送费	m³	810.305	22.93	18582
11	013105001001	建筑物垂直运输	工日	6769.2	4.22	28598
12	013106001001	塔式起重机固定式基础	座	2	10463	20926

图 4-9 措施项不平衡报价策略案例分析

较大,双方核对完后修改了混凝土构件工程量,相应模板工程量也随之修改。

清标工作完成后,模板工程量减少,但是投标报价时填报综合单价低,减少合同额的同时利润相对来说没有同比例降低。而组织措施综合单价高,利润高的清单项没有变化。

采用措施项不平衡报价时,如果结算工程量增加,则与上述案例正好相反,所以投标时要考虑清楚施工过程中的工程量是减少还是增加,按照建设方给出的施工图纸先核对完工程量,再决定是否采用措施项不平衡报价策略。

4.2.2 特殊构件或部位报价分析

特殊构件或部位是指施工企业对没有价格数据的构件进行报价,或者对没有经验的施工部位进行细化分析报价。商务人员往往对该项报价没有参考依据,在短时间内收集价格信息也无法实现,许多施工企业利用分供商资源或临时聘用专业人员解决该类问题。

针对特殊构件报价时,分供商有该项内容的价格数据,这就涉及企业资源对接问题。不在分包资源库中的分供商是临时意向合作,报价可能高出合理价格的数倍,因为分包人考虑对外报高价,在施工过程中分包人价格也会相应提高,如果项目不中标自己也没有任何影响。为了避免这类现象的发生,施工企业要同时找到相应的专业人员对分供商报价进行审核,两个数据相互求证后做出该项的投标报价。

特殊构件组价时要注意计量单位,建设方为了方便结算,会把特殊构件按项、面积、长度、高度等方式列出来,实际分供商报价按照构件再细化列项,分解成更小的报价分项。因计量单位存在差异,建设方在施工过程中提出变更,分供商填报的分项价格就会有低有高。因建设方变更原因导致分供商合同中的某项较低时,分包人就会中途要求涨价,增加施工成本。为了规避计量单位的差异，要在投标时考虑变更风险，让分包人充分考虑变更风险可能存在的价格差异，在签订分包合同时按照建设方计量单位固定总价。

案例： 特殊构件报价策略案例应用

　　某施工企业在投标过程中，对外墙的金属造型装饰构件进行组价。因企业没有类似的金属造型装饰构件价格数据，在屋顶30m高的檐口处向外挑出8m长的造型，无法确定安装施工工艺，也无法确定构件价格。

　　商务经理通过企业关系找到一家装饰公司，把施工图纸发给分包人后，让该分包人报价。由于投标时间紧而分包人迟迟未报价，多次催促分包人以后，发过来的报价是一个总价格，没有价格组成分析，商务经理只能将分包人报价作为投标报价依据。

　　项目中标以后，商务经理与该分包人谈判分包事宜，分包人以当时估价不准为由，再次报价超出该项中标价格的20%，企业又通过各种关系寻找专业分包人进行报价，但是越是没有信任基础的分包人的报价越高，最终只能以中标价格与这家装饰公司签约。

　　商务经理在报价时，将对外投标价按照分包人的报价增加10%作为企业利润，结果在签订分包合同时分包人增加了报价。在投标总价不变的情况下，商务经理提高该项价格反而未获得利润，这实际上是把其他分项的利润降低了，在投标过程中对特殊构件报价管理失控。

在投标过程中对特殊部位报价的管理也是一个难题，因为没有经验数据，只能找有类似经验的人帮助企业组成价格。在确定报价时陷入两难选择，报价低了中标以后该项亏本，报价高了该项挤掉了其他项的利润空间，甚至会因该项价格较高而影响中标。

特殊部位大多数情况是措施部位和有地下障碍物的部位。例如基坑支护原计划采用钢板桩，在实际开挖时发现地下水位较高，必须采用止水帷幕高压旋喷桩施工，合同约定措施费用为固定总价，施工方案变更增加的费用只能由施工企业承担。

许多施工企业在投标时，针对有地下障碍物的情况，先从土方分包人那里了解情况，了解周边地质情况的人必定是土方分包人，此时考虑降低报价风险是首要任务，与土方分包人合作是以后的事情，依据土方分包人的经验调整报价策略是正确的。

4.2.3　完成投标文件有效协同管理

施工企业越小投标人员干得工作越杂，甚至3个人就可以完成一项投标任务。许多施工企业直接把投标事项委托给专业投标单位，也有施工企业靠关系，投标报价只是走形式。大型施工企业的投标人员需要协同完成投标，多部门参与，共同讨论研究，认真做好投标才会使项目盈利。

在投标期间需要有一名总指挥，各标书参与人分开完成并统一协调管理。投标文件分为技术标、商务标、资信标，把三个投标文件分解到各专业部门负责，从各专业角度分析，既可以高效完成，又能使投标内容质量更可靠，如图4-10所示。

技术标由技术总工负责完成，对接项目的问题由技术总工与拟派项目管理人员共同完成。技术总工的主要任务是完成技术标编写，针对专项方案、现场布置、工程进度安排、

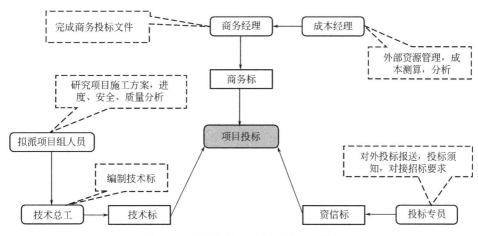

图 4-10 项目投标人员组成及分工图解

项目安全、工程质量、现场环境评估、人员安排、项目管理体系等，要与拟派项目管理人员共同研究决定。

许多施工企业认为技术标就是从各处摘抄文字内容，修改一下就是投标文件，但是这与完成投标任务相差很远。技术标要符合实际施工，为施工条件打下基础，将来施工时要按照投标文件实施。如果只是应付投标工作，中标以后再开展研究施工事项，投标价格就会偏离，增加施工风险。

有些拟派项目管理人员只是为了应付公司投标时的各种填表，没有认真考虑施工过程中的问题，没有针对性的施工方案在施工时也会偏离。施工企业要形成责任追查制度，在施工过程中分析导致偏离的原因，分析施工措施方案，把投标工作计入绩效考核中。

资信标由投标专员负责完成，主要任务是对外报送标书、对接建设方的要求、理解招标程序、研究招标各类要求等，侧重点是以中标为目的，在投标时完成招标方与施工企业对接的任务。资信标制作相对简单，但是投标专员负责的事情比较复杂，投标人员需要摸清楚招标各项要求，工作熟练以后，投标专员的任务并不是很难的事情。

投标时对接建设方是不能轻视的，许多投标项目因为没有理解招标要求而废标，或者没有入围就被淘汰，几个部门多日加班才完成的任务，也许就因一个小疏忽而前功尽弃。

商务标由商务经理负责完成，主要任务是按照建设方给出的报价表进行组价、调整价格、理解招标要求等，还需要与成本经理配合完成外部资源管理、成本测算、各项价格分析。许多施工企业的商务部门和成本部门是同一个部门，这些任务可以落实到每个人执行。

完成商务标是投标的工作重心，编制质量决定企业盈利情况，上级领导检查投标情况也是从商务标开始。从中标角度考虑很简单，填报投标文件时造价人员可以轻松完成。但是从成本经营角度考虑，投标时容易疏忽大意的事项很多，只能采用抓大放小的原则把任务完成。所以，参与编制商务标的人员必须是部门骨干人员。

从整体上看，投标第一任务是完成投标，第二任务是项目盈利分析，第三任务是中标分析。每个任务都必须由部门之间配合完成，做到分工合作并协调配合，需要部门上级领导组织统一管理完成，部门之间加强沟通，必要时可以召开会议。

4.2.4 对接分供商资源

企业分供商资源对接根据企业自身资源储备和项目所在地确定。企业自身资源储备是指已经合作过的分供商和已经入库的分供商，成为企业数据库中的资源。企业分供商资源数量越多，项目成本测算越好把控。企业数据库中没有的分供商，就需要从市场中寻找过来参与报价，这时就要花费很多精力去做资源对接。

分供商资源对接包括劳务分包、材料供应商、专业分包、机械设备租赁、成品构配件供应商，在施工过程中参与本项目的分供商都是需要考虑的对象。已经在数据库中的分供商对接很简单，通过企业管理系统或电话联系到需要的分供商就可以，预招标报价、研究施工工艺、讨论配合方案、预估工期进度等，这些工作需要让已经在数据库中的分供商提供配合。

施工企业没有在投标项目所在地做过类似工程，就要花很多精力对接地方材料资源和专业分包资源的分供商，还要了解当地的政策法律、地方潜规则、地方供应商的各类关系，还须了解项目周边自然环境的影响。企业新进入一个地区施工，前期资源对接工作不到位，在施工过程中就会存在风险，从而增加施工成本。

（1）地方材料资源和专业分包资源对接工作

地方材料资源是企业对陌生地区采购管理的一个较大考验。许多施工企业中标以后才对接各类地方材料资源，工程材料着急使用时，因为没有谈定价格就会影响工期，采购价格出现失控的状态。在投标时摸清地方材料价格，中标后锁定目标成本价格，这样可以把材料价格偏差控制到最小，投标期间要抓紧时间与材料供应商对接，从各种渠道收集材料供应商信息是当务之急。

从各种渠道收集材料供应商信息需要由专人负责。成本管理人员忙于其他事项，只能增加采购部门任务，投标协同是打通采购渠道的关键。企业内没有此类流程制度就需要部门上级领导监督管理到位，如果监督管理未落地，在投标阶段地方材料资源就很难对接，跨部门管理发出的任务是不能达到预期效果的。

地方材料就是地方有代表性的材料，如混凝土、砖块砌块、砂石料、水泥、土石方等材料，运输不便地区的价格差异较大，只能从当地采购，不了解当地价格行情时，就只能采购高价材料。采购人员还要从材料质量标准、计量单位规则、可持续供货数量、货源地的存货情况等方面了解清楚。往往初期合作的材料供应商报价很低，先供应少部分材料，在施工过程中看到急需材料采用垄断交易的方式，项目部只有同意涨价，分供商才会继续供货。所以，采购人员做的工作不只是牵线找到供应商这么简单。

专业分包资源对接是指要更深入地了解分包人，有必要见面了解分包人，在项目所在地区有的专业分包人可能是不可替代的。从专业技术和当地人际关系来看，有这两方面优势的分包人资源较少，进一步了解并达成意向合作关系，找到合理的分项投标价格是成本管理的关键。

案例： 地方性专业分包资源挖掘案例

河北省某施工企业投标天津市滨海新区项目，属于房建住宅项目，地下室二层，混凝土灌注桩基础。由于该企业在天津地区没有做过工程，不了解本地区的价格信息，对地基处理、挖土基础土方、降排水没有类似经验，投标时无法正常报价。

通过各种渠道了解到项目所在地的土方分包人，投标时双方只是电话联系，成本经理让土方分包人报价，结果迟迟等不到报价回复，商务人员只能按照定额计价填报价格。

等到施工现场勘察时，成本经理和采购经理到滨海新区项目所在地，顺便邀约土方分包人相互认识，相互介绍企业的施工实力情况。

通过土方分包人了解到本地区的环境保护检查较多，还了解到滨海新区项目所在地土方稀缺，买土价格比挖土价格贵很多，需要现场剩余一部分土方进行回填。土方分包人可以提供土方存储场地，如果是5月份之前开工，价格相差一倍，因为本项目周围都在施工，本项目开工挖土周边就有回填土方可以调运。此分包人的优势是本地区土方承包实力较大，从运输费用可以节省挖运土方成本。

通过约谈还了解到，基坑挖土深度超过5m需要做型钢水泥土复合桩基坑支护，降水采用大口井方式。土方分包人还带领成本经理和采购经理参观项目附近正在开挖的工程，了解开挖方案以及基坑支护的详细做法情况。

通过双方见面沟通，基础处理的资源对接基本完成，降低了土方报价时的价格偏差，对基坑处理方案也比较清楚，此项投标报价的依据更充分。

(2) 项目周边自然环境的影响对接工作

项目周边自然环境的影响是近年来在投标时需要了解的事项，对项目所在地的自然环境保护要有一定的了解，可以通过地区分供商资源对接完成。特别是市区的房建项目，场地平整和地基开挖对周边自然环境影响较大，每天面临多个部门的检查，无形中增加了施工过程成本。

项目周边自然环境的影响首先要对接上级各主管部门，投标报价时要了解上级主管部门是非常难的事情，只能通过分供商资源对接了解，当地的分供商经常和这些上级主管部门打交道，清楚流程规范要求，降低投标项目周边自然环境的影响风险就要从分供商合作着手处理。

案例： 某厂房项目地面施工环境影响案例

某施工企业投标天津市西青区大寺镇厂区项目，厂房面积18000m²，共有4座厂房以及厂区内的室外道路工程。由于施工企业来自湖北，不了解项目周边自然环境，投标报价时回填土分项报价产生偏离。

厂房面积较大，室内回填土和地面二灰碎石垫层用量很大，占总造价的7%左右。投标时该施工企业对地方材料进行询价，找到两家分供商谈判。商务经理认为地下回填土工程对质量要求低，报价低者为首选合作人，于是就选中供货人实力较小的分供商。

项目中标以后，基础挖出的淤泥需要外运，厂区外市政道路发生污染抛洒，受到市政管理部门处罚，停工整改并要求必须每天8：00之前要完成土方运输，白天不能进行土方作业。施工至室内回填土时要拌和三七灰土，现场的白灰需要消解，环境保护部门看到污染源后进行查处罚款，责令停工整改，施工企业只能晚上进行白灰消解，施工进度缓慢。由于施工期间是 3 月份，受大风天气影响，白灰飘洒到厂区周边道路的树木上，受到多个部门查处警告，只能停工整改，导致整个项目工期延长 40d。

施工至二灰碎石垫层时，供货人要求在合同约定 330 元/m³ 的价格基础上再涨价 30 元/m³，施工企业对涨价后的价格无法接受，又找到投标谈判时的另一家分供商。

新分供商报价也是 360 元/m³，但是新分供商承诺可以解决未施工厂房及厂区的各部门检查罚款，新签合同的挖填土方价格合理。项目部抱着试试看的心态，接受了新分供商合作方式，让已合作的分供商退场结算。

新分供商在本地区施工经验丰富，施工进度加快，不到 30d 就完成地基工程，等地面混凝土浇筑时已经正值雨期，一场大雨后外部道路上的污染和周边环境污染已经不存在了。

在施工过程中，分供商涨价后，14000m³ 的二灰碎石垫层按 30 元/m³ 已经亏损 42 万元，室内回填土投标报价也偏低，基础内整体计算后亏损 80 万元，在投标时选择分供商时的决策错误已无法挽回损失。

从整体成本管理来看，如果投标时与第二家分供商谈判合作，此项还可以赚钱。商务经理为了低价引进分供商，未考虑项目周边自然环境的影响，使项目损失一大笔费用。

通过上述案例分析，做好项目资源对接可以降低施工成本。从成本角度理解，企业外部资源不仅仅是成本部门管理的事情，更多的外部资源是由各部门协同完成，从寻找外部资源到选择外部资源，需要投入精力管理，做好每个环节的管理才能降低成本。

4.3 合约规划管理

合约规划是指目标成本确定以后，按照标准合约规划逐级分解，以合同为口径分解编制的成本管控体系。将目标成本的金额分解到每个科目中，每个科目下再设立合同，预估每个合同的金额，目标成本分解成细小颗粒，根据合约规划编制年度或月度招标采购计划，就是合约规划管理。

成本测算是在对外投标时完成，目标成本是在中标以后完成。制定目标成本的同时，也要考虑合约规划管理，企业设定的标准合约规划是将目标分解到科目，成本管理人员要熟悉企业各科目下的分供商数据库，每个合同都对应分供商数据库，从而完成合约规划任务。

成本测算的数据是历史数据和市场数据。成本测算时根据分供商预招标和市场询价确定，成本测算与目标成本差距是市场询价与分供商报价偏差。对外投标阶段，一些数据是从市场询价获取，而中标以后启动分供商招标工作，目标成本是合约规划的前置，有指导招标采购的作用，能够保障权责落地，如图 4-11 所示。

组成目标成本的历史数据是以已建项目的合约价格为基础，所以在做目标成本时就已经初步形成标准合约规划。合约规划中的目标成本数据来源于分供商报价和经验数据，因为所有分供商已经在合约规划时考虑到，即使没有确定价格也完成了预招标报价，所以合

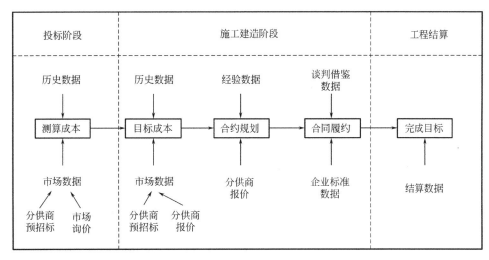

图 4-11　形成合约规划管理关联的数据

约规划中的价格接近每个分供商的合同价格。

合同履约阶段发生工程变更，成本管理人员利用企业标准数据调整合同价格，价格谈判时可以借鉴市场价格，最终完成目标形成结算数据。从合约规划到履约阶段，合约管理的任务由合约规划转为合约控制，成本管理人员在履约阶段投入的管理强度会逐步降低。

4.3.1　标准合约规划管理

标准合约规划是指成本管理人员在做合约规划时，按照企业的分供商资源类别进行标准规划管理。每个企业的分供商资源类别是不相同的，劳务分包、班组分包、专业分包的颗粒细度差异较大，企业中每个项目划分的颗粒不同，就会发生项目管理问题。所以，企业必须先建立标准合约规划，然后再考虑补充其他合约。

房建项目的合约分解一般分为五级科目，即工程项目、栋号、专业、工程量清单、定额子目（图 4-12）。这个分解颗粒与建设方招标颗粒细度类似，但是项目分解是按照劳务分包颗粒划分，只分解到劳务合同层面，考虑清单科目即可。许多施工企业把建设方招标清单改编以后作为劳务分包招标清单，这样的操作可以做到合约管理，但是在施工过程中容易与分包人产生争议。

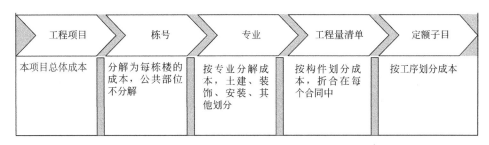

图 4-12　合约规划五级科目管理划分

合约分解就像切豆腐一样，一刀切成两块，然后再将两块切成四块，由大块分解成小块，每个小块符合企业需要的大小就可以。在分解过程中往往没有考虑历史数据和市场价格数据，就会偏离实际成本颗粒，在合同履约过程中，分包人发现实际成本大于合同金额以后，双方就会出现争议。清单科目的争议大多数是工作范围划分不清，或者分包结算时因合同中出现漏项缺项、合同条款解释不清楚产生争议。防范争议问题可以在合同条款中写明"施工图纸范围内所有关于分包事项"等注解，从而规避合约分解时成本管理人员经验不足的风险。

劳务分包的合约分解到定额科目，会加大成本管理强度。在分包招标时，编制商务标比较麻烦，经常因为施工图纸不完善导致结算金额突破合约。定额科目的优点是能够及时掌控付款比例，往往是占总合同金额较大的分项价格采用定额科目可以实现过程管理，但是定额科目与实际工序有差距时，形成定额科目才能达到有效控制成本的目标。

在实践中发现，劳务合同使用清单科目控制，特殊情况下可以把清单科目再按照施工方案细分，最后形成综合清单固定总价。定额科目实际上是采用清单价格分析明细的方式，这种管理方法可以在施工过程中有效地控制成本。

清单科目拆分通过各专业构件进行分解，可以有效地控制同类构件不同的施工难度。例如地下室剪力墙模板和地上主体结构剪力墙模板，构件相同但部位不同，分包价格有所差距，可以通过工程量清单描述，按不同部位的构件进行报价。

通过五级科目的分解，可划分为人工费、材料费、机械费的标准合约规划框架，企业分供商资源符合该类划分框架就可以实现成本管理。例如某房建施工企业是以班组为主的分包资源、以公司集中采购的供应商资源、以机械租赁为主的设备租赁资源，可分成人工费、材料费、机械费三个标准合同模块。

（1）人工费合约规划

人工费在合约规划时从各施工部位考虑，房建项目可分解为各栋号成本、基础地下成本、文明施工成本。从成本管理角度分析，各栋号成本的合同分解是由各劳务分包队伍管理，基础内包括土方、桩基、降水和其他都单独划分另行分包，或者企业零星用工管理，而文明施工交由项目部签约承诺或者采用企业标准化管理。

把专业分包合约管理划分到人工费中，因为专业分包在施工过程中的合约管理类似劳务分包，而且有的专业分包合同中所含材料是甲供材类型，归并到人工费合约中更合适。甲分包因为不在管理范围之中，合约规划时不考虑。甲指定分包的价格包括在合同中，这种情况也划分到人工费合约管理中，如图 4-13 所示。

分解到三级科目的合同层面，要考虑标准合约规划与项目特性差异。同类型的分包分项内容是签约一个分包人合适还是多个分包人合适，这就需要由项目部和成本部门共同讨论研究决定。例如某项目的主体结构分包要分成两个施工段，由两个分包人在施工过程中竞争形成标杆，有利于控制项目的进度、质量、安全，分解时要考虑标准合约与项目实际施工过程中的成本管理。

标准合约规划往往是基本的合约框架，作为企业标准化管理，突破标准实际上是在标准合约基础上进行横向细化，但是科目级别不能变化。由于项目特性存在差异，纵向也会考虑合同规划的变动，例如某项目是高层住宅，采用劳务分包模式，而另一个项目是厂房，采用班组分包模式，二者拆分颗粒影响差距是在三级科目管理，但是合约规划在二级科目不能变化。

四级科目是由分包合同中的价格组成，可分为按照建筑面积固定单价形式、分部分项

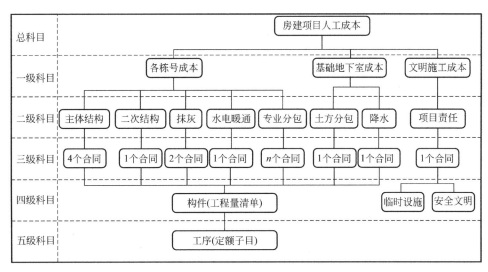

图 4-13　标准合约规划（人工费）分解图

清单形式、混合组成形式。高层住宅项目有标准层适用于建筑面积固定单价，固定单价可以在施工过程中减少争议，有利于项目管理以及项目部的分包结算；分部分项清单形式是按照构件单项的固定单价合同，适用于厂房、公共建筑、构筑物等建筑的分包招标以及施工过程管理，按工程量计算的方式，与分包人计量支付比较容易，结算时争议也会较少，但是前期分包招标时成本部门工作量较大；混合组成形式是前两种形式的优势互补，实体构件按工程量清单，措施费一次性固定总价，例如某别墅项目的劳务分包人工费按照构件分项计取，分包人投入的模板周转材料固定总价，施工方案变更也不增加费用，这就是混合组成形式的价格。

　　文明施工费的分解可以分为临时设施和安全文明。项目开工前一次性投入的设施，在企业内部可以确定标准，例如中建系统的 CI 体系标准，人工费可以分解到主体结构分包劳务合同中，所用材料和设备由项目部采购完成，形成项目责任合约；安全文明一般情况下包含在主体结构劳务分包合同中，企业的文明标识牌、主要安全材料由项目部采购完成，可以要求主体结构完成以后抹灰时需要保留文明施工设施这种方式解决。文明施工费从项目责任规划出来作为合约，可有效地控制成本，采用对标分析可以更加清楚每个项目的管理水平。

　　五级科目就是施工工序，有些施工企业按照定额形式分解，也有施工企业制订自己的企业标准手册进行管理。例如某分包合同中注明："合同中没有的分项按照地区定额结算。"这样的约定在分包结算时可以减少争议，用定额标准约定的方法化解争议，比项目部拍脑袋决定的费用合理。企业标准手册适用于大型施工企业，形成自己的一套管理标准放到合约中，能够授权到项目部并指导商务经理完成分包结算。

案例：　**某项目的合约规划案例**

　　某施工企业的成本管理能力较弱，中标以后未做到合理的合约规划，只是将其他项目的分包合同借鉴后做成本管理，各管理部门也只是走形式，看似每个部门都签字

119

审批，但是没有做到按项目分解，使项目在施工过程中争议不断，造成项目管理失控的局面。

在施工过程中主体框架结构签订分包合同。分包人完成框架结构以后，二次结构队伍进场，发现屋顶的通风道出屋面部位只是预留钢筋，室内回填土到楼地面垫层标高（房心回填土）相差 0.5m 未完成，楼梯间的梯柱只是预留钢筋。此时主体框架结构任务交给二次结构按照工程量结算，项目部也没有上报成本部门。

在分包结算时，成本管理人员审核分包结算书时，发现主体框架结构的合约未完成，商务经理就办理分包结算。主体框架结构划分到二次结构完成的方法增加了成本，于是成本管理人员到项目部核实情况后发现，商务经理没有找到主体框架结构的清单分项内容，但是实际施工时项目经理采用这种做法已经达到验收标准，这时商务经理发现与其他项目的分包人承包范围不同，但是没有证据证明分包人应该完成此部位的任务，只能按照分包合同进行结算。

成本管理人员事后分析，在分包投标时未做好合约规划，三级科目（工程量清单）没有细化分解，只是按照构件划分列出清单，没有从施工图纸中详细考虑合约内容，导致成本增加。

通过上述案例分析，从成本管理角度考虑，合同界面划分是需要重点监督的任务。合同部门负责合同书的起草，法务部门从法律层面考虑合同内容，合同审批侧重点在各部门是不同的角度，成本管理人员从费用专业角度审批合同即可。许多施工企业的分包合同编制工作放在成本部门，其他部门只是按审批流程签字，最终责任都归到成本部门，在施工过程中很难发现漏洞导致管理失控。

（2）材料费和机械费合约规划

材料费的合约是由采购部门完成，但是为了降低施工成本，需要把一部分管理放到成本部门，材料费的合约规划从成本管理角度考虑，重点是采购资源的管理。成本管理主要从一级科目和二级科目入手，一级科目划分为主要材料、零星材料、分包材料。

主要材料是指用于项目的工程材料，分配到二级科目主要考虑供应商的资源，按照供应商性质又分为大宗材料、地方材料、代购材料。大宗材料是指用于施工的常用材料，地方材料是根据地区特性限制划分的供应商资源，代购材料是专业分包为施工企业代购性质的材料，属于甲供材料，即包量不包价性质的一种材料。主要材料分解到三级科目（供应合同），由采购部门管理，成本管理人员的审批重点是参与供应商的选择。

零星材料是由项目部完成采购任务，成本管理重点是与项目部沟通材料的划分。采购用量和采购时间由项目部确定，汇报到成本部门，这样的流程往往处于失控状态，如果把零星材料并入采购部门管理，往往会影响正常施工。许多施工企业对零星材料的控制是通过网络平台审批制度，项目部提交零星材料分项内容，成本部门审批材料用量和各类规格参数，加上现场材料员的核验任务即可以完成采购流程，这样的操作从合约规划时就要划分出零星材料，如图 4-14 所示。

分包材料管理主要是针对分包人提供的材料规格、品牌、质量、数量的管理，施工企业对分包人提供的材料不加强管理，现场就会发生风险。成本管理参与到一级科目中，要考虑分包人提供材料是否合适，合同中如何约定材料质量（三级科目），合同以下的五级科目由项目部管理，针对分包人提供的各项材料验收任务都交由项目部管理。

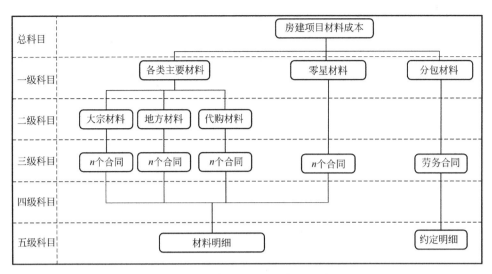

图 4-14 标准合约规划（材料费）分解图

案例: 某项目分包人提供脚手架材料不合格案例

某施工项目成本管理人员分析，劳务分包采用包清工模式，由分包人提供脚手架材料、模板材料及周转支撑材料、其他辅材，其中分包人脚手架材料租赁费报价 20 元/m²，签订劳务分包合同后，分包人进场施工。

在施工过程中分包人想节约成本，租赁材料按最低价格，施工现场使用的钢管材料全部为非标钢管，钢管重量为 350m/t，钢管壁厚达不到设计标准，监理工程师要求更换租赁材料，必须提供合格的材料，要求项目经理参与整改。

分包人已经搭设完脚手架，拆除后更换租赁站会增加费用，每周召开会议时分包人只是答应整改，但是没有实际行动。定型大模板吊运到脚手架上安装时，由于架体质量差导致管扣断裂，工人从架体上摔伤，监理工程师要求现场停工整改，项目经理召开会议约谈分包人。

分包人报价时没有确定架体质量，脚手架材料租赁费报价 20 元/m²，分包人以实际成本超出报价为由要求增加费用，返工费用也要由项目部承担，最后谈判为租赁费 32 元/m²，价格增加 60%。最终与分包人谈判由项目部补偿费用，项目经理只能认可。

成本管理人员结算审核时发现补偿分包人的费用是不合理的，合同约定由分包人提供的材料全部为合格材料，项目发生使用不合格材料的损失应由分包人承担，但是项目经理已经签字确认，在合同约定的基础上增加了不合理补偿，必须否认项目经理签认的补偿文件，成本管理人员审核不予通过。

分包人在施工现场以亏本为由带领工人闹事，补偿费用推到成本部门，成本管理人员只能与分包人谈判，最终该项费用确定为 28 元/m²，分包人诉求解决以后，分包人带领工人退场。

从整体事件来看，问题出在成本部门，在分包招标时对分包人提供的材料未进行

建设工程成本经营全过程实战管理

议价。从合约管理角度考虑，分包人提供的材料要列出明细表，包括用量及规格品牌，合约未做好导致施工过程中失控。项目部在施工过程中失职，未对分包人提供的材料进行检验，合约漏洞在项目部堵住也是非常好的管理办法，但是项目部没有监督，监理工程师提出问题后项目经理才知道，项目发生责任事故以后项目经理才要求整改，从整个合约管理来看，项目部占主要责任。

机械费的合约管理分为大型机械、临时使用机械、小型机械，其中大型机械又分为自购和租赁两种方式。在一级科目管理，成本管理人员要考虑项目适用于自购还是租赁，项目使用的机械明细表属于项目管理范围，由项目部提供具体机械参数，是四级科目的成本管理。临时使用机械是指施工现场临时使用的中小型机械，由项目部管理，机械用量是临时性不方便采购管理，一般以租赁方式为主。临时使用机械是项目部管理任务，由成本部门审批，发生费用较大时要形成租赁合同，如图 4-15 所示。

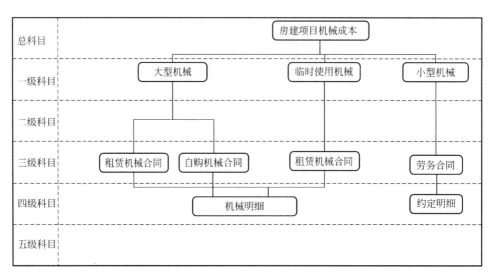

图 4-15　标准合约规划（机械费）分解图

小型机械包含在分包合同中，采取这种方法在施工现场容易管理，机械的使用损坏率由分包人承担责任，这样可以降低成本，在一级科目中要考虑分包人提供的小型机械内容，到三级科目中应写在分包合同中并列出明细，约定机械数量，到四级科目是分包人在施工过程中使用，项目部监督到位即可。

案例： **某项目分包人提供抽水机使用案例**

某施工项目基础降排水任务包含在包清工劳务合同中，分包招标时只考虑了工作内容界面划分，降排水工作由分包人完成，合同中未体现分包人应提供的抽水机功效及数量，在施工过程中发生争议。

分包人进场以后，开挖基础土方正值雨期施工，连续多天降雨导致基坑积水严重，项目经理要求分包人增加抽水机数量加快抽水进度，15000m² 的基坑至少需要 50 台抽水机同时抽水，每台抽水机约 2000 元，需要投入 10 万元解决当前问题。分包人感觉投入的抽水机是一次性支出费用，需要项目部购买，分包报价表中只考虑了 2 万元的降水费用。

项目经理了解到基坑降水工作进度太慢，分包人不可能购买50台抽水机，只能从项目经费中支出，自行购买了50台抽水机加入抽水作业中。在分包结算时项目部要扣除抽水机的采购费用，分包人认为项目部另行增加费用不应由分包人承担，雨期施工时基础施工的工期可以延长，到±0.000以上赶工期即可完成任务，分包人不承担项目经理自作主张的费用。

成本管理人员审核时没有发现分包结算中需要扣除抽水机的资料证据，分包人顺利办理结算。但是在核算成本时从项目经费中找到购买抽水机的费用，向项目经理了解现场情况后，分包结算已经完成无法再扣除分包人费用。从分包合同中找到成本失控的原因，是在四级科目管理中发现问题，在分包合同中没有约定清楚抽水机的数量和使用时长，在施工过程中分包人将责任推给项目部，导致成本增加。

通过上述案例可以了解到，合约规划时需要在一级科目考虑，但是合约规划的深度不够，大多数是在三级科目中发生争议，项目部不参与合约规划，仅成本部门考虑存在项目管理经验不足的情况。合同审批时要由项目部参与才能解决施工过程中的问题，虽然合同不归项目部管理，但是合同要有针对性，必须要由项目管理人员认真负责核对和分析。

4.3.2　合约规划的资金管理

合约规划是目标成本与分供商招标、合同履约的重要桥梁，也是事先控制成本的重要手段，不管是中标价下浮比例形成目标成本方法，还是工料机组成的目标成本方法，都必须形成合约分解，把各项资金分解到施工过程中进行管理。

按中标价下浮比例形成目标成本的方法是中小型施工企业常见的解决方案，将中标金额扣除税金和利润，形成一个相对成本值，该成本值包括部分风险和各分供商合约。通过对外合约的金额确定成本值是事后管理，形成的成本值是否满足实际成本，或者拍脑袋想出来的数字，这样形成的目标成本只是假设。目标成本需要提前进行合约规划管理，在项目开工前就要确定目标成本，做到事先决策，从战略层面考虑项目运营。

何时形成目标成本决定着项目盈亏。在中标以后形成目标成本，往往是"生米已经煮成熟饭"，最终成本处于失控状态，利润变成负值也就不足为奇，虽然多部门拼命压缩成本，耗费精力加大管理强度，但是目标成本已经是负值时，只能以减少损失为管理目标。

工料机组成的目标成本，是以已建项目为参考，利用以往分供商的价格组成目标成本，然后通过市场价格指导确定目标成本，这样符合实际市场价格。按照该操作方法在中标之前形成目标成本，可以指导中标价格，决策商务投标报价，在合约规划时也就降低了成本管理强度。

按中标价下浮比例形成目标成本的方法与工料机组成的目标成本相比，是由企业资源和企业数据决定的。对于中小型施工企业来说，没有资源和数据时先中标再考虑利润，这也符合上级领导在战略中的策略。大型施工企业有充足的资源，但是往往数据不够精确，目标成本偏离实际成本也是常态。

案例： ▶ **某企业按中标价下浮比例形成目标成本的方法**

某小型施工企业的商务管理人员要做合约规划，项目中标金额8600万元，中标以后没有任何分供商的价格资源可供参考，只能按照合同总价分解的方式找到目标成本（表4-3）。

根据中标价格，其中税金9%，即774万元，考虑到分供商提供的发票可以抵扣约4%的税金，可以减少309万元，工程量清单中利润填写为4.5%，即387万元。上级领导对本项目的利润期望值为10%，计算可得：8600－774＋309＋387－8600×10%＝7662（万元），成本值≤7662万元才能实现目标成本。

某企业合约规划分解方法　　　　表4-3

单位：万元

序号	分项名称	金额(元)	费用比例	备注
1	中标金额	8600		
2	税金	774	9%	国家规定
3	可抵扣税金	309	4%	企业管理水平确定
4	工程利润	387	4.50%	自主报价
5	期望利润	860	10%	企业领导决定
6	目标成本值	7662		
7	风险	230	3%	经验值
8	劳务分包费用			
8.1	主体劳务费	1035		
8.2	装饰劳务费	685		
8.3	安装劳务费	234		
8.4	……	120		规划余量及其他
9	材料费用			
9.1	常用材料费	3212		
9.2	地方材料费	937		
9.3	……	614		规划余量及其他
10	机械费用			
10.1	大型机械费	660		
10.2	临时使用机械	121		
10.3	……	44		规划余量及其他

通过市场劳务队伍报价、机械租赁询价、材料询价，汇总出各分项费用。目标成本分为劳务分包费用2074万元、材料费用4763万元、机械费用825万元。一级科目劳务分包费用再次细分为主体劳务费、装饰劳务费、安装劳务费，材料费再次细分为常用材料费、地方材料费，机械费用再次细分为大型机械费、临时使用机械。每个一级科目都设有规划余量以及其他未分解完的事项，各类合约风险按3%考虑，最终分析不超过目标成本，说明项目能达到上级领导的期望利润。

通过上述案例可以了解到，确定目标成本是通过中标总价降低一定比例计算出来的，然后从市场数据找到各项对应的分供商，结合施工图纸内容锁定分项成本价格。采用项目责任制的管理模式,还需要扣除企业管理费,首先保证企业不亏本的情况下再做合约分解,各分项合约数值超过目标成本值和预估风险值时,规划余量减少,先确定目标成本,再考虑施工过程中和工程结算的实际成本。

(1) 以商务管理为重心的合约规划方法

许多施工企业习惯把工程量清单计价的数据与分供商数据进行对比,分析成本盈亏情况。对外合约是工程量清单计价模式,是按照构件颗粒度的合约,而对内劳务分包是按照分包层面颗粒度的合约,只能从各专业颗粒度对比分析。

工程量清单计价与分供商的口径差距只能从分包层面颗粒对比。扣除各专业工程量清单计价的利润、税金,对比两个数值的结果,但是"营改增"实施以后,工程量清单计价相应取 9% 的税金且还要发生抵扣,一般企业取 4%~6% 税率。

以商务管理为重心的合约规划方法,能够体现出对外合约的各项盈亏情况,但是颗粒细度只能分解到各分包层面,在施工过程中与分供商的争议焦点往往发生在构件部位,或者施工工序颗粒层面,所以以商务管理为重心的合约规划的弊端是分解颗粒细度不够,分包层面以下的颗粒细度转换口径有难度,无法达到控制目标。

案例: 某项目以商务管理为重心的合约规划

某施工企业的成本控制中心,以商务管理为重心进行合约规划,投标时没有进行成本测算,中标以后将中标清单各项作为目标成本。该项目为房建项目,中标金额200 万元,其中桩基专业为 451500 元,土建专业为 874020 元,装饰装修专业为453456 元,水电安装专业为 152340 元,暖通专业为 68684 元,如图 4-16 所示。

对外清单计价口径		对内分供商口径	
土建专业 (元)		主体结构合约分解 (元)	
人工费	215612.43		
材料费	456754.39		
机械费	67812.23	土建劳务分包 + 材料供应 + 机械费用 =	799522.17
管理费	6097.45		
规费	53245.67		
利润	2330.60	利润	2330.60
税金 9%	72167.05	税金	72167.05
合计	874020	合计	874020

图 4-16 对外口径与对内口径的转换分析

成本管理人员将土建专业进行分析对比,把涉及土建专业的劳务分包测算费用合并,即将主体结构劳务、二次结构劳务、土方分包、基础防水分包的各项分包费用相加;把涉及土建专业的材料供应测算费用合并,即将用于主体结构的钢筋、混凝土、砌体、砂浆、水泥等材料费用相加;把涉及土建施工的机械费用合并,即将现场施工的塔式起重机、挖掘机、运输汽车等机械费用相加。土建劳务分包、材料供应、机械费用三项相加等于 799522.17 元或者小于该数值时，说明土建专业的成本投入没有超过对外中标额。

再将主体结构、二次结构劳务费用分解，发现主体结构混凝土浇筑的人工费与实际差距较大，二次结构砌筑的人工费与实际差距较大，此时颗粒细度不能满足施工过程中成本控制要求，只能综合专业人工费进行对比。构件划分颗粒也会有影响，例如脚手架分项在主体结构劳务中发生费用，二次结构中也发生费用，只能按比例值考虑实际成本，没有可参考的经验值就会有偏差，最终成本分析还是回归到专业对比层面。

以商务管理为重心的合约规划，在施工过程中成本控制比较难，但是在投标前期管理强度低，投标时耗费较少的精力。如果项目为班组分包模式，以商务管理为重心的合约规划比较复杂，各分包人之间、材料供应商之间都会发生控制偏差，这样统计只能反映出项目盈亏情况，此方法只是粗略的成本管理。

通过上述案例可以了解到，商务与成本要分开考虑，商务体系是对外管理，成本体系是对内管理，二者是互不干涉的。对外口径与对内口径对比分析，只能粗略的估算成本，成本管理还需要做到四级科目的精细化管理。

（2）规划余量的调整方法

一次经营要考虑合约规划时的施工过程控制，规划合同金额大于实际合同金额，则发生规划余量；规划合同金额小于实际合同金额，则要从其他规划余量中弥补差额。规划余量的管理是在二级科目下操作，规划合同金额大于实际合同金额时，成本管理者往往会把一定金额作为规划余量数值单列在二级科目内，形成三级科目与规划余量并列。

规划余量可作为预估变更增项，进入分供商合约的变更增项费用中，也可流入到总科目中再次分解。在实际操作过程中，规划余量往往进入分供商合约的变更增项费用中比较合适，因为测算成本偏高于实际成本，合同金额到结算时增加费用是常态，成本核算时分解的二级科目金额与实际成本对比，能够直观清晰地表达出来，规划余量流入到总科目中，成本核算时分析比较困难。

发生规划余量时项目部往往感觉是节约成本，用绩效评价，但是规划余量是成本管理操作，项目绩效是对合同金额的控制，不能理解为规划成本与实际成本之间的差额。许多施工企业项目部参与制订目标成本，对每一级科目都感觉偏低，项目部给出的市场价提高一定比例，在施工过程中采用规划余量隐藏项目管理中的失误。成本管理人员是将二级科目与对外合约对比，判别合同规划是否合理，各颗粒都相应的高估冒算，就会在二级科目层面出现超过对外合约，最终制定目标成本大于投标金额，从而推翻成本测算数据。

规划合同金额小于实际合同金额达到一定比例时，成本管理人员要从历史数据和市场数据中找出原因，其他规划余量中无法弥补差额时，从工程利润中划分出来归并到实际成本中。二级科目的金额小于实际合同金额的 3% 时，或者从工程利润中划分超过一定比例时，需要领导出面叫停项目并重新规划，因为此时项目状态已经处于亏损的"岔路口"，需要及时调整并做好风险评估，如图 4-17 所示。

从图 4-17 中可以看出，规划余量是从三级科目流入二级科目，如果二级科目不需要规划余量，则流入到总科目中。规划余量是由成本经理掌握的，而分供商变更增项费用大

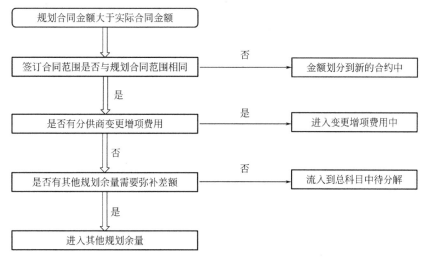

图 4-17　规划合同金额大于实际合同金额的调整图

多数是由项目经理掌握的，项目部为了合同执行后续的便利，会隐藏变更增项费用，到项目部追查责任时专业分项已经完成，给后续责任追查造成难度。所以，分供商变更增项费用要落实到每季度核算，让分供商主动申报，及早发现可以避免规划余量在三级科目中化解。

案例：　　**某项目合约规划金额调整**

　　某项目为房建项目，教学楼檐高 12m，土建专业的人工费规划金额为 3500 万元，实际签约成本金额为 3300 万元，产生规划余量 200 万元。签订分供商合同时为了主体结构施工方便，将外檐脚手架拆除，抹灰时另行使用吊篮脚手架，而合约规划时将外檐脚手架的租赁费用包含在抹灰分包价格中，签订合同范围发生变化，预估变更金额为 30 万元，如表 4-4 所示。

某项目合约规划表　　　　　　　　　　　　　　　　　　　　表 4-4

二级科目	三级科目	规划金额 （万元）	已签约金额 （万元）	变更增项金额 （万元）
土建专业	主体结构			30
	劳务分包 A 合同	1050	930	0
	劳务分包 B 合同	950	910	0
	劳务分包 C 合同	850	820	0
	二次结构			
	二次结构 A 合同	240	230	13
	二次结构 B 合同	225	220	13
	二次结构 C 合同	185	190	0
规划余量		200－30－13－13＝144		

在施工过程中，二次结构 A 合同和二次结构 B 合同签约时分包人报价为 330 元/m³，二次结构 C 合同签约时分包人报价为 380 元/m³。由于跨年组织砌筑施工，春节开工后人工费上涨，分包人 A、B 要求涨价，经过谈判后将 330 元/m³ 的价格增加了 50 元/m³，与二次结构 C 分包人价格相同，结算时预估产生变更增项 A、B 分包人分别补偿 13 万元。

规划余量计算时首先要考虑合约范围变更，将外檐脚手架的租赁费用 30 万元弥补差额到抹灰装饰专业内，然后再考虑二次结构人工费涨价的变更增项 26 万元，剩余 144 万元为土建专业的规划余量。

土建专业的规划余量 144 万元，考虑是否有其他规划余量需要弥补差额，若装饰装修专业或水电暖通专业需要弥补差额，优先划分到其他专业中。若其他专业的合约规划金额大于实际合同金额，可以把土建专业的规划余量 144 万元流入到总科目中再次分解。

在实践中，规划余量流入总科目是很少见的，因为项目利润较低，测算目标成本时各项金额与实际合同金额相差很小，实际合同金额和变更增项大于规划金额，各专业的规划余量计算后为负数，操作时考虑合约范围变更和变更增项两处金额即可。

第5章

二次经营成本管理方法

二次经营是工程进场到工程竣工时间段的成本管理，在工程进场以后主要任务是锁定目标成本，在施工过程中主要成本管理工作是执行纠偏。从商务角度考虑，在施工过程中主要目标是计量支付与拨款，许多房地产项目采用模拟清单招标，清标也是施工前期的工作重点。

许多民营施工企业的商务管理力量较差，因此做成本管理比较困难。在施工过程中商务管理不到位，合同价款在结算时减少，成本管理就是被动的，缺少合约中可对比性的基准数据，成本管理流程线只能依靠监督与考核。

有些施工企业会把商务管理和成本管理工作分开，商务管理并入市场部门，成本管理并入经营部门。以市场为主导的施工企业认为二次经营就是对外管理，以签订合同额作为考核标准，工程结算超过合同额，就是商务管理能力高，奖励会使商务人员增加积极主动性，对外工程结算时形成利润最大化。

对于房地产交易市场的非国有投资的项目，没有经过正式招投标，大多数建设方采用非标清单合同，交易规则的设定偏向建设方，而施工方处于被动的一方，最终导致工程结算时扣减的费用远远大于增项费用，结果就是花费大量精力做二次经营，但是都以失败告终。

二次经营管理无论是对外结算还是对内控制，都是事中管理。在施工过程中能够在事前控制现场签证、工程变更、工程结算策划，因为每个企业的特性不同，管理模式也会产生偏差。本章以采用二级管理模式的民营施工企业作为参考对象，说明各施工环节过程中的知识要点。

公司层面成本管理，主要作用是流程管理与技术指导，监督每个流程环节。流程管理涉及企业的管理流程，根据每件事的发展形成标准化流程并进行监督管理。技术指导从公司层面来看是指针对项目商务人员对每件事情的辅导，如图5-1所示。

许多施工企业没有管理流程，公司层面的管理人员无法提供标准化流程，每个项目的管理人员都是随心所欲地完成工作，导致事后才发现成本失控。例如现场签证在结算时证据不足，这由于资源收集人员不知道要收集什么内容，而公司层面没有管理人员监督，到结算时卡在建设方，这时才有人知道需要及时处理。

公司层面成本管理人员要对项目进行每月监督，项目发生重大变更事件时，商务人员要及时汇报，形成动态管理，项目商务人员要与项目技术人员及时沟通，争取不遗漏每一件事情。公司成本与商务人员、商务人员与技术人员形成信息闭环，在这样的监督情况下

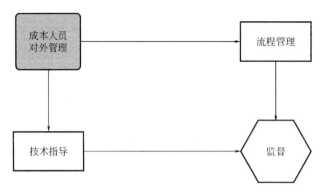

图 5-1　公司层面成本管理人员对外管理

才能有效地管理项目。

5.1　拨付工程款与工程计量

拨付工程款时要根据完成工程量按比例支付，甲乙双方要在施工过程中进行计量。许多房地产项目按照形象部位支付工程款，而劳务分包合同按照年度或农忙节点支付工程款。不管是按照完成工程量还是完成节点付款，外控管理线与内控管理线付款会产生时间差，导致资金流通不畅，给企业带来损失。

特别是工人实名制按月支付工资实施以后，预缴一定的资金由有关部门监管，房地产项目按照形象部位支付工程款，但是施工到付款部位时建设方拖延支付，使施工企业长期处于资金池亏空状态，使得施工企业的资金压力增加，商务部门在施工过程中的主要工作变成回款任务。

案例：　**某房地产项目因资金欠缺导致风险**

某房建项目建筑面积 110000m²，9 层住宅楼带地下车库，建设方招标时明确第一次工程款支付为±0.000 以下验收通过，并且工人工资保证金由施工企业缴纳。

合同金额 2.2 亿元，需要预缴 17％工人工资保证金 3000 万元，地下车库建筑面积 40000m²，需要投入资金 8000 万元，截至第一次付款节点就需要施工企业垫资合同金额的 50％。

±0.000 以下验收通过，建设方认为合同约定是全部地下车库完工验收通过，而施工进度是流水作业，施工企业申报的进度款不能及时支付，建设方以未完成合同验收节点为由暂不支付工程款。项目施工流水段不能停止施工，班组分包和材料供应商都急需回款。

施工企业只能贷款解决目前的资金压力，等全部流水段施工至±0.000 后，建设方故意拖延验收时间，第一次支付工程款时，最早的流水段施工部位为主体结构完成，实际上已经完成合同额 70％的工程量，建设方才支付了 40％的工程款，在工程结算时核算项目贷款，发现成本增加 30 元/m²。

通过上述案例分析，针对计量与工程款拨付，施工企业应该在投标前做好预测，施工过程中的风险来源于施工企业未注意合同约定，建设方盯上施工进度流水作业漏洞，故意拖延工程款支付。

5.1.1　对外申请工程款的流程管理

许多施工企业面临项目监督不到位的情况。虽然付款节点已经完成，但是项目商务经理迟迟完不成工程量申报工作，分包劳务和材料供应商着急回款，因资金问题导致项目停工，甚至更换分供商才能使项目施工正常运转。

为了避免商务经理到付款节点时还未完成申报工作，要提前启动申报任务。一般项目第一次申报工程款是在完成节点前 15d 发起任务，工程计量复杂或造价人较少时，需要尽量提前统计工程量，第二次申报工程款是在完成节点前 7d 发起任务，之后每个节点都留有 7d 申请时间，竣工申请要在完成节点前 15d 发起任务，如图 5-2 所示。

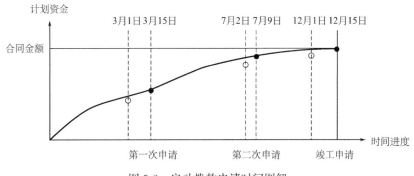

图 5-2　启动拨款申请时间图解

项目施工至付款节点的一周时间内，商务经理要找监理工程师和建设方代表签字，由项目经理配合完成。对外签字不确定性因素较大，双方沟通花费时间较多，项目经理负责人际关系和各部门沟通，商务经理负责对事的协调，把职责划分清楚后申报时间就可以减少。

在公司层面要监督项目申报工程款的流程，从启动申报任务就开始实时监管。发生申报资料递交流程往复时，商务经理要及时汇报成本部门，在公司层面成本管理人员与项目部共同想对策解决。申报资料发生多次递交流程往复的情况时，需要在公司召开会议，公司副总经理出面解决，项目经理和商务经理参加公司会议讨论。

有些项目是建设方故意扣压申报材料，导致延期支付工程款，资金流变化会导致整个项目成本控制环节发生变化。因监理工程师和建设方代表原因申请工程款超过付款节点 30d 时，就要采取发送律师函的方式解决，项目部要做好停工准备。监理工程师和建设方代表一般会以工程质量不合格为由拖延支付工程款，能修复的工程，项目部应积极修复解决质量问题，若是已完部位修复难度较大，公司要出具修复方案，直至彻底解决问题。

5.1.2　对内工程计量工作的流程管理

对内劳务分包管理的计量工作，一般是在项目部完成，但是计量工作需要消耗商务人员时间，分包人有大量的时间谈判争议，而商务人员忙于对外建设方的商务管理工作，许多商务经理迫于工作压力采用对分包人的争议让步的策略，减少谈判时间。计量内容在公司层面一般不存在复核的情况，特别是班组分包签订的单价合同，只有等商务经理签字结算完成以后，成本管理人员才会知道分包的真实成本，当发现超出目标成本时也无法纠偏。

一些民营施工企业往往会在工程结算时处理劳务分包管理的计量工作，在施工过程中用估算完成工程量的方法支付工程款。近几年随着分包利润的不断降低，工人"闹事"时有发生，因为分包人在施工过程中感觉亏损，工程款拿到后先把利润扣下来，工人拿不到工资就会"闹事"，给施工企业的项目管理人员带来很大的麻烦。

所以，成本管理在公司层面控制项目计量工作，处于被动状态。项目开工后要求项目商务人员完成全部工程量计算很不现实，在施工过程中商务经理必须把分包计量工作的顺序安排到位，还要考虑对外商务的计量工作任务，商务人员作业时间增加又会使商务谈判"放水"，长期处于高负荷工作状态的商务人员离职率增加，导致项目部商务管理失控。

5.2 对外模块化流程管理

施工过程中的流程管理要从每一件事做起，每项任务从发起到结束都形成一个流程闭环，事后进行绩效考评找到各管理部位的漏洞。项目流程管理要区分对外管理和对内管理两条线，这两条线的工作都要经过项目部商务经理的确认，由项目部其他管理人员配合完成。

对外管理流程模块有图纸管理、变更管理、签证管理、合约管理、工程计量、价格依据六大模块，每个模块都要由公司层面的成本管理人员监督，模块的分项任务都由项目商务经理完成，项目部其他管理人员配合收集资料内容，如图 5-3 所示。

图纸管理	变更管理	签证管理	合约管理	工程计量	价格依据
施工图纸	变更通知单	签证单	施工合同	清单工程量	工程造价信息
变更图纸	施工方案	现场照片	补充合同	甲供材料	市场采购指导价
优化图纸	洽商记录	尺寸草图	来往函件	计量支付	政策性指导文件
使用图集	建设方指令	每日记录单	部位验收报告	计算规则	认质认价单
图纸会审记录					
竣工图纸					
影像资料					

图 5-3 对外管理流程模块分解图

5.2.1 施工图纸管理模块标准流程

图纸管理模块由施工图纸、变更图纸、优化图纸、使用图集、图纸会审记录、竣工图纸、影像资料组成。施工图纸、变更图纸、竣工图纸要有甲乙双方交接记录，交接内容要存档，文件数量可以在一个文档中记录；优化图纸有可能由施工企业提供或者由专业分包人提供，但是必须要求建设方签发确认，每张施工图纸都应该由建设方签认；图纸中涉及的图集是在施工过程中收集，对施工图纸中注明的图集标准要有原件或者复印件，在结算时方便提供证据；图纸会审记录在图纸交底时一般由施工企业提供，对施工企业有帮助、增加费用的项应保留证据，对扣减费用的项应规避或减少描述，文件签字确认后可以作为签证参考文件；影像资料对工程完成程度或部位构件完成的证明有作用，也有特殊部位工程质量证明的需要，为了避免在结算时建设方对质量标准不认可，留有影像资料减少双方产生纠纷的可能。

5.2.2　变更管理模块标准流程

变更管理模块由变更通知单、施工方案、洽商记录、建设方指令组成。变更通知单是建设方下达的变更指令，要有接收日期和交接记录，要有变更引起的费用增减分析；投标时建设方已经认可施工方案，但是专项方案必须要有建设方签认，方案变更必须要有变更引起的费用增减分析，在施工方案中发生费用漏项的内容、涉及费用争议的都要单独形成文件；洽商记录是甲乙双方共同认可的变更，大多数是工程部位变更后双方确认的记录，提出变更前要有费用增减分析，要考虑涉及的建设方、分包人的利益后再做洽商，形成分析文件；建设方指令是建设方下达的命令，提供已完部位的证据需要建设方签认，下达指令以后完成部位的证据资料。

案例：　某施工企业自行取消地下车库抹水泥砂浆的结算问题

某住宅项目的地下车库建筑面积 $35000m^2$，独立框架柱 $1000mm \times 1000mm$，柱网间距 8m，主体结构施工完成（图5-4）。因为采用新购的胶合板模板，模板拆除以后柱面和部分剪力墙墙面比较平整，项目部未按照设计图纸要求抹水泥砂浆。

图5-4　某项目地下车库主体结构图

柱面及部分剪力墙墙面用抛光机打磨平整以后，增加两遍涂料腻子，竣工验收时监理工程师没有提及任何质量问题，这种做法节省了20mm厚水泥砂浆和界面剂。中标清单中有水泥砂浆，中标单价为 32.52 元/m²，地下车库墙柱面抹灰工程量为 8750m²，此项清单报价为 28 万元。

工程结算时建设方以施工时未抹水泥砂浆为由，要扣除 28 万元的地下车库墙柱面抹灰费用。施工企业认为墙柱面验收已经通过，此项费用节约是施工企业的利润，并且胶合板模板全部换新、柱面及剪力墙墙面抛光机打磨、涂抹两遍涂料腻子等都需要增加成本，施工企业列项说明变更后的费用与原设计抹灰费用相差不大。

建设方认为施工企业私自取消地下车库墙柱面抹灰，属于变更减少就应该扣减，增加的变更也不能增加费用，没有能够证明涂料腻子已经完成的文件，建设方不予认可。商务经理需要在施工现场确认已经完成部位的工程量，能证明现场只有独立柱面没有抹水泥砂浆，这样可以减少扣减工程量，但是项目部未能落实独立柱面抹灰部位，最终结算时建设方扣除 28 万元。

事后分析，是由于施工企业内部管理问题导致结算亏损。工程变更必须要有变更记录，要想节省成本需要在事先做好准备，若是保留完整的施工工序证据，建设方也必须认可增加的费用。取消独立柱面及剪力墙墙面部位的抹灰需要公司层面成本管理人员知道此事，商务经理把变更增减费用测算出来，项目经理与现场建设方管理人员提前沟通，也就没有人发现节省了抹灰施工工序。

从对外管理流程上分析，主要是项目经理的责任，项目经理对此事没有提出异议，商务经理未能了解施工现场的变化，在项目部发生的事件没有流程闭环，造成公司层面成本管理人员监管失控，主动的任务管理变成被动的审减结算。

5.2.3 签证管理模块标准流程

签证管理模块由签证单、现场照片、尺寸草图、每日记录单组成。签证单是由施工现场人员办理的，每个签证单都要流程闭环并讨论分析，需要做好签证结算漏洞预估，判断各方签字流程时间和阻力；现场照片是现场签证单的附件资料，能够证明事实已经发生，并且附有发生的时间、地点以及天气情况等，可以多拍几张照片组成证据资源，事件随着时间地点变化应该有连续性证明资料，让参与者根据图片联想到事实发生情况；尺寸草图是辅助现场签证单的工程量计算，以及发生部位利用图示尺寸描述清楚，工程结算时能够让造价人员从草图中找到计算依据，草图要由双方签字确认；每日记录单是根据事件发生时间维度记录的数据，能够证实每天发生的工程量和事实内容，分解现场签证单的辅助证据，能够让审计人员感觉签证内容符合实际情况，每日记录单要有双方当事人每天签字确认和日期。

案例： 某教学楼墙体变更引起的现场签证问题

在某教学楼施工过程中，建设方下达墙体变更通知单，可是接到通知单时此部位的某些楼层砌筑已经完成，其中 8 层和 9 层的墙面抹灰已经完成，有些部位正在砌筑施工过程中。

接到变更通知单以后，施工企业邀请建设方现场负责人对工程变更引起的拆除工作进行确认。每个部位进行双方确认需要花费时间，每个楼层都需要查验并且要在楼内跑上跑下，对建设方现场负责人来说没有时间查验此项工作，如图 5-5 所示。

图 5-5　某教学楼墙体变更导致拆除

　　墙体拆除和按变更图纸砌筑墙体同时施工，完成以后将统计的工程量申报给建设方现场负责人。现场签证单写明："因工程变更引起的现场拆除砌体墙 30m³，抹灰 60m²，拆除构造柱混凝土 1.5m³，水平系梁混凝土 0.8m³，切割构造柱及水平系梁钢筋 148 根，剪除砌体墙植筋，垃圾清运至楼下。"

　　现场签证单办理完成，进入工程结算时审计人员以签证资料不全为由不予审核。审计人员提出现场哪个部位是已经完成的、哪个部位是正在施工的两个问题，并以拆除砌块材料还可以再利用等为由。商务经理无法回复上述问题，又找到现场项目部确认。

　　找到现场技术人员复核此事，但是技术人员只能提供一张计算底稿，其他资料都没有保留，对审计人员提出的问题无法解释。最终结算时审计人员以签证内容虚假为由取消该签证的申报费用。

　　从对外管理流程上分析，现场签证单必须要有现场拆除的照片对应，能表达出该拆除工作就是拆除此项工程变更引起的，照片上应该有建设方负责人签字确认。从拆除时间对应签证，应该有每日拆除的记录或者施工日记。从拆除部位对应签证，应该有拆除范围尺寸，还应该有垃圾清运照片资料。每个作业时间点闭环，就能够证实该签证的真实性。

　　主要原因是项目部管理松散，发生签证时管理人员没有积极办理，而是让一名技术人员到施工现场核实，并且未能让建设方现场负责人签字确认，形成的签证文件无法符合审计要求。公司层面应出具签证流程范围和职责制度，可以大大减少此次工程变更引发的墙体拆除损失。

5.2.4 合约管理模块标准流程

合约管理模块由施工合同、补充合同、来往函件、部位验收报告组成。项目开工前要有合同交底会议，从商务角度给项目部交底，商务经理要有施工合同复印件，要对合同中的每一条都有分析；补充合同是在施工过程中增减原合同的基础上进行补充的内容，从商务角度考虑的是费用增减，商务经理要保留补充合同复印件，对比原合同与补充合同的差距，考虑结算时有可能发生的争议；来往函件包括开工报告、竣工报告、停工通知、复工报告、价款申请函、通知回复函、律师发函、质量处罚等文件，甲乙双方在施工过程中的来往函件都需要收集整理，为工程结算任务做辅助证据；部位验收报告能够证明此部位是已经完成的合格工程，是防止工程结算时对施工现场质疑的文件，也是支付工程款的依据，商务经理应收集整理成连续的文件资料。

5.2.5 工程计量与计价管理模块标准流程

工程计量模块由清单工程量、甲供材料、计量支付、计算规则组成。清单工程量是从中标到竣工结算阶段都要使用的文件，清单工程量对计量支付和界面划分都有影响。商务经理必须要有纸质版和电子版文件，复核各项工程量，满足造价日常工作需要；甲供材料在工程计量中是要了解材料用量是否超过合同工程量，收集每批次供货单据，对比分析批次供货量与合同工程量，配合材料人员对运至施工现场的数量进行清点；计量支付主要是针对工程款拨付核定工作，考虑实际完成节点与申报节点的对照，按约定时间核对工程量并申报工程款，按建设方要求格式及流程申请，商务人员要具备与建设方管理人员沟通的能力；工程计量时要熟悉工程量计算规则，要清楚每项的清单计算规则和定额计算规则，商务人员计算工程量往往因为搞混计算规则造成损失。

价格依据模块由工程造价信息、市场采购指导价、政策性指导文件、认质认价单组成。在工程结算时调整价格容易出错，因为每一期工程造价信息的价格数据都有变化，要求造价人员熟知工程造价信息。在施工过程中价格调整采用哪一期的价格数据不清楚时，要研究合同条款，理解清楚合同表达的意思；市场采购指导价可以参考定价，要收集不同供应商的价格，汇集后提供给建设方用以谈判定价，例如合同中没有的材料价格让建设方确认该价格，就需要收集不同的价格指导文件，要有指导性的定价参考文件；政策性指导文件一般是有关部门发布的指导价格，可以作为对工程结算价格调整的依据，商务经理要收集完整的信息，包括信息来源都要记录清楚，能够顺利找到原稿文件；认质认价单是对合同中未约定价格的材料或分项价格，在施工过程中双方再次认定价格，对于影响费用较大的分项内容，商务经理要有组织招标的能力，要对建设方提供的价格信息有判断能力，要有价格来源的证明文件、收集价格证据、甲乙双方及供应方签字，谈判时各方面的资料要形成闭环证据链。

案例： ▶ **某厂房室内回填需要对购买的黄土认质认价**

某厂房室内回填土方，建设方给出的清单中只有回填土，并没有购买土方的价格。中标以后现场需要回填土方，施工企业找到土方分包人购买黄土用于室内回填。

厂房总建筑面积 35000m², 基础需要增加 0.4m 厚黄土, 约 14000m³, 如图 5-6 所示。

图 5-6   某厂房室内回填土方施工现场图

施工企业要求建设方配合办理签证, 签证单中写明: "土方用量约 14000m³, 回填厚度 0.4m, 结算时根据图纸计算工程量, 黄土购买单价为 25 元/m³。" 办理签证以后, 施工企业在结算时把签证报送给建设方审计人员, 申报此项费用 35 万元。

审计人员要求拿出购买黄土的价格依据, 并且对签证工程量有所质疑, 因为挖土方工程量全部外运, 有照片资料显示挖出来的黄土可以用于回填, 对施工企业报送的费用不予认可。

由于是由土方分包人购买黄土, 分包合同只是承包机械挖土作业, 而黄土是从当地其他位置边挖边运到现场, 没有形成合同文件, 在土方回填时, 现场基槽边的土方和外运黄土掺和在一起回填, 项目经理为了规避监理工程师的检查, 夜晚加班完成土方回填的碾压作业。

商务经理找不到价格依据, 也解释不清黄土购买数量, 审计人员要求扣减 20 万元。最终项目经理认为实际支付给土方分包人 18 万元, 接受审计人员此项定价方案可能亏损几万元, 商务经理只能服从审计结果。

从对外管理流程上分析, 此项损失是项目管理流程出现问题。现场签证单虽然写明内容, 但是还要办理认质认价单, 认质认价需要交易双方以及建设方参与并认可, 例如在购买黄土期间因道路交通或雨期天气影响, 土方供应方突然提出涨价, 就需要重新认价。土方工程量可以从每日运入工程量统计中确认, 甲乙双方每日都签认记录, 最终回填完成办理签证单, 这样才能证实现场实际购买工程量。

5.3 对内模块化流程管理

对内模块化流程管理是针对分供商的管理, 大多数施工企业认为分供商管理工作内容复杂，分包类型多种多样，难以形成标准化管理流程。以分供商管理的共同特性为目标，要站在工程管理的视角下，不仅要考虑费用，更多的还要考虑项目正常运转以及分供商资源最大化，在确保项目利润的情况下着手管理，做到精细化管理并形成模块化管理，这是目前成本管理人员要做的工作。

许多施工企业对内管理包括项目承包制、包清工劳务、班组分包、专业分包、零工班组等形式。每个项目的分包模式不同，管理制度无法形成统一标准化。承揽的房建、市政、路桥专业的项目种类较多，对管理者技术水平要求非常高，一个管理者应精通两个以上专业才能胜任工作。这样会导致企业内部成本管理人员工作强度增大，各分包界面不清，各部门安排都有难度，最终导致成本部门失控的局面。

模块化流程管理是把形成的标准流程管理进行推广，不管是从专业角度还是从分包模式角度，找到相同的标准模块是成本管理的核心工作。首先从核算完成后的失控点分析，然后回归到施工过程中根治，最后形成标准化模块管理。

对内模块化流程管理有分供合约管理、零星用工管理、变更签证管理、分包付款管理、消耗量管理、专业分包管理六大模块。每个模块下都应该形成任务流程管理，成本管理人员从公司层面监督每个任务流程就可以使项目正常运转，如图 5-7 所示。

分供合约管理	零星用工管理	变更签证管理	分包付款管理	消耗量管理	专业分包管理
分包合同	零工签证单	变更签证单	付款申请单	混凝土材料	完成部位界面
项目采购合同	借工单	现场照片	图量价对比表	钢筋材料	服务配合分析
专业分包合同	现场照片	尺寸草图	完成部位验收	砌体材料	质量验收管理
补充合同	每日记录单	每日记录单		模板周转材料	甲供材料控制
来往函件		部位对比表		砂浆材料	
分包结算书				墙地砖材料	
				水电管线材料	

图 5-7 对内管理流程模块分解图

5.3.1 分供商合约管理模块标准流程

分供商合约管理模块由分包合同、项目采购合同、专业分包合同、补充合同、来往函件、分包结算书组成。分包合同包括各类劳务分包合同，商务经理要牢记各分包人的合同范围，项目部管理人员必须清楚工作界面，商务经理要研究分析劳务分包合同，公司层面签订的劳务合同需要给项目部交底，合同各条款内容梳理清楚形成流程闭环；项目采购合同是在施工过程中项目部签订的零星小额合同，包括零星劳务用工、机械采购、零星材料采购，项目部签订的合同在公司层面管理没有发生闭环，项目采购的随意性使得公司层面管理失控，但是商务经理驻现场可以做到有效监督，汇报给成本管理人员；专业分包合同是指包工包料的合同，商务经理在施工过程中的管理内容是专业分包的人材机变化，要了解实际供应是否与合同约定相符，商务经理要制作合同价格分析表；补充合同是指在施工过程中要求补偿的合同，商务经理要在第一时间掌握补偿费用的合理性，商务经理要将分包人的诉求申请汇报到公司成本部门，对分包人的诉求表达清楚；来往函件在对内管理模块中是指针对分包人的来往函件，在施工过程中的通知、命令、分包人正式诉求、回复等，商务经理要收集齐全来往函件的原件资料，了解函件的内容。

许多施工企业的项目采购合同是由项目经理掌控，往往等到采购任务完成商务经理才知道，事后汇报到公司成本部门，公司层面不参与管理，对项目采购的管理是不可控的。一般项目采购都是小额采购，使用备用金支付给供应商，当天采购的物资需要当天完成交易，手续简单，这样的采购事项需要商务经理列出成本科目汇总。

分包结算书是由项目部配合完成的，由商务经理移交到成本部门。分包任务完成以后验收通过，商务经理收集各类资料并编制结算书，各管理意见要在分包结算书中写清楚，描述清楚结算范围及结算依据组成，项目各管理人员对分包人的处罚和奖励都要写在分包结算书中，商务经理可以安排造价人员与分包人核对工程量，最终出具分包结算书文件。

5.3.2　零星用工管理模块标准流程

零星用工管理模块由零工签证单、借工单、现场照片、每日记录单组成。零工签证单是对劳务分包作业界面不清楚而做补充的费用，也有一部分是项目完工维修或者其他事件导致的零工，这种零星工日要在项目部做到流程管理闭环，商务经理、经办人、分包人三方确认事实，参与管理人员要形成流程闭环；借工单是班组分包与班组分包之间借用的工人，由项目部主张办理的单据，商务经理要区分零星用工还是借工，结算时很容易混淆责任；现场照片要在零星用工作业时拍照，用照片形成记录，形成时间、现场情况、作业人员同步记录，商务经理要督促经办人员做好照片记录，分包人协助完成；每日记录单是经办人每天记录的零星用工内容，并且要由分包人签字确认。

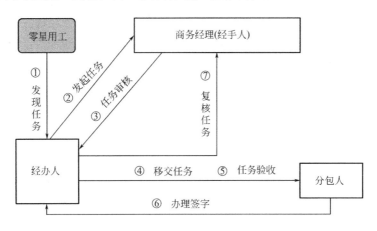

图 5-8　零星用工管理流程

零星用工的管理流程主要包括发现任务、发起任务、任务审核、移交任务、任务验收、办理签字、复核任务七步组成，形成完整的流程闭环可以有效地控制零星用工（图 5-8）。如果施工企业现场管理混乱，分包人可以把一个任务分成两个任务找经办人签字，这样容易发生重复签证，只要经办人不核实现场情况就会出错。如果工人管理不到位，就会在现场出现混人数不干活的情况，分包人涂改签证内容等也有可能会发生。只有商务经理事先审核，经办人在零星用工作业时监督，让分包人管理工人，这样形成责任追查机制，才能有效地控制零星用工费用。

5.3.3 变更签证管理模块标准流程

变更签证管理模块由变更签证单、现场照片、尺寸草图、每日记录单、部位对比表组成。变更签证单是劳务分包合同增减费用的补充文件，此变更单要与建设方的变更单统一口径，建设方结算完费用后，再付款给分包人相应的费用，实现"背对背"增减费用的方式。商务经理要鼓励分包人收集变更资料，项目部配合完成。对增加费用的变更，项目部人员、商务经理、分包人都要积极配合完成，减少费用要由项目部管理人员和商务经理共同找到分包人确认；现场照片是要在变更签证的施工部位拍照保留的证据，由经办人和分包人共同完成，如果出现减少费用的部位分包人不配合的情况，需要经办人亲自拍照片，统一收集并存档到商务经理手中；尺寸草图是指在变更签证发生的过程中，现场量取或按施工图尺寸绘制的草图，经办人要去现场核实，分包人测量时需要经办人读取每次测量记录数，由商务经理再次核实尺寸；每日记录单是对每天完成的变更签证情况做记录登记，是对变更签证每日作业量的分解，经办人要写清楚完成部位的情况，商务经理负责收集整理存档；部位对比表是指对变更部位与原合同约定的部位做对比，大多数用于变更前与变更后对比，商务经理要对现场变更部位进行实地考察，列表对比分析变更增加费用。

5.3.4 分包付款管理模块标准流程

分包付款管理模块由付款申请单、图量价对比表、完成部位验收组成。付款申请单是由项目部移交到成本部门审核批复后再移交到财务部门的文件，要由项目经理、商务经理、分包人签字确认，文件中要有完成该部分工程量的描述，商务经理通过合同单价进行统计，必要时还需要有完成部位工程量的照片证实现场情况；图量价对比表是指合同约定的图纸上该部位的价款与报送量乘以价的价款对比分析，是由商务经理完成该任务，对比后可以知道分包人应付工程款与已付工程款的差价，为成本部门和项目经理提供参考；完成部位验收是指项目部组织对分包人完成的施工部位的质量及工程量进行验收，验收记录由经办人、项目经理、分包人共同签字确认，商务经理负责整理存档，验收记录可以附在付款申请单后与流程同步。

5.3.5 消耗量管理模块标准流程

消耗量管理模块由混凝土材料、钢筋材料、砌体材料、模板周转材料、砂浆材料、墙地砖材料、水电管线材料等组成。材料消耗与劳务分包人是有关联的，分包人节约材料是项目部与分包人共同的目标，但是分包人节约材料后得不到利润就不会为此负责，只有把分包人应负责的内容条款在合同中约定，形成管理闭环并及时跟踪分包人，才能降低材料消耗。

混凝土材料消耗与混凝土浇筑班组分包和模板班组分包有关，混凝土模板外抛洒、模板胀模、现浇板浇筑超厚等都会影响混凝土消耗量。项目管理人员要对该项进行监督，对发生部位开处罚单并汇报给商务经理，一般出现这种处罚情况时分包人不会签字确认，项目管理人员要拍照片留证，时间、日期、原因、记录清楚并形成证据资料递交给商务经理，在分包结算时把项目处罚并入结算书中，使分包人受到处罚扣款。具体管理流程如图 5-9 所示。

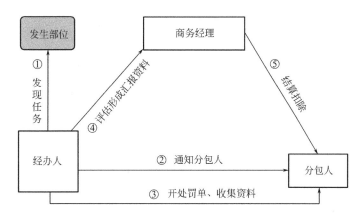

图 5-9　混凝土构件消耗控制管理流程

　　在施工过程中监督钢筋材料消耗量比较难，主要控制点是废料场和模板内安装检查。钢筋废料可以在合同中约定损耗，在施工过程中通过废品回收称重的方法验证损耗，每次废料出场都要由经办人、分包人、收购人签字确认，有必要时拍照记录称重数值和车辆信息，商务经理进行收集整理并存档。

　　在混凝土浇筑前检查钢筋安装完成情况，项目管理人员对钢筋搭接过长、接头超标、钢筋错用等情况进行核对，发现问题要找分包人核实，对发生部位进行评估并拍照记录，给分包人开具处罚单，对发生部位、检查日期、数量做好记录并形成证据资料递交给商务经理，作为分包结算时的扣款依据。

　　砌体材料消耗主要是监督分包人对砌体损坏率的管理，许多施工企业采用分包人代采购砌体材料的方法，由分包人自行控制消耗量。项目部采购砌体材料时，项目管理人员需要检查每个施工部位砌体废料堆放情况，通过拍照记录和开处罚单的方式解决损耗过大等问题。

　　班组分包模式的项目，模板周转材料的消耗主要受施工工期和周转次数的影响。施工工期是由项目部管理，项目经理需要与各班组分包人沟通，询问每月人数计划以及进度计划，形成书面证据资料并整理成册，只有证实是由分包人影响进度的部位，才可以计算周转材料的损失。模板材料的周转次数与施工现场损坏有关，项目管理人员要监督模板分包人的加工棚和模板拆除堆放的损耗情况，发现有损坏情况时，拍照记录并开具处罚单。商务经理根据收集的处罚单，在分包结算时扣除分包工程款。

　　砂浆材料消耗主要是由于砌筑和抹灰用量大，控制消耗量主要依靠检查现场浪费情况。项目管理人员要时刻监督施工现场，看到浪费时当场拍照片记录并处罚，结束后召开项目例会予以通报，强调不能容忍工人故意浪费，商务经理收集处罚单并在分包结算时扣除工程款。也有许多施工企业把材料费用放到分包合同中，让分包人采购并承担盈亏以降低损耗，但是此办法必须先了解清楚施工企业自身的损耗量是多少，然后把砂浆材料损耗交由分包人代购，以此控制成本。

　　墙地砖材料消耗是从施工现场检查中发现，根据从仓库到施工地点的破损程度确定责任方。施工企业大多数情况下是在供货合同中约定破损率，项目管理人员清点供货数量，采用分包人接货验货的方式管理，在施工过程中破损材料都要计算在分包人损耗率中，在合同中约定总损耗率，现场浪费时采取上述方式，分包结算时如果超过约定损耗率就将处罚费用计算在分包结算书中。

水电管线材料在施工过程中控制损耗比较难，一般采用领料的方式解决。分包人计算出每栋楼的用料，由项目管理人员核对后移交给商务经理，根据预算工程量与申报量对比，签字后移交到采购部门供货，材料运至施工现场后，项目管理人员清点供货数量，采用分包人接货验货的方式管理，形成流程闭环。每一个批次形成的证据资料都需要商务经理收集整理，按合同中约定损耗率进行对比，如图 5-10 所示。

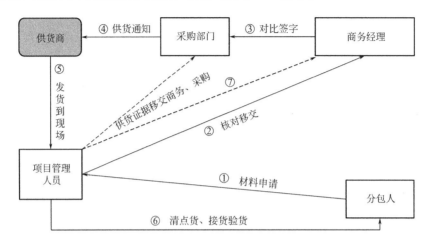

图 5-10　水电管线材料消耗控制管理流程

根据班组分包类型不同，各类材料的消耗流程有所不同。用量大并且在造价中占比较大的材料，管理流程要经过成本部门控制，例如住宅项目的钢筋、混凝土等，每一次采购量较大，采购数据需要汇报到成本部门，再例如水电管材在造价中占比较小，商务经理在项目部就可以完成流程任务，最终在结算书中体现出来即可。

5.3.6　专业分包管理模块标准流程

专业分包管理模块由完成部位界面、服务配合分析、质量验收管理、甲供材料控制组成。专业分包中包括甲指定分包、甲分包，在施工过程中要分析分包人是否完成合同中的全部任务、施工方的配合服务是否超过约定服务范围、提供的材料是否超出损耗量、专业分包完成的工程是否合格等。通过这四个监督点可以分析出项目部对专业分包的管理水平，成本部门可以通过专业分包管理模块实时监测项目动态。

完成部位界面管理是指项目部对专业分包人在合同履约过程中的管理，项目部管理人员需要在合同交底时把分包合同作业界面考虑清楚，在施工过程中，项目管理人员发现专业分包合同界面概念不清时，由商务经理负责解释确认，若还有异议就需要项目经理召开会议谈判解决，必要时成本管理人员可以到施工现场解决问题。监督专业分包人按合同界面完成工程，发现合同漏项情况时由项目管理人员开具核查单并通知分包人签字确认，然后移交到商务经理核算费用。

服务配合分析是指分包合同中的服务费用与现场实际发生服务费用对比分析，核查是否超过合同约定服务范围，如果超过服务范围时，需要项目管理人员采取措施或者通知分包人补差价。项目部一般为了赶工期而无偿提供给专业分包人更多的服务配合，商务经理必须核查清楚服务分项内容，把分析表附在专业分包结算书中。

案例：　某项目屋面瓦专业分包配合费超出常规情况

　　某住宅项目为 6 层坡屋顶，建筑面积 165000m²。主体结构施工使用 12 台塔式起重机，施工企业租赁塔式起重机费用为 3.8 万元/月（包括塔式起重机驾驶员工资），每月租赁成本约 50 万元，从项目开工到主体结构完成工期为 6 个月。

　　屋面工程由建设方另行分包，工程量约 25000m²，专业分包单价 120 元/m²，甲分包此项费用为 300 万元，施工企业投标时总包服务费用计取 2%，计算后为 6 万元。

　　主体结构施工完成，施工企业需要拆除塔式起重机，但是建设方要求瓦屋面施工材料运输完成后才可以拆除，建设方管理人员考虑合同中包括服务费用，应该由施工企业配合。经过估算瓦屋面施工工期需要 20d，投入塔式起重机租赁成本约 30 万元，商务人员考虑此项费用较大，汇报给项目经理。

　　通过现场调查发现，专业分包人试图利用塔式起重机运输材料，因为装饰施工搭设的施工电梯运到屋面还需要人力搬运，专业分包人为了节省人工，找到建设方管理人员阻止塔式起重机拆除。

　　建设方管理人员在开会时提出，要求给分包人留出 15d 运输材料，商务经理依据总包服务费用分析计算表与建设方谈判。分包人的垂直运输是由施工企业负责，但是合同中没有约定清楚，与合同中给出的服务费相对比，不应该是使用塔式起重机运输的费用。

　　最终项目经理为了照顾专业分包人，答应保留塔式起重机 4d。专业分包人安排工人搬运材料，距上料口较远部位使用塔式起重机运送，剩余部分采用施工电梯运输。

　　通过上述案例分析，项目经理、商务经理、项目管理人员配合完成分包界面争议问题，在项目管理中形成流程闭环很容易解决问题。如果只有商务经理负责完成费用对比，可能会得到相反的结果。

质量验收管理是指项目部对专业分包完成部位进行质量验收，此验收不是监理工程师的验收管理，只是对分包人完成部位进行初步检验，作为支付工程款的依据，项目管理人员要对专业分包施工部位做初步评估和实测验收，商务经理需要收集质量验收资料证据作为支付工程款的依据。

专业分包部位完成后应进行验收，但是在只完成一部分的情况下，需要在施工过程中监督，项目管理人员跟踪质量达不到好的效果时，只能在分包人申请工程款且必须由分包人出面解决质量问题时才能支付工程款。质量验收与支付款的管控应形成流程闭环，才能确保工程竣工后的质量，从而有效地降低施工成本。

甲供材料控制是指施工企业对专业分包人提供的主要材料消耗量的控制。材料运至施工现场以后，项目管理人员无法对露天堆放的材料进行核查清点，把管理责任移交给分包人共同承担，才能解决材料浪费的问题。在分包合同中约定材料消耗量，从每一批次材料进场就开始确定责任，供货人运至施工现场后由项目管理人员清点供货数量，再移交给分包人清点，商务经理收集三方签字证据资料。

许多施工企业在合同中约定材料损耗率，但是在施工过程中监管不严，在分包结算时项目部与分包人发生争议。通过领用材料的管理方法，交由专业分包人保管材料，在施工过程中双方确认供货工程量，实现材料节约的目标。

> **案例：** 某项目外墙保温板材料浪费的管理问题
>
> 某项目建筑面积 $125000m^2$，11 层住宅楼，外墙保温板为 90mm 厚聚苯乙烯保温板，主体结构完成后外墙保温专业分包队伍开始施工。
>
> 分包招标时由于专业分包资源较少，找不到合适的分包人，只能采用价格谈判的方式确定分包人。中标的专业分包人报价高于市场价，经过几轮谈判后，施工企业发现分包人报价的 90mm 厚聚苯乙烯保温板偏离市场价，通过市场调研该材料价格，分包人材料报价偏高，采用市场采购现款结算的方式价格可以优惠，于是分包合同中约定保温板由施工企业供应。
>
> 保温材料运至施工现场后露天堆放，项目部没有安排人员看管保温材料，施工工人任意毁坏保温板材，施工工人不愿意拼接使用破损的保温板，施工工人中午休息时拿保温材料当坐垫，刮风时现场到处飘散，现场疏于管理造成材料浪费。
>
> 聚苯乙烯保温板由施工企业供应，分包合同中没有约定材料保管是分包人的责任，双方相互推卸责任造成材料浪费超过 40%。工程竣工完成后分析，保温材料由施工企业供应是错误的决策，材料损耗由施工企业承担，还不如在专业分包合同中固定总价。
>
> 通过上述案例分析，成本管理人员只从经济角度考虑，而施工企业项目管理水平较低，没有形成责任制度，管理流程不明确，导致施工过程中甲供材（施工企业材料）超过正常消耗。

5.4 三算对比与对标分析

三算对比是预算成本、目标成本和实际成本的对比，分别计算实际成本和预算成本、实际成本和目标成本的偏差。三算对比的目的是监测实际发生成本是否偏离目标，以及是否超过建设方应付工程款，对实际发生成本进行评测和纠偏，如图 5-11 所示。

三算对比内容包括人工费、材料费、机械费、管理费、文明施工费、其他费用等，采用预算定额中的拆分颗粒进行对比，优点是在预算投标报价中直接统计出来，减少成本测算环节。缺点是拆分颗粒不符合实际施工项目的分包模式，容易产生纠纷。

启动三算对比任务时，首先要确定目标成本，然后进入施工阶段，核算实际成本以后，按部位节点或月产值进行对比。核算实际成本时，提供核算数据与预算成本对比，同时也与目标成本对比，得到对比结果后做出相应的管理决策。

对标分析是指房地产项目所做的标杆管理，找到基准管理点进行对比，然后确定项目所做的参数指标与外部参数指标的差距分析，再进行组织创新和流程再造。施工企业的对标分析是利用本企业所建项目与本企业其他所建项目进行对标分析，企业外部参数指标偏差太大无法对比，但是有的施工企业没有对标对象，只能参考企业外部的指标数据，慢慢

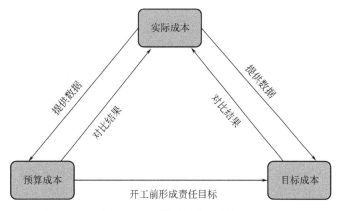

图 5-11   三算对比方法图解

沉淀数据然后进行修正。

对标分析不仅要从价格角度考虑，还要从质量、安全、进度、信誉角度考虑，对标分析符合目前成本管理模式。非本企业所建项目对标分析时，只能从价格、质量、进度三个方面考虑。因为安全因素是企业自身影响因素无法评估的，信誉是从企业自身角度长远考虑的因素，也是无法准确评估的。所以，利用本企业所建项目与本企业其他所建项目进行对标分析是正确的思路，如图 5-12 所示。

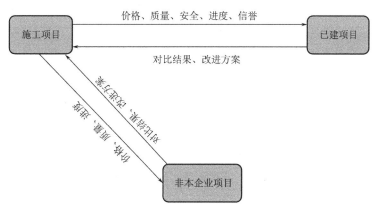

图 5-12   对标分析方法图解

非本企业项目对标分析主要目标是借鉴外部企业的管理模式，提高企业自身的管理水平，提升企业自身施工能力。企业与企业的竞争，不仅仅是某个环节的竞争，而是整个分供商资源链的竞争，资源链才是企业的核心竞争力。非本企业项目对标分析，确定重点对标领域要从核心竞争力角度考虑，找准分析要点得到目标。

对标分析方法与三算对比方法做比较，三算对比仅从项目经济角度考虑，而对标分析是从项目整体运营角度考虑。在市场经济中，地区定额有其不适用性，但是对标分析可以达到在施工过程中监测管控的作用。

5.4.1   三算对比管理流程及操作要点

预算成本、目标成本和实际成本需要商务体系启动流程管理，成本部门按时间或者部

建设工程成本经营全过程实战管理

位节点发起指令，商务经理掌握对外申报价款，目标成本也是在项目部收集到实际发生成本数据就可以对比。

三算对比可以初步求出总数对比，然后再拆分颗粒对比，最终找到成本管理中的问题，再做纠偏处理。房建项目根据建设方付款节点进行对比，针对建设方按形象部位支付工程款的情况，对比统计时要在产值申报完成时启动三算对比；针对建设方按月进度付款的情况，对比统计时可以按照季度或部位节点，因为三算对比按照每月对比执行起来比较麻烦，商务经理精力有限，每月发生的实际成本与目标成本偏差并不是很大。

三算对比拆分颗粒要与地区定额统计保持一致，对比时操作比较容易，按照定额制定的目标成本，就是从定额拆分颗粒中减去经验值，许多施工企业按照下浮比例控制。例如某施工企业在公司层面交给项目部的目标成本就是按分项下浮比例，项目经理根据以往经验值采用定额下浮方式锁定目标成本数额。

实际成本统计相对麻烦，因为项目管理模式是劳务分包、公司采购材料、专业分包、租赁或自购机械、公司摊销和项目管理人员工资、文明施工费、其他分项，分解口径与预算口径不对应，要从现场实际发生的费用中拆分出来归到定额口径，或者从定额中拆分出来归到成本口径，如图 5-13 所示。

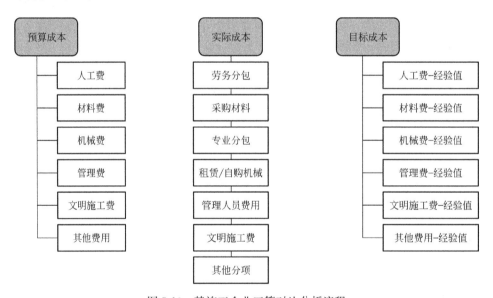

图 5-13　某施工企业三算对比分析流程

许多施工企业需要实际发生的成本数据时，会去财务部门提取，商务部门拿到数据后发现财务是以记账方式统计的，与需要统计的口径不相同，财务部门给出的数据滞后，无法满足施工当前统计的所有数据，导致商务经理无法启动三算对比管理流程。

启动三算对比管理流程，商务经理需要对项目部实际成本进行统计，对各分项进行详细核实，收集数据工作量较大，工作中收集的数据不足就需要花费很大的精力，成本部门无法监督商务经理数据的可靠性，导致三算对比质量不够精确。

也有施工企业没有目标成本，项目中标以后项目部管理混乱，要求项目部统计实际成本时，项目部管理人员把任务交给刚毕业的学生去做，每次开会都是应付上级查检，实现二算对比（预算成本、实际成本）的分析都比较难。

（1）施工企业角度分析房地产项目使用非标清单的弊端

非国有投资项目使用非标清单时，建设方招标文件是表格报价形式，商务经理无法填报成本，建设方给出的表格数据具有随意性，没有指导报价的参考对象。上级领导谈判后确定采用总价合同，报价时没有详细分析，估算出来的数值与目标成本无法确定。

非标清单在合同中必须约定工程量计算规则、施工范围、变更计算方法、价格调整方法，合同中约定后可以确定目标成本。往往施工企业不注意合同约定事项，用定额思维考虑目标成本，结果竣工后进入结算时才发现费用减少，忽视了开口合同的风险。建设方制订的计算规则不是市场监管规则，计算方式发生变化后风险较大。

案例： **某项目合同约定非标清单无法确定目标成本**

某项目招标时建设方采用非标清单，用 Excel 表格代替清单计价，给出清单工程量后需要施工企业填报综合单价。约定固定单价合同，税金按 9% 计取，技术措施按工程量计算，组织措施一次性固定总价结算时不做调整。

施工企业报价时缺少非标清单组价经验，造价人员按照以往类似项目的指标价格进行填报，由于是邀请方式招标，在中标前进行议标谈判。施工企业填报的价格贴近定额组价的方式，而议标时建设方有已建项目的清单单价，询问施工企业商务人员组价情况时，商务人员也无法解释清楚每一项清单的组成。建设方把已建项目的清单单价给商务人员对比分析，要求商务人员一周时间内进行合理的综合单价调整。

建设方已建项目的清单单价是以往施工企业的结算数据，符合市场价格行情，商务人员只能认可该清单单价并进行调整。再次报送价格表时，报价总价降低 3%，因为对比以后报价偏高的调整降低，而报价偏低的清单无依据调整报高，只有总价降低的办法才能达到建设方报价要求。

施工过程中合同约定申报工程款是按照形象进度，商务人员申报时为了方便统计，疏忽了对工程量的核对。做目标成本时误认为报价表中的清单（表 5-1）是固定单价形式，在施工过程中按照图纸核实工程量，将报价表中的清单统计汇总形成目标成本。

分部分项工程清单计价表

表 5-1

工程名称：15 号楼建筑工程

序号	项目编码	项目名称	项目特征描述	计量单位	工程量	金额（元）	
						综合单价	综合合价
1	1002001	挖一般土方	1. 土质详见地勘报告； 2. 符合标准要求	m³	935		
2	3001001	基础回填土方	符合图纸及标准要求	m³	690		
3	2001001	砌块墙	1. 砌块品种、规格、强度等级；MU10 煤矸石烧结多孔砖； 2. 墙体类型：200 厚、300 厚外墙； 3. 砂浆强度等级：Mb5.0 混合砂浆	m³	135		
4	1001001	垫层		m³	33		

序号	项目编码	项目名称	项目特征描述	计量单位	工程量	金额（元）	
						综合单价	综合合价
5	1004001	筏板基础	混凝土强度等级：C30商品混凝土	m³	0.98		
6	2001001	矩形柱	1. 混凝土强度等级：C25商品混凝土； 2. 泵送高度：30m以下； 3. 混凝土运距：投标单位自行考虑	m³	10.51		
7	4001001	直形墙	1. 混凝土强度等级：C30商品混凝土； 2. 墙厚：200以内； 3. 泵送高度：30m以下； 4. 混凝土运距：投标单位自行考虑	m³	298.12		
8	15001004	现浇构件钢筋	1. 钢筋种类、规格：现浇混凝土构件三级螺纹钢 直径φ10mm～φ12mm； 2. 层高：3.6m内	t	65.12		

项目进入结算时，建设方找到第三方咨询公司核对工程量，由于工程量计算没有定额计算规则的约束，咨询人员按照最小计算结果核对，商务人员提出按照定额计算规则时，由于在合同中未找到约定条款，只能承认这样的核对结果。

钢筋工程量计算按"中心线长度""向下整取一""搭接不计算长度""定尺长度为12m"等规则在软件中修改，整体项目工程量计算出来后，比申报钢筋工程量减少200t。商务人员找到钢筋材料采购的供货数据对比后发现比供货量少7%，按定额损耗量2.5%考虑，亏损4.5%的工程量，按报价6500元/t计算，单方价格亏损约15元/m²。

钢筋、混凝土、砌块、水泥、砂石料等材料在施工时涨价幅度较大，因为合同中约定固定总价，结算时商务人员虽然申报了索赔，认为材料涨价超出预期估算理应补偿，但是建设方不认可此项索赔，只能按报价表单价进行结算。

清单报价中顶棚抹灰做法是抹水泥砂浆和腻子涂料，施工图纸中也有抹水泥砂浆的做法，但是实际施工中没有按此项施工。在报价时施工企业只考虑腻子涂料按35元/m²报价，虽然清单描述中忽略了顶棚抹灰的费用，但是结算时建设方提出要扣除顶棚抹水泥砂浆价格（因为实际施工中没有做）按20元/m²扣除。商务经理到施工现场调查施工部位，项目技术人员回复实际做法是增加一遍涂料腻子，根据经验判断顶棚是不需要做抹灰的。商务经理谈判时提出要增加涂料腻子的费用，但是建设方认为施工企业自行改变施工做法，因此不承担费用，在结算时只能按20元/m²扣除。

建设方下达设计变更单，室内墙面水泥砂浆原20mm厚变更为15mm厚，项目整体建筑面积180000m²，墙面面积约370000m²，建设方以变更做法调减综合单价的1/4，原报价25.64元/m²，应扣减费用370000×25.64×0.25＝237（万元）。

结算过程中施工企业不同意，认为不应该扣减237万元，理由是报价表中室内墙面水泥砂浆25.64元/m²本身报价是亏本的，施工时抹灰班组分包价格23元/m²，砂浆材料价格约7元/m²，成本价需要30元/m²。施工企业认为设计变更只是厚度变化，在实际抹灰过程中，抹灰班组分包的价格厚度减少，分包价格并不会减少，所以,施工企业认为扣减此项费用不合理。

建设方委托第三方咨询公司审计,咨询人员对设计变更没有计价依据,认为扣减 1/4 的价格是依据消耗量同比增减原理。在施工企业看来,抹灰 20mm 厚与抹灰 15mm 厚人工费相同,材料价格也相差不大,所以同比扣减方法不合理。但最终施工企业拿不出价格依据,只能同意咨询人员扣减方法进行结算。

建设方给出的报价表中显示文明施工费用包括"大门、九图一牌、安全警示标识牌、现场围挡、各类图表、企业标志、场容场貌、材料堆放、现场防火、垃圾清运、洗车机、创优工地。当地政策文件规定的安全文明施工措施费《管理实施办法(试行)》及《管理工作实施方案》要求的也需要综合考虑。"在投标报价时,建设方已经完成红线以内的围挡,实际施工时,项目部没有再新设围挡。施工现场低于设计地坪,在施工过程中将施工垃圾铺在现场场区,雨期施工车辆碾压导致垃圾与泥土混合,施工企业未清运垃圾,如表 5-2 所示。

措施项目清单计价表　　　　　　　　　　　　表 5-2

工程名称:15 号楼建筑

序号	项目名称	包括内容(以下内容包括但不限于)	基数名称	基数工程量	单价	总价(合同)
一	施工组织措施项目		项			80000 元
1	环境保护	包括:粉尘控制、噪声控制、有毒有害气体控制、污染控制				
2	文明施工	包括:大门、九图一牌、安全警示标志牌、现场围挡、各类图表、企业标志、场容场貌、材料堆放、现场防火、垃圾清运、洗车机、创优工地。当地政府文件规定的安全文明施工措施费《管理实施办法(试行)》及《管理工作实施方案》要求的也需要综合考虑				
3	安全施工	包括:安全通道、楼梯、屋面、阳台等临时防护、通道口防护、预留洞口防护、电梯井口防护、楼梯边防护、垂直方向交叉作业防护、高空作业防护、操作平台交叉作业、作业人员必备安全防护用品				
4	临时设施	包括:总平面布置、办公用房、生活用房、生产用房、临时用电、临时给水排水、临时道路、临时消防、临时场地租赁,还需包括临时设施冬季供暖和多次搬迁、拆建				
5	工地安保					
6	夜间施工					
7	二次搬运					
8	已完工程及设备保护					
9	冬期、雨期施工费					
10	抢工、赶工措施费					
11	履约担保手续费					
12	工程保险费					

建设方现场管理人员提出要扣除围挡费用和垃圾清运费用 20 万元，施工企业报价时一共填报 8 万元，因为报价时考虑不必再新设围挡，认为固定总价的组织措施费在结算时不会减少。商务人员为了中标考虑，组织措施费只考虑 8 万元。

进入结算时，建设方把扣除这两项的价格交底给咨询人员，经过几轮谈判后，商务人员没有证据证明不应扣减费用。商务经理又到施工现场与项目经理核实情况，但是项目实际施工就是这样做的，建设方扣除费用，商务经理也无能为力。

商务人员结算完成后，综合分析认为建设方扣减费用较大，在中标以后认为目标成本按照合同中正常考虑就可以，但是建设方给出的各项条款都有漏洞，导致咨询人员只听从建设方管理人员的要求进行审计，突破了清单规则和定额规则，随意扣减费用，施工企业只能认可。

通过上述案例分析，非标清单对施工企业是百害而无一利的，只有采用固定总价的形式填报才会减少报价"漏洞"，拆分颗粒越细施工企业暴露的弊端越多。

在投标时，建设方采用模拟清单的方式招标，只有在项目开工以后拿到正式施工图纸才能进入核对工程量阶段，此时再考虑定额计算规则为时已晚，只有在报价时就注意计算规则问题，双方协商好计算规则和计算方法，才能避免工程量和费用减少的损失。

建设方给出的承包范围描述越多，报价所含风险越高，报价时要考虑可能出现的各种"坑"，避免在结算时建设方使用"文字游戏"扣减费用。建设方对施工图纸优化时，商务人员需要考虑施工图纸设计缺陷，才会避免因施工图纸优化带来的损失。

三算对比需要测算成本，而测算成本在未知情况下，项目处于整体失控状态，只有建设方启动清标以后才能锁定测算成本，但是在结算时还有审减费用的风险。对外结算数据与对内结算数据进行对比时，参考性不是太大，没有测算成本就定不了目标成本，只有实际成本无法做到三算对比。所以，房地产项目在使用非标清单的情况下，采用三算对比的管理方法是不可行的。

（2）三算对比的操作要点

动态成本资金控制是根据资金变化而监测到的成本变化，监测到问题并找到原因后，再启动问责机制，三算对比按照时间或部位启动监测。动态成本资金控制与三算对比相比，前者监测到问题才会做相应的核查工作，后者通过预防来检查问题。从实际操作层面考虑，是企业层面发现问题与项目按任务核查的区别。

在实践中，项目部发起主动任务核查的很少，由于商务经理工作较忙，项目收集数据工作占用时间太多，一个项目启动一次三算对比任务需要耗时一个月时间，甚至更长的时间。只有在企业监督项目部发现问题后才会被动做三算对比。从成本管理角度考虑，商务经理的任务可以分散到项目部，在不影响正常施工的情况下，项目部配合完成三算对比是比较理想的。

三算对比先从工料机入手，原因是其在总价中所占比例较大，并且是容易统计的数据。对比的目的是查找问题，项目部配备商务人员人数较多时，可以启动全面对比；项目部配备商务人员较少时，只能把主要任务做对比。造价所占比例较少时，可以放在最后或者省略三算对比。

主要工程材料对比时，将预算用量、计划用量、实际用量数据填入表中进行比较，预算单价、计划采购价、实际单价从合同清单和项目收集资料中调取作为价格对比。从工程量角度考虑，是采购材料环节与项目使用材料环节的损耗对比，超过正常合理损耗就要启动问责机制，分析可能存在的管理漏洞，要从该监测时间点及时堵住漏洞；从价格角度考虑，是采购材料环节和分供商资源的问题，发现偏离目标值就要对该部位进行分项核查，及时调整管理方法确保项目利润最大化，如表 5-3 所示。

三算对比（主要材料）表　　　　　　　　　　　　　　　　　　表 5-3

对比部位：　　　　　　　　　　　　　　　　　　　　　　　　　对比时间：

序号	材料名称	规格	单位	材料用量对比				材料单价对比（元）				对比分析（元）			
				预算用量	计划用量	实际用量	节超	预算单价	计划购价	实际单价	价差	预算费用	计划费用	实际费用	节超
1	圆钢	Q235 10mm	t	40	39	40	−1	3650	3630	3650	−20	146000	141570	146000	−4430
2	螺纹钢（新三级）	HRB 400 12～14mm	t	130	129	131	−2	4050	4000	4030	−30	526500	516000	527930	−11930
3	螺纹钢（新三级）	HRB 400 16～18mm	t	180	178	180	−2	3790	3750	3730	20	682200	667500	671400	−3900
4	螺纹钢（新三级）	HRB 400 20～25mm	t	50	49	49	0	3930	3900	3910	−10	196500	191100	191590	−490
5															
6															
节超原因说明：	施工现场钢筋浪费超过 1%，钢筋材料采购价格上涨														

同类型材料可以分别对比，最后总体分析得出结论，量和价的分析可以看出目前项目管理采购人员的水平。实际工程量统计时有可能产生偏差，例如钢筋材料分析时，施工现场要清点制作棚内的钢筋数量，然后计算钢筋半成品构件工程量，再考虑现场预留钢筋以及现场未安装的散落钢筋工程量。施工现场面积较大，统计者必须让班组分包人负责统计才能了解实际发生的工程量。

人工费对比时要从劳务分包合同入手统计，将定额中各专业的人工费、规费相加，与劳务分包价格对比。每个专业的人工费相对比，会出现定额与市场价的偏差。例如建筑工程定额中混凝土浇筑人工费与实际混凝土班组分包价格相比，要高出实际价格，而砌筑和抹灰分项定额中的人工费偏低，这样对比没有任何意义。

在实践中，如果在确定目标成本前把人工费的总价做对比，然后在施工过程中再与监测点对比的话，这种对比方法没有任何作用。许多造价人员想要从对比中找到结果，但是定额已经偏离实际很多，即使对比出结果，也没有办法控制成本，监测不到实际发生成本是否偏离目标以及是否超过建设方应付工程款，那么此对比就是无效成本。

目标成本与实际成本对比，需要考虑是否在制定目标成本时已经转换口径，如果人工费在制定目标成本时变为成本测算口径，形成两算对比的方式也可以达到监测控制的作用。许多施工企业与劳务分包签订单价合同，总体工程量只有在结算时才知道，在施工过程中设立监测点就是核算劳务成本的时间点，如表5-4所示。

两算对比（劳务人工）表　　　　　　　　　　表5-4

对比部位：11号楼地上工程　　　　　　　　　　　　　　　　　对比时间：

序号	分项名称	单位	工程量		单价(元)		对比分析
			目标用量	实际用量	目标单价	实际单价	节超(元)
1	钢筋班组	m^2	9500	9450	55	60	−44500
2	混凝土班组	m^2	9500	9450	21	22	−8400
3	架子工班组	m^2	9500	9450	12	19	950
4	模板工班组	m^2	26600	27900	39	40	−78600
5	二次结构班组	m^3	114	120	350	355	−2700
6	抹灰班组	m^2	19950	19600	25	24	28350
7	外保温班组	m^2	—	—	—	—	—
8	外涂料班组	m^2	—	—	—	—	—
9	内涂料班组	m^2	—	—	—	—	—
10	内墙面砖班组	m^2	—	—	—	—	—
节超原因说明：		劳务单价上涨，模板工程量计算不准确，目前处于亏损状态					

从表5-4中可以了解到，在施工过程中此时监测点的人工费涨价，成本部门的任务是复核劳务分包。核实分包单价偏离目标成本的原因，可以调研其他项目的劳务分包情况，也可以调研市场劳务分包价格。如果只有本项目劳务单价上涨，就要做责任追查，调查劳务分包人涨价的原因，可以邀请企业上级领导到项目部开会，项目经理要给出合理的涨价理由。

案例：　　某企业对劳务分包采用两算对比核查

某房建项目建筑面积$60000m^2$，高层住宅33层，施工企业采用班组分包模式，将主体框架结构人工费分拆为模板班组分包、混凝土班组分包、架子工班组分包、钢筋班组分包。从投标报价中提取人工费和规费，数值为$220元/m^2$，确定目标成本时，必须低于$220元/m^2$，项目经理签订责任状后开始施工，如表5-5所示。

两算对比（劳务人工）表　　　　　　　　　　表5-5

对比部位：15号楼20层　　　　　　　　　　　　　　　　　对比时间：

序号	分项名称	单位	工程量		单价(元)		对比分析
			目标用量	实际用量	目标单价	实际单价	节超(元)
1	钢筋班组	m^2	60000	60000	53	60	−420000
2	混凝土班组	m^2	60000	60000	23	25	−120000
3	架子工班组	m^2	60000	60000	24	26	−120000
4	模板班组	m^2	168000	165900	40	40	84000
合计(元)：							−576000
节超原因说明：		零星用工增加，模板分包界面有争议					

商务经理对各班组分包做出统计，混凝土班组分包、架子工班组分包、钢筋班组分包合同都是按照建筑面积进行分包，各数据相加求出单价为 100 元/m²，模板含量 2.8m²，分包合同单价 40 元/m²，折合 112 元/m²（按照建筑面积），合计 212 元/m²，锁定目标成本以后汇报给成本部门。

施工到主体框架结构 20 层节点时，成本部门要求商务经理启动两算对比，把劳务分包所有可以办理结算的资料进行统计，商务经理要求分包人必须提供所有资料，并且将目前的诉求报送给商务经理。

通过对比发现，零星用工增加导致分包单价突破合约管理。模板班组分包界面不清楚，主体框架结构模板工程量减少，原因是主体模板分包人未施工用工消耗量多的部位，把该部位放到二次结构模板费用中，同时二次结构混凝土浇筑、二次结构钢筋绑扎价格超过主体框架结构价格的 3 倍。

成本管理人员到项目部调查零星用工事项，发现同一个施工部位由不同的工长签单，施工内容描述简单更改以后，就找另一个工长开出签证单；合同界面重复，该部位应该包含在模板班组分包合同中，但是项目经理委托其他班组采用零星用工的方式完成该部位；基础内零星用工是文明施工现场和槽内土方任务；部位签证零星用工数量超出合同管理办法约定的标准。

依据这些零星用工问题，要求项目部和分包人把签证原件移交到会议室进行审核，召开会议询问现场零星用工发生情况。分包人不熟悉合同界面，和项目经理说不清楚签证时间，签证借工单时，项目经理未扣除其他班组费用，文明施工零星用工合同中约定班组均摊原则，项目经理未做摊销扣款，现场签证每天按 1.5 倍工日计算，因为工人每天作业时间为 10 多个小时，但是分包合同中约定按天计算零工数量，项目经理没有理解清楚合同条款，导致签证数量乘以 1.5 倍。

成本管理人员了解清楚以后，给项目部和劳务分包人开会，要求把零星用工签证的 60 多万元费用控制在 10 万元以内，解决了分包人在结算时的争议。从这次考核中了解项目经理失职情况，予以警告处罚，要求每个劳务分包人写检讨，把违规事件记录在分包人资源库中，作为评选分包人等级的参考。

实地考察主体框架结构模板班组未施工部位时，发现外檐墙板部位有问题，结构图纸上有标注，施工时为了方便施工作业，模板班组未支设该部位模板，标准楼层同样部位也未支设模板，项目部管理失职导致该事件发生，只能在二次结构施工时完成此部位。成本经理单独约模板班组谈判，要求在二次结构施工前确定该部位的分包价格，未施工的部位由二次结构分包人完成，结算时扣除模板班组费用。

通过以上零星用工和模板未施工部位问题的案例分析，启动人工费的两算对比可以有效地解决合约纠偏，及时发现施工过程中的问题。但如果是在分包完成任务时再从结算书中核查就无法挽回损失。人工费的两算对比是把整体结算争议问题拆解到施工过程中，在项目部发现问题时汇报到公司层面核查，发现问题要当场解决。

大型机械费在测算成本时单独提取出来，然后与目标成本中的大型机械租赁费用进行对比。现场实际发生都是按工期摊销方式计算的，形成实际成本要根据项目进度，可以从总工期安排了解大型机械的成本盈亏情况。

影响项目进度因素有很多，建设方原因、自然因素原因、项目管理原因、分包人原因等。发现实际成本大于目标成本时，在企业层面纠偏难度较大。项目经理负责把控工程进度，企业协调配合任务，实际成本核算工作由商务经理发起。

施工方案变更会导致大型机械实际成本增加，许多项目都是开工以后发现大型机械配置不合理，施工现场临时增加机械数量，或者由于工期安排不合理需要增加夜间施工作业，从而增加成本费用。

案例： 某项目大型机械两算对比核查

某房建项目建筑面积 60000m²，高层住宅 24 层，计划配备 QTZ63 塔式起重机 4 台，工期计划 8 个月；计划配备 SCD200/200 施工电梯 8 台，工期计划 10 个月；基础挖土方计划使用挖掘机 360 台班。

施工至抹灰阶段，企业成本管理人员感觉工期进度太慢，即使赶超工期也不能按预期完工，要求项目启动大型机械两算对比核查。

原计划施工工期 8 个月，实际施工 9 个月，租赁费用测算时按照 28000 元/月考虑，实际开工时正值 4 月份建筑市场大面积开工，市场上租赁机械短缺，租赁费用涨价，价格为 35000 元/月，项目经理向企业申请塔式起重机涨价事宜，受项目地区限制只能接受涨价费用，如表 5-6 所示。

两算对比（大型机械）表　　　　　　　　　　　　　　表 5-6

对比部位：　　　　　　　　　　　　　　　　　　　　　　　对比时间：

序号	分项名称	单位	工程量		单价(元)		对比分析
			目标用量	实际用量	目标单价	实际单价	节超(元)
1	塔式起重机	月	32.0	36.0	29000	35000	−332000
2	施工电梯	月	40.0	44.0	9500	10500	−82000
3	挖掘机	台班	360	330	1500	1550	28500
4							
合计(元)：							−385500
节超原因说明：	项目因基础土方工期延误,进场以后租赁费上涨						

施工至室内外抹灰、外檐门窗安装完成时，原计划工期 5 个月，实际工期已经延误 15d，计算为 5.5 月×8＝44（月），考虑到地面、水电安装、屋面、外檐等部位还需要 5 个月才能完成任务，必须加强施工措施才能按期完成。

成本管理人员到施工现场考察时，发现劳务分包人的工人数量较少，与计划作业人数相差较大，通知商务经理核查具体原因。召开会议时成本管理人员参会，发现分包人按照包工方式给工人结算工资，分包人给抹灰工人的单价太低，现场招不到工人，每栋楼只有 4 个抹灰组施工。

成本部门了解情况以后，邀请分包人谈判，分包人诉求是人工工资价格上涨，分包价格透明没有利润，因为只是包清工分包模式，实际情况是利润只有 2 元/m²。8 台施工电梯每月需要花费 8 万元，工期若是延误 1 个月不如补偿分包人 1 元/m²，抹灰面积按 120000m² 计算，只需要补偿 12 万元即可解决问题。整体工期影响的只是抹灰的费用，于是成本部门找项目经理商量抹灰分包价格上涨事宜。

　　施工时考虑挖掘机减少台班，但是因为基础工期延误，原计划 2 台挖掘机配合完成基槽深度 6m 的土方作业，实际施工时采用分层挖土作业方式，导致工期延长，实际与原计划相比增加了较大的成本，并不是对比表中节约成本的数值。

　　通过上述案例了解到，大型机械的对比分析需要施工经验，必须了解施工现场才能知道工期是否延误，再计算费用盈亏。因为工期影响具体原因不好确定，许多项目部出现问题时一味地推脱责任，而企业层面管理人员也没有相关施工经验，导致项目管理混乱，项目延期给项目带来风险，最终导致施工成本增加。

　　采用三算对比可以及时发现施工过程中的问题，通过纠偏的方法把每个任务环节控制在事中管理。但是有许多项目部故意混淆是非，采用监督的方法强制打断"灰色收入"链条，使得企业层面处理问题比较困难。因为项目开工以后最大的控制权在项目部，而成本部门是协助部门，项目部设立的商务经理没有融入项目施工也会存在风险，管理流程启动以后得到的就不是预期目标。

　　项目开工以前，要把每个任务流程梳理清楚，在施工过程中只有项目经理参与才能解决三算对比，保证项目经理的工资收入达到预期，实现项目经理的个人价值，从事发源头解决问题，与商务管理体系融合，才是最优的管理办法。

5.4.2　对标分析管理流程及操作要点

　　对标分析一般是指大型施工企业的项目与项目之间进行对标，对标结果可以作为绩效考评的参考。材料采购权、劳务分包权都掌握在企业，成本管理人员在企业各部门内就可以收集项目的各项数据，然后顺着数据分析中的问题查找偏差因素。

　　中小型企业的对标分析，主要是借鉴外部标杆企业完成对标。中小型施工企业项目较少，并且项目特性差异较大，企业内部的项目对标没有可比性，但是同类特性的项目对各项指标是有可比性的。所以，中小型施工企业对标分析，工程量的各项指标考核是可以作为参考的。

　　对标分析第一步是确定对标领域，根据自身管理方面的薄弱领域，提出重点对标领域，确定对标原则。在许多施工企业中确定对标领域是比较难的一步，因为自身管理水平的不足无法在本企业内部发现，只有大量考察外部企业的管理方法才会发现自身的不足，才能确定对标原则。企业考察要通过企业联盟实现，企业的真实数据只有两个互信的企业才能进行交流，这类情况给成本管理者带来较大的压力，对标分析往往因为外部参考性不足导致对标任务艰巨。

　　对标分析第二步是确定标杆企业，标杆企业应具有代表性、较强的针对性和较强的操作性，从可参考的企业中挑选出优秀代表作为标杆企业。参考目标可以从建筑市场上借鉴资料，对标任务落实到成本部门。受企业资源的制约，解决对标问题时施工企业需要花钱学习标杆企业的管理模式、制度建设、绩效管理。

　　对标分析第三步是开展对标分析，通过对自身企业的表现和标杆企业的表现对比，找到企业与企业差距的客观原因。分析时要从宏观和微观两方面考虑，宏观是从自身企业发展方向、规划目标、客观事实分析；微观是从数据指标、项目管理、分包管理、采购管理等分析。

建设工程成本经营全过程实战管理

对标分析第四步是根据对标分析的成果编写诊断报告，为下一个施工阶段制订方案，为细化措施奠定基础。成本管理人员编写的诊断报告可以让上级领导参与决策，商务经理提出建议，项目经理参与讨论，形成下一个施工阶段统一管理的目标，如图 5-14 所示。

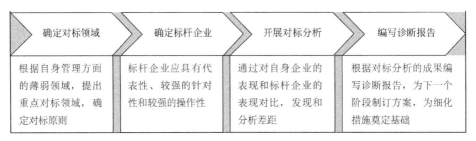

图 5-14　对标分析的操作要点

对标项目的选择可以选一个或者两个，切勿贪多，选择多容易混乱。企业需要不断调整管理方向，而不是将自身企业的所有管理方式一概否决。在调整过程中要分析可行性，考虑能否达到想要的结果，要评估并改进，最终合理利用，确定可行的方案。

案例：　**某项目对标分析**

某施工企业在施工过程中，成本部门要启动对标分析确定项目目前的运行状况。本项目为房建项目，第一期建筑面积 50000m²，高层住宅项目带一层地下车库，施工至主体框架结构完成；第二期建筑面积 40000m²，高层住宅项目带一层地下车库，施工至基槽开挖完成。

成本部门进行对标分析可以从同项目的第一期对标，也可以找到本企业其他在建项目进行对标，还可以从外企业的在建项目对标。此时成本管理人员考虑的是对标结果，从工期考虑可以列出本企业其他在建项目的进度，从价格指标数据考虑可以列出同项目第一期的采购价格，从管理水平考虑可以借鉴外企业的在建项目对标。

成本管理人员考虑到本企业在建项目有 15 个，建筑规模、结构类型、使用功能相匹配的项目有 5 个，本项目所在地是在北方，考虑到南北方的地区影响，只能选择北方地区的项目作为对标分析目标。用排除法找到最接近本项目特性的项目进行对标，用优、良、一般、差四个可参考性角度分析，匹配到优的项目为天津市滨海新区×××住宅项目，本项目开工日期为 2020 年 4 月，对标项目为 2020 年 5 月，同年开工的项目具有可参考性，如表 5-7 所示。

某企业在建项目对标分析（工期）　　　　　表 5-7

序号	项目名称	建筑规模（m²）	结构类型	使用功能	项目所在地	开工日期	可参考性
1	×××还迁楼项目	9 万	短肢剪力墙	住宅	天津市西青区	2020 年 4 月	本项目
2	×××示范小城镇项目	18 万	短肢剪力墙	住宅	天津市静海区	2020 年 8 月	否
3	×××自行车厂扩建项目	7.5 万	框架结构	厂房	天津市静海区	2020 年 5 月	否
4	×××后勤学院项目	11.3 万	框架结构	学校	河北省沧州市	2019 年 8 月	否

序号	项目名称	建筑规模（m²）	结构类型	使用功能	项目所在地	开工日期	可参考性
5	×××商业街项目	6 万	短肢剪力墙	商业	山东省德州市	2019 年 9 月	否
6	×××还迁楼项目	18 万	短肢剪力墙	住宅	天津市滨海新区	2019 年 10 月	良
7	×××住宅项目	9 万	短肢剪力墙	住宅	天津市滨海新区	2020 年 5 月	优
8	×××公寓项目	11.5 万	短肢剪力墙	住宅	江苏省南京市	2019 年 7 月	差
9	×××医院住院楼项目	6 万	框架剪力墙	医院	河北省石家庄市	2018 年 3 月	否
10	×××商业开发项目	25 万	短肢剪力墙	商业	山东省威海市	2020 年 5 月	否
11	×××住宅项目	7.3 万	剪力墙	住宅	山东省青岛市	2019 年 6 月	良
12	×××住宅项目	12 万	剪力墙	住宅	江苏省南京市	2019 年 3 月	差
13	×××商住小区	18 万	短肢剪力墙	住宅	江苏省南京市	2020 年 6 月	差
14	×××公寓项目	15 万	短肢剪力墙	住宅	江苏省苏州市	2020 年 5 月	差
15	×××还迁楼项目	13 万	短肢剪力墙	住宅	山东省青岛市	2019 年 4 月	一般

本项目第一期完成主体框架结构工期 8 个月，对标项目开工日期在后（2020 年 5 月），但是砌筑工程已经完成一半的工程量，同地区同采购条件下，本项目施工进度较慢。

调查工期影响因素，发现对标项目每浇筑一层混凝土的时间要比本项目少 2d，成本管理人员到项目实地考察以后发现本项目工人配备不足，班组分包工人较少，存在招工难的问题，项目没有及时采取补救措施，每栋楼流水作业的工人跟不上进度从而影响到工期。

本项目第二期已经完成基槽开挖，必须要求各班组分包的工人数量补充到位，同时需要认真选择新入场班组分包人的实力，让本项目项目经理参观对标项目的施工模式，加快施工进度，确保第二期工期有所调整。

将本项目与对标项目的价格进行对标分析，从基础、主体框架结构、文明施工、砌筑工程四个部位进行对比，分析结果分为管理原因和非管理原因。管理原因是指在施工过程中因管理过失导致的成本增加，非管理原因是指外部因素原因导致的成本增加，如材料价格上涨是市场因素导致的价格上涨，属于非项目管理原因。

经过对标分析发现，钢板桩支护因租赁工期较长影响价格。本项目从基槽开挖到基础完成用时 60d，而对标项目用时 50d；针对班组分包人工费，本项目为 230 元/m²，对标项目人工费为 213 元/m²，由于模板班组分包涨价问题，模板分包人在施工过程中要求增加 2 元/m²，导致本项目的其他班组也要求涨价，后期又导致模板材料和架体支撑租赁费的成本增加；文明施工费用的临时设施费偏高，核算以后发现本项目现场面积较大，厂区大门到各栋号楼之间的距离较远，临时道路铺设面积大于对标项目，属于非管理原因；对砌筑工程进行对标后发现已经签订合同的价格较低，本项目还未签订合同，砌筑施工春节后才开始作业，考虑到分包人人工费上涨问题，从而增加成本。

从分项内容分析，本项目成本增加的主要原因是工期影响。项目模板班组工人配备不足，影响整体项目工期，使得模板材料、架体支撑租赁费成本增加；项目部在基础施工时管理水平较差，导致工期延误。

本项目和对标项目在结构类型、建设规模、项目所在地、项目配备资源基本相同的情况下，对标分析时价格发生差距，要从项目管理水平和分包人角度分析。成本管理人员先与项目经理共同分析差距原因，再从项目确定偏差的具体原因，最终项目部给出的答案具有可参考性，如表5-8所示。

某企业在建项目对标分析（价格）　　　　　　表5-8

类别	序号	对标项	单位	在建项目	对标项目	差异原因	备注
基础	1	挖填土方	元/m³	25.12	26.54		
	2	基础降水	元/m²	12.51	13.55		
	3	混凝土灌注桩	元/m³	1360	1250	钢筋、混凝土材料涨价	非管理原因
	4	钢板柱支护	元/m	2100	1880	租赁时间长，由于工期影响	管理原因
主体框架	5	班组人工费	元/m²	230	213	模板班组涨价	管理原因
	6	模板材料	元/m²	12.25	9.38	周转次数减少	管理原因
	7	租赁费	元/m²	9.51	7.26	工期影响，租赁价格上涨	管理原因
文明施工	8	临时设施	元/m²	8.03	6.17	现场面积差距	非管理原因
	9	安全文明	元/m²	15.05	16.02		
砌筑工程	10	二次结构	元/m³	635	603	人工费上涨	非管理原因

本项目成本增加应该对模板分包人进行处罚并降低分包等级，工程完工后针对该分包人要在数据库中有相应的评价记录。邀约到项目经理讨论第二期施工是否需要替换模板分包人，从项目施工角度考虑，需要研究该分包人是否存在实力不足的问题。

消耗量分析时，可以匹配天津市滨海新区×××住宅项目作为对标分析对象，也可以列出本企业其他项目的消耗量作为对标分析对象；从成本管理角度考虑，可以适当借鉴外企业的在建项目对标分析，从而推动本企业和本项目的管理水平提升。本次对标项目数据来源可靠，可作为参考对象，采购权掌握在企业层面，本企业供应商信誉等级相同就有较大的对标特性。

本次对标选用本项目、对标项目、外企业对标项目进行分析，对标分析内容包括地下车库钢筋、地上主体钢筋、地下车库混凝土、地上主体混凝土、现场管理费、现场用水电费、零星用工，其中现场用水电费从外企业对标项目未获得数据，只有本企业的数据分析，如表5-9所示。

某企业在建项目对标分析（消耗量）　　　　表 5-9

序号	材料名称	单位	本项目	对标项目	外企业对标项目	差异原因
1	地下车库钢筋	t	2.12%	1.50%	0.56%	本企业废料与供货相比，钢筋班组产生的废料较多
2	地上主体钢筋	t	3.60%	2.78%	2.89%	本企业废料与供货相比，钢筋班组产生的废料较多
3	地下车库混凝土	m^3	5.87%	5.96%	4.67%	本企业供货与外企业相比，应该核查搅拌站供货问题
4	地上主体混凝土	m^3	3.79%	3.65%	3.34%	三个项目对比差距不大，公司管理水平相差不大
5	现场管理费	元/m^2	53	45	38	现场配备管理人员多，对标外企业技术人员每人管理两栋楼，本企业每栋楼配备一名技术人员。对标项目高层33层，本项目为18层和24层，管理人员相对增加
6	现场用水电费	元/m^2	8.35	8.43		
7	零星用工	工日	0.15	0.08		分包工人不足，项目经理要求赶超进度，未考虑分包扣减零工

本项目地下车库钢筋损耗率为 2.12%，对标项目钢筋损耗率较低，说明本企业的本项目钢筋消耗有问题。调查发现本项目钢筋废料与供货相比，钢筋班组产生的废料较多。本项目地上主体钢筋损耗率为 3.60%，对标项目钢筋损耗率 2.78%～2.89%，进一步证实本项目管理水平较差，钢筋班组下料出现问题。成本管理人员应该与项目经理共同参与项目管理。有了第一期对比参考以后，本项目第二期钢筋施工时，要严格审核钢筋班组申报的下料单，通知钢筋分包人统计钢筋废料情况。目前已发生的情况对钢筋分包人做出处罚并降低分包等级，工程完工后在数据库中做出相应的评价记录。

本项目地下车库混凝土损耗率为 5.87%，本企业对标项目的混凝土损耗率为 5.96%，外企业对标项目的混凝土损耗率为 4.67%，由此对比相差不大。本企业混凝土供货与外企业相比，应该是搅拌站供货差距的问题，核查得知本企业对标的两个项目是同一家混凝土供应商，两个项目有对比性。本项目第二期混凝土施工时，必须加强监督，严格控制每次混凝土浇筑的申报工程量，混凝土浇筑完成以后要进行统计分析，对混凝土供应的每个环节都要增加管理措施。

本项目现场管理费较高，本企业对标项目的现场管理费居中，外企业对标项目的现场管理费较低，说明本项目施工现场配备管理人员较多。例如对标外企业的技术人员每人管理两栋楼，本企业每栋楼配备一名技术人员，技术人员增加一倍，导致管理人员工资增加发生对标偏差。需要从企业层面解决问题，可以借鉴外企业的管理模式，调整项目人员配备标准，加强项目管理人员的技术水平。

　　本项目零星用工数量较高，说明项目管理存在问题。核查时发现分包工人数量不足，项目经理要求赶超进度，本班组的工人数量不够只能安排其他班组分包工人完成。项目经理开出的零星用工是工人使用数量，未考虑班组分包之间帮工扣减的工时数，实际结算时要扣减帮工工日数量。成本管理人员要求项目部核查各班组分包的作业范围，每个零星用工单开出后要扣减对应的工日数量，通知分包人清算零星用工费用。

　　通过进度、价格、消耗情况分析，本项目管理存在严重的问题，项目管理水平较差，分供商的选择也存在问题，企业层面成本管理应该重点监管本项目。项目经理负主要责任，分供商负次要责任，若是本项目第二期施工还存在类似问题，应该向上级领导汇报，需要调岗替换项目管理人员，实行管理人员淘汰制度，加强成本管理。

　　通过上述案例可以了解到，对标分析是可以考核当前管理水平的，发现问题可以及时补救。可以从工期、价格、消耗角度考虑对标分析，还可以从质量、安全方面进行对标分析。许多企业在质量方面采用创优评选方法，工程完工以后评价项目质量，也有施工企业在部位节点进行质量评价，此评选方法与对标分析类似。

　　本企业对标分析，偏差值5％就要启动纠偏措施和问责机制，因为施工企业的分项利润基本上在5％以内。偏差较小时可以考虑为正常范围，因为对标项目不是完全相同的，会存在一定的偏差，过小的偏差在核查时是没有结果的，还会导致各部门配合积极性降低。

　　外企业的项目对标分析，偏差10％～15％就要启动纠偏措施和问责机制，企业与企业之间管理因素差异较大，需要扩大偏差值控制范围。企业实力竞争是从整体分析的，单从项目分项中考虑价格偏差是不符合实际的。但是主要材料消耗量可以用偏差值5％考虑，因为主要材料在工程中价格占比较大，材料消耗量在企业管理中占重要地位。

第6章

三次经营成本管理方法

三次经营是指工程竣工以后的成本管理，主要目标是工程结算、各类数据收集、事后评价。工程竣工以后的工程结算一般是针对建设方的结算，内部分供商的结算任务在竣工之前已经分批完成；数据收集任务是在竣工以后再实施，所有数据已经固定，再分析时需要抓取哪类数据、哪类数据可以录入数据库、哪类数据可以与目标成本对比；事后评价是对目标成本在执行过程中的结果做评价，可以与以往项目管理水平作对比。

工程结算的重心是"解"不是"结"，这取决于造价人员的管理水平，减少双方摩擦并引导结算。许多争议在施工过程中就已经暴露出来，属于项目部的任务但在施工中未完成，到竣工以后问题集中爆发出来，成本管理者是解决问题，而不是将问题拖到最后两败俱伤。

结算争议有两方面原因：其一，企业对造价人员的考核标准没有依据。造价管理岗具体做什么工作、什么样的工作流程，企业并没有详细的管理制度。企业没有相应的制度约束造价人员，并且岗位流动性较大，在工程结算时被建设方卡住后问题才显示出来。其二，项目管理人员的管理任务没有明确规定。项目管理人员多数认为结算是造价人员的任务，企业强制要求项目管理人员参与其中，管理人员认为此项工作非本职工作，以不负责任的心态对待，导致工程结算时证据不完整或者证据不充分，给建设方审计人员留下质疑之处。

数据收集侧重点是损耗量、指标含量、分包价格、材料采购价格、项目进度、工时消耗、机械施工效率等。收集整理数据是一个庞大的工作，需要哪些数据必须明确，工程竣工后由于时间太长导致一些数据已经沉没丢失，所以竣工后必须要及时收集数据。数据反映企业自身的真实管理水平，许多成本管理者只想找捷径，认为依据外企业的数据就可以做管理，但是要做好企业数据库还需要从企业自身挖掘。

事后评价涉及绩效考核，在执行过程中的失误都会被牵扯出来，许多施工企业不想在找错的事情上费工夫。找出某人或某部门的错误，企业内部出现争斗，之后的工作配合就更难开展。但是施工企业需要了解企业自身的不足之处，纠正错误是部门上级领导需要考虑的事情，要赋予成本管理者权力完成事后评价，找到合理方法解决管理中的不足，在新项目中纠正错误，企业管理才会逐步走向强大。

6.1 工程结算的成本管理

工程结算的成本管理要从审核工程量、结算文件审核、重点内容监督、结算争议处理着手，成本管理是商务人员完成对外结算的后续支持力量。从资料收集到内容审核，再到结算审核争议，成本管理介入主要起指导性作用，根据各建设方结算格式要求的不同，制订相应的结算方案。

工程结算时审核证据资料内容，需要商务人员、成本管理人员、现场管理人员三方交接，针对在结算中可能发生争议的事项进行讨论，做出预判分析。许多施工企业在工程结算中遇到争议时，商务人员还不清楚项目施工是如何做的，与对方谈判时找不到可以参考的内容，导致建设方对争议项有所怀疑，参与争议谈判人员必须做好充分准备，才能有胜算。

6.1.1 结算文件的收集与审核

工程结算时，结算文件组成必须清晰。不同项目的文件格式有所差异，但是组成内容是一样的。结算文件的直接证据有招标文件、招标控制价、投标文件、报价清单、中标合同、中标清单、施工图纸、清标文件、工程签证、工程变更、补充合同、二次招标文件、价款调整文件、竣工图纸、申报结算书、争议文件、确认文件、谈判结果、补充结算证明、口述资料、竣工结算书。

建设方下发的结算文件的辅助证据有招标答疑、价格更正建议、中标通知书、图纸会审、设计要求、洽商记录、建设方指令、政策性调整文件、二次设计、期中支付记录及核对资料等。

施工企业上报的结算文件的辅助证据有施工组织设计、承诺性文件、专项方案、施工照片、会议纪要、图文描述、多方签字、外部证据、设计优化、来往函件（包括开竣工报告）、界面文件、处罚奖励、验收报告、认质认价认量等，如图 6-1 所示。

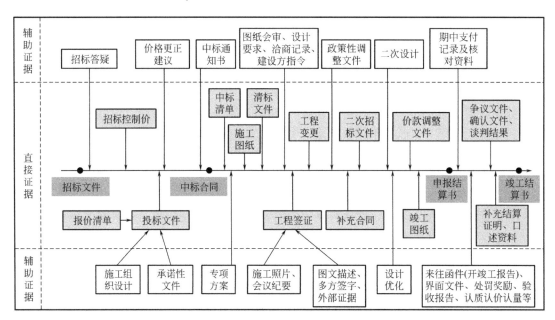

图 6-1 工程结算包含的证据文件

从图 6-1 中时间轴来看，招标阶段、施工阶段、竣工阶段必须要有证据支撑才能进入结算。招标文件、中标合同、申报结算书、竣工结算书是必不可少的工程结算证据。总价合同的结算内容较少，单价合同内容较多，模拟招标固定单价相比单价合同增加了清标文件。

结算文件的辅助证据是争议发生的起点，在施工过程中未确定辅助证据，在结算时只能将辅助证据作为结算资料进行申报，这样容易发生争议。建设方一般要求将辅助证据在施工过程中形成工程变更、工程签证进入结算，结算时只认变更签证文件就会减少争议。

（1）结算文件的直接证据收集

结算文件的直接证据就是甲乙双方确定的文件，收集过程并不复杂，将建设方下发的直接证据保存完整即可，施工企业上报的直接证据需要有建设方完整的确认流程。

建设方下发的直接证据需要在施工过程中寻找，往往项目管理人员只是按要求施工，缺乏收集证据的意识，容易丢失主要证据或者缺少证据内容，商务人员等到结算时才发现没有足够的证据资料支撑费用结算。

施工企业上报直接证据要让流程闭环，建设方审计人员并非建设方项目管理人员，所以会对项目的每一份文件都持有怀疑态度，让建设方签字确认是项目管理人员施工过程中必须要做的工作。通常建设方不认可已经完成的事项，导致结算时审计人员否定文件的真实性，缺少结算依据就会发生争议，再让项目管理人员确认施工时的情况时，事实发生情况与证据不符，审计人员会产生怀疑。

案例：　某项目结算时签证缺少建设方代表签字引发争议

某项目进入工程结算时，审计人员发现申报结算中有一份签证单是拆除砌体墙，缺少建设方项目代表人签字。根据签证内容理解是因为设计变更单下达时间比较晚，按照图纸施工已经完成砌体墙150m³，根据变更部位又将该墙体拆除。

因为申报结算的签证单未写明价格，只是注明工程量，并且缺少建设方项目代表人签字，审计人员感觉拆除工程量可疑，要求施工企业提交证据证明拆除工程量的部位尺寸。

施工企业商务人员只能找到现场技术总工在施工图纸上标注的拆除部位，并没有建设方签字确认的证据。审计人员以无证据为由，否定这项结算费用。

商务人员想从施工现场找到证据，要求现场技术总工找出当时施工的拆除内容，可惜只留存几张照片，不足以证明拆除工程量。找建设方现场管理人员说明情况，但是拆除已经过去一年之久，没有人能够记住具体拆除部位，建设方管理人员只承认有拆除这件事存在。

现场技术总工要求建设方项目代表人写明该事实存在，该代表人写了一段文字证明发生过此事，但没有写清楚工程量，审计人员否定该签证单，认为后补资料的真实性可疑，没有参考价值。

直接证据的完整性要从收集结算资料时就开始监督。项目部管理人员可以收集证据文件，但是对文件的完整性没有相应的商务知识，不会形成有效的结算证据。许多施工企业存在项目部管理人员只是以完成任务的心态，下达任务后找到的证据不足，由于资料的完整性存疑，商务部门与项目部发生争吵。例如商务部门要求项目部提供挖淤泥的照片，项目部安排刚毕业的实习生去做，拍的照片中只显示有淤泥存在，但是无法证明挖淤泥尺寸深度。于是，商务部门说项目部不负责，争吵之后项目部放弃证据收集管理工作，商务部门只能自行安排人员到施工现场拍照收集证据，两个部门即使发生争吵也无法解决问题。

（2）结算文件辅助证据的收集

结算文件辅助证据的收集，需要根据企业项目部的配合程度。事情发生在项目部，现场商务人员是第一收集人，只有跟踪现场的管理人员才能发现可签证的部位，收集证据需要具有较强综合能力的人。许多项目部没有配备商务人员，或者只安排一名年轻的预算员，能力强的商务人员根本不到施工现场驻场管理，导致施工企业缺少项目商务经理人员，收集证据的工作也只能安排给项目管理人员。

结算时如果没有主要证据，辅助证据也可以作为谈判的依据。每个项目的施工时间不同，发生的事情也不尽相同，但是辅助证据可以按照列出的结算需要文件寻找。一般来说项目部根据需要下达任务后，项目管理人员配合程度较差，缺少积极主动性，办好了没有奖励、不办也不会受到处罚，商务人员索性就不提出结算需要的辅助证据收集问题。

案例： 某项目地下室顶板防水混凝土问题

某项目施工过程中，现场商务人员发现施工图纸中地下室顶板混凝土强度等级未注明抗渗，只是混凝土墙体和底板注明强度等级 C35 抗渗等级 P6，根据常识判断顶板需要增加抗渗等级为 P6 的抗渗混凝土，需要设计方给出变更通知单。

抗渗混凝土单价需要增加 15 元/m^3，地下室面积约 20000m^2，混凝土顶板和梁厚度按照折算 0.35m 考虑，可以增加 10 万元变更费用。

商务人员提出可以找设计方变更此部位，于是与技术总工对接讨论，但是技术总工认为应该由项目经理找设计人员确认。项目经理认为地下室墙板抗渗，实际是墙板、顶板、框架梁整体浇筑施工，项目经理认为这项任务应该由商务人员找设计人员签字确认。

商务人员给设计人员打电话说明情况，设计人员回答顶板部位都需要按抗渗设计要求施工。监理工程师知道后，通知技术总工按抗渗混凝土做法施工。

顶板部位完成以后，设计人员并没有下达变更通知单，监理工程师和建设方也未出具任何文件资料。因建设方成本总监要求设计方是限价设计，出现变更增项超过约定比例后要扣除设计费用，设计人员知道这是一个设计漏项，但是不愿意承担责任。监理工程师和建设方推脱责任，建设方认为补充其他文件证明此事不符合建设方管理流程，不同意以其他资料方式签字确认。

工程结算时商务人员没有证据，审计人员不认可此事实。施工企业要求监理工程师和建设方现场人员与审计人员当面交代清楚，但是谈判时监理工程师以时间太长记不清楚为由不予承认。由于没有任何证明资料，最终在办理结算时审计不予增加费用。

成本部门追查责任到项目部，项目经理说设计图纸没有抗渗可以不做，但是由于商务人员给设计方打电话确认，监理工程师和建设方知道后要求按抗渗混凝土施工，项目部不得不做抗渗处理。

从上述案例分析可知，商务人员提出问题，最终还是由商务人员"背锅"。增加抗渗混凝土施工像是各参与方"踢皮球",成本部门不知道现场发生了什么,现场项目经理、技术总工、商务人员均各自为政,由此看出企业管理存在问题。如果是由企业配合完成,出现该事件后在现场开会时提出来,让监理工程师和建设方在会议纪要上签字,最终结算时也会留有辅助证据,在结算时尚有谈判的机会。

(3)结算文件的整理

结算时要有一套完整的施工图纸,并且是由设计院盖章的纸质版蓝图,要有建设方下发日期及交接记录,招标图纸和竣工图纸也要有纸质版图纸。相应的电子图纸要完整,电子图纸内容必须完全对应纸质版图纸。

招标文件、中标合同、中标清单、招标控制价、清标文件都必须要有纸质文件,有建设方签字盖章,电子文件对应纸质版文件。报价清单、投标文件需要企业留存投标时的原稿。

工程变更在收集过程中应有接收日期、建设方下达指令日期,在收集资料时要编号整理。工程签证单要从施工进场时编号,签证单要附有辅助证据。变更签证文件要进行专业分类整理,形成档案,需要阅读时能及时取出来。

工程结算书装订一般按照建设方指定格式,相关联辅助证据要充分,纸质版资料和电子版资料都要齐全,每项内容都要审核,不得出现补充结算文件或撤回重新提交的文件。

辅助证据形式有很多种,格式不统一,整理起来比较麻烦。在索赔过程中往往因缺少辅助证据,导致索赔难度增加。从关联证据入手整理,一个主要证据要关联到辅助证据,通过辅助证据可以认定建设方已经认可此项内容,形成推定性证据,可以解决结算过程中的争议问题。

6.1.2　审核报送工程量

工程结算送审工程量可以虚报2%以内,给审计人员留有审减的余地。许多房地产项目建设方交给咨询公司审计,咨询服务费按照审减额计取,而咨询公司审计的主要任务是核对工程量,双方争议聚焦主要是工程量的正确率。

站在成本管理的角度,送审工程量的正确率是商务人员的重要责任。成本部门把控整体工程量,主要影响结算走势的工程量通过对比方法审核。例如房建项目成本主要审核钢筋、混凝土、抹灰、砌体等造价占比较大的项,采用"抓大放小"的原则审核。

案例:　**某房建项目成本审核钢筋项的操作**

某房建项目进入报送结算阶段,商务人员将已经完成计算的工程量任务交给成本部门审核。项目地下车库建筑面积12000m²,共18栋楼,11层小高层住宅,每栋建筑面积约8000m²,钢筋混凝土短肢剪力墙结构。

商务人员报送钢筋总量为8430t,采购钢筋总量9050t,可计算损耗率为7.35%,与其他项目相差近4%的损耗,成本人员怀疑商务人员计算的钢筋工程量有问题。

通过钢筋分项分析发现,地下车库钢筋工程量为1260t,含量是105kg/m²,统计地下车库实际采购为1350t,相差7.14%,按常规考虑,地下车库的钢筋损耗率应该在2%左右,要远小于楼层消耗,因为地下钢筋柱梁加密区现场绑扎工程量相对减少。

小高层建筑面积144000m²,报送钢筋总量为7170t,含量是50kg/m²,通过钢筋含量分析发现符合常规含量。住宅共 18 栋，计算每栋钢筋工程量约 398t，审核发现其中 A5 和 A6 栋钢筋工程量为 230t，证明这两栋楼报送的钢筋工程量是错误的。

　　将问题反馈给商务人员，商务人员发现地下车库的侧墙挡土墙未设置加强筋，计算后增加钢筋工程量约 50t，A5 和 A6 栋钢筋是由于画图模型输入错误导致，纠正后增加钢筋工程量约 330t，原报送钢筋总量在 8430t 的基础上再增加 380t，损耗率为 2.72%，成本人员从常规损耗入手解决报送钢筋的误差工程量。

通过上述钢筋工程量审核方法可见，成本要有足够的数据支撑，还必须要有丰富的经验找到错误。审查工程量采用对比方法，并非按照商务人员的思路从计算底稿中寻找错误，可以通过材料入库与出库或者专业分包数据，充分求证报送结算的数据准确性。

国家投资项目使用清单计价按月工程量审核结算，每月都要核对工程量，在结算时双方不再核对工程量，这样成本管理只能采用从批次供货单对比的方法。在施工过程中审查工程量，成本管理人员可以要求商务人员计算总量，然后按施工部位摊销的方式控制，将每月施工部位相加后与计算总量对比，就可以得到审查结果。

案例：　某房建项目按月结算时混凝土工程量的审核方法

　　某房建项目建设方按月支付工程款，商务人员每月上报进度作为结算依据，从成本控制角度考虑只能把控总体工程量。本项目地下车库建筑面积 20000m²，地上共 15 栋 24 层的住宅楼，钢筋混凝土短肢剪力墙结构。

　　成本管理人员审查商务人员每月报送的工程量，采用总体工程量控制的方法。将地下车库混凝土工程量以 1～17 轴后浇带处为分界线，17～38 轴为第二施工段，地上共 15 栋高层住宅楼，按照主体结构划分工程量，将每栋的 12 层、顶层作为两个控制点。

　　要求商务人员将地下车库混凝土的总体工程量按照图纸计算完成，报送的地下车库混凝土工程量施工至 1～17 轴时进行对比分析，17～38 轴完成后，核对地下车库混凝土总体工程量。地下车库施工 4 个月，分为两个施工段，与供货单进行对比即可判断出商务人员报送的混凝土工程量是否存在差错。

　　地上高层住宅楼标准层与非标准层混凝土工程量相差不大，每间隔 12 层可以设置控制点，每 3 个月审核分析一次，商务人员也可以用标准层的混凝土工程量预估每月报量的数据。

　　由于本地块为第一期工程，混凝土损耗率为 5%，由此可以估算出第二期工程混凝土损耗率在 5% 左右，除去损耗率后与报送量相比，估算工程量偏差在 2% 以内就是正常结算数据。

成本管理人员是从成本角度审核工程量，用数据闭环的方法使得结算工程量不出差错，与商务人员计算的方法不同。有些施工企业实行复核制度，商务人员计算完成后还要外聘咨询公司人员再计算一次，两次计算数据相差不多就报送结算，此方法可以提高工程量的准确性，但是往往由于咨询公司人员技术水平较差，不了解施工现场工程变更情况，咨询人员给出的计算结果与商务人员计算结果差距较大，未能解决实际问题。

6.1.3　结算重点内容监督

结算重点内容监督是指对结算报送资料容易产生争议并且金额较大的事项进行监督，从报送到审计完成一系列的跟踪管理。从文件证据的组成到审计暴露出的争议问题，要对各事项进行梳理分析，对结算时容易发生争议的分项进行全过程把控。

结算重点内容监督包括变更签证、合同价款调整、人材机涨价、索赔事项。例如每个事项费用超过 100 万元，并且在施工过程中双方未明确结算额，就要进入成本管理监督范围内。监督是通过商务人员反馈得到信息，然后依据实际发生的情况做出决策，许多施工企业的商务人员不配合成本管理，等到成本管理人员得到信息后已经无法挽救。

案例：　某项目工程结算中材料涨价争议

某项目进入工程结算阶段，在施工过程中因钢筋涨价事项发生争议。施工企业认为钢筋材料涨价是因为通往现场的道路受市政施工影响，材料运输受限无法进场导致工期延迟 6 个月。钢筋 3 月份采购价为 4100 元/t，到 9 月份正是建筑市场上钢筋用量的高峰期，钢筋采购价为 4600 元/t，本项目使用钢筋工程量为 8300t，价格差距 500 元/t，应该补偿 415 万元。

在结算书中写明因建设方原因导致钢筋材料价格上涨，应该增加 415 万元。将钢筋采购单及钢筋采购合同附在结算书中作为证据，并将 3 月份工程造价信息钢筋价格表附在此项诉求中，采购价格减去工程造价信息显示的价格，即计算出应补偿的钢筋单价。

成本管理人员审核后发现，在结算时需要重点监督此项争议，诉求理由充足才有获胜的把握，决定重新梳理结算证据。找到中标时间与投标当期钢筋的市场价格对比，同时间点其他项目的钢筋采购价为 4050 元/t，接近工程造价信息显示的 4100 元/t，从两个价格交易时间点分析，市场价格和工程造价信息差价均在 500 元左右，用差价计算的方法可以说服审计人员。

中标以后建设方延迟开工 6 个月证据不足，现有证据不能证明是由于建设方原因直接导致的。道路交通不能满足施工条件只是会议纪要中向建设方汇报的情况，实际施工中如何解决未能阐述，只是施工工期的竣工节点比合同约定延长 6 个月。

在结算时，审计人员认为是由于施工企业施工进度较慢导致费用增加，并不是道路交通不能满足施工条件，直接否定现场事实情况。商务人员对建设方的质疑无任何解释，只能说明事实存在但暂时没有证据能证明此事实。

商务人员及时反馈到成本部门，成本管理人员参与分析，重新寻找辅助证据。首先要找到开工时间，找到挖基础土方的工期证据，只要能够证明在施工过程中基础土方正常施工，能够确定在土方开挖之前工期就处于延误状态，这个推定性理由可以说服审计人员。再找到施工日志、市政施工时拍摄的照片、甲分包打桩队伍的进场时间，证据收集完成后提交给审计人员。

审计人员认为施工企业没有及时调整施工方案将损失降到最低，而成本管理人员谈判时拿出会议纪要，甲乙双方开会时间是施工进场后 15d，场外道路应该由建设方提供，并且在会议中向建设方汇报此情况，但是建设方现场人员没有及时调整施工方

167

案，应该由建设方承担责任。

此时审计人员已经承认是建设方原因延误工期，但是对钢筋差价计取方式有异议，认为根据清单计价相关标准，施工企业应该承担5%以内的材料涨价。成本管理人员再次谈判时，要求补偿延误工期6个月的管理人员工资，同时雨期开工和春季开工降雨量不同，建设方还应该支付挖基础时地表排水的费用。

最终审计人员没有合适的反驳理由，只能承认施工企业诉求，增加费用415万元，然后补充其他事项的结算资料，成本管理人员全过程监督并且出面谈判获胜。

成本管理人员对结算重点内容进行监督必须要有丰富的谈判经验，并且了解施工现场工序流程，认真分析结算内容后，才会有最终获胜的机会。许多施工企业给成本管理人员的工资待遇比较低，成本岗位人员流动性较大，企业管理以项目生产为重心，招聘的成本管理人员技术水平较差，导致在关键时刻企业损失巨大。

成本管理人员管理效果不会立竿见影，往往花费很大的精力做预控，上级领导却看不到成本管理人员的成果，忽略成本管理人员的技术水平。许多施工企业的上级领导在结算时才想起成本管理人员能够与建设方谈判，根据结算争议结果评价成本管理的水平，在上级领导眼里能够解决结算争议才是能力强的成本管理人员。

总之，成本管理人员要在报送结算书之前完成对争议的预估，针对结算任务提前做好准备，商务人员在整理结算时就介入监督，清楚结算争议问题，在结算时全过程监督才能有获胜的机会。

6.1.4 结算争议处理

有许多结算争议是在施工过程中发生的事项拖到结算时处理，双方才出现的争议问题。处理结算争议要从事发起点尽早处理，越是拖延争议就越大。但是许多争议事项甲乙双方都不让步，建设方不认可增补费用，导致争议事项拖到结算时双方才谈判解决。

结算时双方谈判的方式对施工企业没有任何好处，因为所有证据已经丢失，事发当时没有确定，事后再让建设方认可是非常困难的，结算时审计人员不清楚事项的发生过程，还必须当事人在场解释清楚。有一些施工企业想趁着结算时避开当事人，虚报费用跟审计人员谈判，面对结算存有侥幸心态，但是近年来建设方审核严格，咨询公司审计完还要建设方城市公司审计，最终集团审计完成后才会确认结算，经过层层审计以后，这种侥幸心态是不会有胜算的。

许多结算争议在竣工完成后拖延3年，经过多次谈判才能完成。有些建设方故意以未办理结算为由拖延工程款支付，施工企业只能等谈判结束后才会拿到工程款，建设方会等施工企业主动放弃争议后才支付工程款，最后施工企业不仅没有获胜还影响建设方付款。

结算争议要从事发起点就开始做好成本管理，针对工程变更、现场签证，在施工该部位前就要和建设现场人员谈判，同时对接建设方审计人员，按照建设方结算格式和要求事发部位完成就要确定价格，到报送结算文件时双方已经确定价格，结算会顺利通过，如图6-2所示。

对结算争议分析后发现，把争议事项倒推分析，在事发起点控制可以减少争议。结算争议发生以后，再补充结算证据也是可行的，但是寻找证据的时间有限，补充的证据大多数是辅助证据，通常审计人员不接受补充证据，主动权还是掌握在审计人员手中，采用补

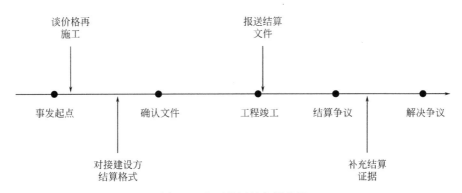

图 6-2　变更签证的争议分析

充证据的方式在谈判过程中没有胜算的把握。

通过证据效力可以将结算争议分成四步，即每个争议都由约定文件、规定文件、法定文件、仲裁或上诉四步解决（图 6-3）。在结算争议初级阶段双方以和为重，采用退让的方式解决事情是上策；发生争议以后以解决问题为目标，找到足够的证据说服建设方，找到相关规定文件解决问题；把争议问题推到双方互不相让的阶段，只能谈判解决，依据相关法律法规文件，主张的争议得到解决；如果前三个阶段未能解决争议，只能通过仲裁或上诉解决。

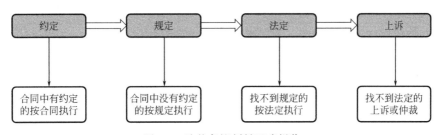

图 6-3　造价争议纠纷四步操作

（1）有约定的按约定

有约定文件的按约定，合同效力排在第一，甲乙双方的结算争议要在合同约定中找到解决办法。也就是在直接证据中找理由，在事前双方已经认可的内容，相对来说双方还是遵循约定处理。直接证据双方都签字认可，只要找到直接证据，问题就可以解决。

案例：　**某项目挖基础土方结算争议**

某项目因为工程变更，增加室外污水处理池，深 4m 的地下污水池需要挖土方。采用大开挖方式施工，在工程结算时审计人员按照清单计算规则，没有计算放坡工程量。

商务人员认为污水池单体很小，实际成本远超出按清单计价的结算额，以单体工程没有利润为由报送结算。审计人员认为大开挖方式没有施工方案，报送的结算增项内容没有依据。商务人员要求按照定额方法结算，而审计人员要求按照清单结算，双方在工程量计算中产生争议。

首先找到施工合同，查看合同中工程变更结算的方法。查找后发现工程变更约定采用清单计价的方式，约定"合同中没有的清单项按照清单中的工料机价格重组成新的清单"，由此可以看出，合同约定是按清单计价结算的，地下污水池是工程变更项目，应该执行清单计算规则。双方都承认合同约定是证据，很快就解决此项争议了。

（2）找不到约定的按规定

没有约定的按照规定，规定可理解为行业规定、地区规定、企业规定或者辅助证据。结算时没有双方签字确认的文件，在发生争议后建设方是不接受的，只能找出与事实相关联的文件解决争议。

按照规定谈判时，每个工程结算的解决办法各不相同，特别是第三方咨询公司的介入，双方都没有认可的事实如何让第三方处理？往往是施工企业吃亏。咨询公司是以减少争议为目标，减少争论时间和投入精力能降低咨询投入成本，可以赚到更多的咨询费用。

按约定解决问题，结算争议事项是有利润可赚的，如果按规定解决问题，主动权掌握在建设方手中。首先要以辅助证据为突破口，以现场建设方要求、建设方认可、建设方指导等为理由，是建设方指使完成此项工作，事实已经发生，结算时审计人员也会考虑适当补偿。有折扣余地时，结算争议事项得到的利润可能是零，所以，施工企业要在施工过程中尽量解决争议，在施工现场双方签字确认是上策。

造价人员在执行规定谈判中，一般采用地区定额和辅助证据解决，认为地区定额是双方熟悉的解决工具，咨询人员认为辅助证据可以把责任推给建设方，解决完成后可以推脱责任。许多施工企业投标报价清单采用定额组价方式，结算时咨询人员认为定额组价方式就是结算依据，结算争议出现后，采用定额办法解决是比较合适的。

采用清单计价报价时，合同中约定工程变更、现场签证采用清单模式结算，并没有关联到地区定额，在没有约定的情况下，采用地区定额是甲乙双方认为比较公平的方式。许多争议也是由于清单和定额分不清楚时产生的，应该按清单结算的事项审计人员从定额角度考虑，审减原本不应再发生的争议。

案例： 某项目施工组织设计与实际施工不符引发结算争议

某项目在施工过程中使用 10 台大型塔式起重机施工，投标报价时综合单价按项计算，套用定额子目内数量为 12 台，审计人员认为现场实际发生 10 台塔式起重机，在结算时就应该按 10 台结算，而施工企业认为塔式起重机数量满足施工即可，不应审减工程量，此时产生结算争议。

施工企业理由是消耗量由承包人自行调整，结算价格与实际发生没有关系，虽然减少 2 台塔式起重机，但是增加了其他塔式起重机的运转时长，塔式起重机臂长不足的施工部位，采用人工运输方式完成，施工企业有权力自行调整施工方案。

审计人员理由是结算按照实际工程量，清单中减少的工程量必须扣除，双方核对的工程量为结算工程量。按照施工图纸计算的工程量超出中标工程量也需要按实际进行结算，此内容也是双方核对的结果，施工组织设计中未明确应该按现场实际发生计算，认为施工企业安装 10 台塔式起重机按 10 台费用结算，施工企业没有吃亏。

经过分析，合同约定清单计价是按清单分部分项计算，与地区定额没有太多关联，审计人员只是参考投标时按定额组价，从定额角度审核工程量。

从审计办法角度考虑，施工企业以模板周转次数减少，再次申请增补费用。施工企业认为塔式起重机数量减少是消耗量减少，套用定额方式扣除 2 台塔式起重机，多层住宅的模板次数不够定额的四次周转，按审计人员的理解方式，应该增加一次周转费用。

双方结算矛盾越来越多，通过双方商务高层管理人员开会研究决定，按照清单计价结算，定额只是辅助证据，没有结算依据时可采用地区定额作为参考。最终审计人员按照中标清单结算，对于扣除 2 台塔式起重机的事情与增补模板周转次数的事情，双方均未再提出争议。

（3）找不到规定的按法定

发生索赔往往是在双方争议升级后形成的，多次谈判没有结果，只能利用索赔的方式解决。从施工企业角度理解，报送索赔事项时审计人员会采用砍掉一半的方式处理问题，虚报费用最终能减少损失。但是虚报事项超出实际成本 20% 以上，会让审计人员感觉索赔不真实，施工企业在胡搅蛮缠。

解决索赔会让双方心里添堵，要想虚报索赔就要从事实角度考虑，从增加事项和工程量计算两方面入手。索赔是有谈判机会的，增加事项从辅助证据考虑，把直接影响和间接影响分开列项，双方谈判时各自退让时会把间接影响砍掉，正好符合施工企业虚报费用的目的。工程量计算是要把没有具体尺寸的部位高估冒算，留给对方谈判砍价的余地，审计人员一般不了解现场实际情况，对高估冒算没有依据的工程量，只能采取砍掉一半的处理方法，正好符合施工企业虚报费用的目的。

索赔谈判原则分为不得抵消事项、不得取消主要证据、不得拖延扣押、办不到由领导决定、不能知情装糊涂、不能否定事实发生。许多索赔谈判时审计人员会说应该扣的项不扣除了，想将主要事项与审计人员说的扣除项抵消，这样谈判一轮后发现，建设方找理由就把主要事项扣除了，施工企业反而吃了大亏。一般初次谈判时审计人员不让步，谈到重要事项时审计人员会绕开话题，拖延扣押有理由可争取的事项。所以，施工企业发现审计人员故意绕开话题拖延扣押方式解决时，只能表明态度不让步。

增加事项是尽量多列分项内容，由总到分在明细表中都列出来，分项内容可以减少争议，一件事列出多个分项可以争取谈判内容。例如把一个分项细化成十项，审计人员会把其中几项留下来，如果只列一项，审计人员直接砍掉这一项就没有争取的余地了。

不占理的事不要增加在索赔中，索赔谈判不成会引起上诉，所以要把双方争议的焦点事项避开，淡化争议事项，文字描述中避开争议词句，避重就轻，责任不指向建设方，以解决问题为目标。

案例： ▶ **某住宅项目停工索赔案例**

某住宅项目施工时，建设方要求主体结构未封顶的几栋楼暂停施工，因为商品房销售出现问题，要暂停施工等待建设方通知。现场建设方领导开会说明此事，项目部班组分包面临退场倒计时。

建设方下达停工通知为 8 月 15 日，通知单写明要求到 9 月 15 日把剩余工作收尾，之后不再支付工程款，项目进入停工状态，复工时间等待建设方通知，预计停工 8 个月。

成本管理人员考虑到停工以后再复工，就需要增加项目重新启动的各项费用，班组分包工人要结算清场，同时需要留下施工现场看管人员，复工后工程材料和人工工资价格会发生变化。还要考虑复工后现场现有的措施更换费用，复工后要对已购工程材料重新检测，以及钢筋接槎部位的保护及复工后修复事项。

成本管理人员从费用角度还需要考虑何时申报索赔、索赔的组成内容以及收集各项证据文件。公司成本部门研究决定在建设方要求复工时提出索赔，因为建设方着急开工，而施工企业需要组织人员，提出增加费用后可以让建设方认可发生的事实。如果工程结算时提出索赔，当时发生的事实建设方不认可，会影响索赔结果。

第二年 7 月份建设方要求复工，停工已达 11 个月。施工企业申报索赔费用 1286 万元，分项组成如表 6-1 所示。

停工已经发生费用明细   表 6-1

序号	分项名称	单位	数量	单价(元)	合价(元)	备注
1	分包工人遣返路费	项	1	200000	200000	100 人，每人 200 元
2	施工现场停工清理整顿	项	1	30000	30000	
3	停工期间现场看管人员	工日	420	300	126000	2 人 7 个月
4	塔式起重机租赁费增加	月·台	28	23000	644000	4 台 7 个月
5	模板闲置减少周转次数	m²	20000	10	200000	
6	外架钢管租赁费	m²	42000	15	630000	
7	模板架体钢管租赁费	m²	6000	25	150000	
8	现场钢筋留筋保护	根	20000	10	200000	
9	搭钢筋棚覆盖钢筋	项	1	30000	30000	
10	施工围挡加固及大门	项	1	20000	20000	
11	地下室入口设挡水墙	m³	30	600	18000	用混凝土挡水
12	中小型机械设备外运	项	1	20000	20000	
13	现场管理人员工资	人·月	70	11000	770000	10 人 7 个月
14						
15						
	合计				3038000	

复工后发生的费用采用预估的方法，先向建设方报送索赔文件，本次谈判预计需要 30d，到明确赔偿分项时，发生的费用已经落实，可直接按实际发生计算，如表 6-2 所示。

停工即将发生费用明细　　　　　　　　　　　表6-2

序号	分项名称	单位	数量	单价(元)	合价(元)	备注
1	分包工人复工路费	项	1	200000	200000	100人,每人200元
2	施工现场清理整顿防疫	项	1	20000	20000	
3	塔式起重机调试运转	台	4	3000	12000	包括维修保养一次
4	中小型机械设备回运	项	1	20000	20000	
5	外架体防护网更换	m²	42000	5	210000	安全绿网拆除换新
6	钢筋架体及防护检修	项	1	30000	30000	
7	现场钢筋楼打磨除锈	根	20000	2	40000	外露甩槎筋除锈
8	水泥失效报废损失	袋	600	28	16800	
9	成型钢筋加工除锈	t	25	2000	50000	
10	地下室积水坑抽水	项	1	30000	30000	
11	钢筋涨价	t	3500	430	1505000	
12	人工费涨价	m²	95000	80	7600000	建筑面积
13	钢筋增加检测费用	项	1	6000	6000	旧钢筋重新检测
14	楼层顶板漏水处理漏痕	项	1	95000	95000	监理要求水泥浆涂
15						
	合计				9834800	

　　审计人员拿到索赔文件后给出的建议是：按照合同约定延长工期，费用可以适当补偿，但是多项费用已包括在施工合同中，不应再计算费用。建设方认为施工组织措施与停工无关联，工程质量问题引起的修复由施工企业自行承担。

　　建设方回复建议如下：

　　（1）停工时间应按8个月计算，申请索赔工期已经包括冬期停工和春节放假时间。

　　（2）分包班组的工人往返路费应该属于正常情况，如果项目没有停工，春节放假时工人也应该往返一次。

　　（3）现场停工清理整顿和现场清理垃圾防疫物资是在文明施工中计取的。清理整顿是由于现场未达到文明施工标准而导致，施工垃圾清理不应计取补偿。

　　（4）模板闲置和模板支撑材料是由施工企业自身原因导致，停工期间可以用到其他项目中，分包班组工人不愿意整理运输，费用应由施工企业承担。

　　（5）现场钢筋预留筋保护和除锈有矛盾，保护就是防止钢筋生锈，不应该计算两次费用。

　　（6）搭设钢筋棚、围挡加固、地下室入口挡水墙，这些已在文明施工中包含，费用已经包含在合同中。

　　（7）停工期间现场并未留驻管理人员，报送人工工资不存在，许多工人都是新面孔。

（8）塔式起重机调试费不应计算，在正常情况下春节放假以后再开工也需要调试，费用应由施工企业承担。

（9）水泥失效报废没有现场签证单。

（10）成型钢筋除锈是由于施工现场没有保护好钢筋，现场应该设有材料仓库，费用应由施工企业承担。

（11）地下室积水坑抽水是施工企业未做好防护造成的，应该由施工企业承担。

（12）关于材料和人工费涨价事项，要落实清楚价格，目前混凝土价格低于去年的价格，并且材料价格在今年 3 月份已经是 400 元/t，按照施工合同工期，即使没有停工施工企业采购的钢筋也比目前报送的价格高，建议扣除混凝土材料的价格差距。

（13）楼层顶板漏水属于施工质量问题，应该由施工企业承担。

（14）其他未审核事项，等待进一步落实。

成本管理人员收到建设方回复后大吃一惊，按照目前的回复建议，谈判后补偿费用约 100 万元，与报送的 1286 万元相差太大。成本管理人员考虑，应该对审计人员承认的事项加强收集证据，需要塔式起重机租赁公司出具租赁费用证明，让脚手架租赁站出具租赁明细及租赁价格证明。

经过两次谈判以后，审计人员只承认塔式起重机租赁、外架体租赁、现场门卫看管人员工资、水泥失效报废、架体安全绿网更换，租赁按 8 个月补偿，最终按 120 万元确定此项补偿。

从上述案例可知，虚报事项太多容易引起审计人员的反感，成本管理没有落实到位，报送索赔时没有考虑清楚利弊，钢筋材料涨价是可以争取到费用的，因为报送索赔文件中没有详细描写钢筋材料的差价，在审计人员第一次回复后就不再谈论，第二次谈判时就已经失去优势。报送索赔文件中的其他事项实际上存在补偿的可能，但是预估数量太虚假并且没有证据支撑，所以审计人员在第一次回复中直接否定。

（4）找不到法定的要进行仲裁或上诉

结算争议最终可以通过仲裁或上诉解决，往往因争议的费用较大，双方争议部分要做工程造价司法鉴定。许多管理人员认为到这个阶段应该是专业律师的事情，但是如果索赔费用小于成本就是亏本，因为施工企业的每个诉讼都是实际发生的费用。

成本管理人员首先要与专业律师进行沟通，文件中理由描述充分；其次要目标清晰，诉求内容合理，证据链闭合，证据关联性强，不提疑似证据，牵扯到其他争议的也不要提出来。成本管理人员与专业律师的交接非常重要，在诉讼阶段要做好充分的准备。

诉讼目标清晰是成本管理人员应该注意的事情。许多施工企业只知道上诉，但是赔偿多少金额心里没底，或者向专业律师虚假乱报赔偿费用，最终导致专业律师分散精力投入在虚报费用中而无法获胜。成本管理人员需要懂法律相关知识，能够抓住主要证据，向律师讲述关键信息。许多诉讼由于各部门人员描述内容不同，导致专业律师也怀疑事实的发生是否属实，无法掌握关键内容，最终达不到预期目标。

6.2 工程数据收集整理

工程数据收集是指竣工结算时将各类数据收集整理，为新建项目做数据支撑，可以分析目标成本与实际成本的差距。数据收集需要考虑怎么收集才有效，考虑数据的正确性和企业数据标准，快速、准确地得到已建项目的数据是目标。

要等到数据沉淀后再考虑收集。工程竣工到工程结算完成，有些项目需要 2 年，从开工到工程结算办理完成时间太长，最后收集时发现施工前期的数据已经丢失，所以要考虑数据沉淀时间。例如主体结构劳务分包，数据到班组分包结算时就已经稳定，班组分包结算完成到班组分包尾款支付这个时间可以收集数据，如果等到对外工程结算就要等很长的时间，时间越长数据就越难收集，要及时做好数据收集整理。

新建项目和事后评价需要的数据主要有文明施工、含量指标、企业消耗量、摊销和周转材料，这些数据可以考核企业管理水平以及对新建项目的服务支撑。数据收集要满足企业的基本需求，更多需求要考虑企业的总体管理水平，有收集的必要才有利于成本管理，没有目的的数据收集是无效成本。

6.2.1　文明施工数据收集

安全文明施工分为环境保护费、文明施工费、安全施工费、临时设施费。许多施工企业将环境保护费、文明施工费、安全施工费这三项费用分包给劳务公司，临时设施在项目开工时建设完成，后期的维护及其他消耗分包给劳务班组。

住宅项目的文明施工，在基础土方施工阶段，场外的环境保护可以分包给土方分包人，场内的环境保护由主体结构劳务分包人完成；文明施工在施工过程中由主体结构劳务分包人完成，文明标识牌从施工企业现场经费中支出；安全施工由主体结构的劳务分包人完成，临时设施的维护及消耗都由主体结构劳务分包人完成。

班组分包模式的项目，投入的文明施工费用由施工企业管理，在工程竣工时将这些数据统计出来，分项做成列表。很多施工企业的会计科目会把文明施工费统计到材料费用中，竣工后再分类比较麻烦，也有施工企业由项目部统计，在现场经费中列出明细，成本管理人员抓取数据时，对接部门要按企业管理科目分别收集。

案例： **某住宅项目文明施工数据收集**

某小区住宅项目共 24 层楼，建筑面积 95000m²，采用包清工模式，施工企业提供临时设施，后期维护包含在分包合同中，环境保护、文明施工、安全施工都由分包人完成，在分包报价清单中单独列项报价，分包人报价为 18 元/m²。

工程竣工后需要收集分包人的文明施工报价数据和投入的临时设施费用。项目部统计的临时设施总费用为 122 万元，如表 6-3 所示。

××住宅项目临时设施费用　　　　　　表 6-3

序号	名称	规格型号	单位	数量	单价(元)	合价(元)
1	总包及分包库房临时板房		m²	255	280	71400
2	临时板房砖基础		m³	14	630	9072
3	临时板房基础、地面		m²	255	20	5100
4	临时板房水电安装费用		m²	255	10	2550

续表

序号	名称	规格型号	单位	数量	单价(元)	合价(元)
5	工人现场厕所板房		m²			
6	工人厕所贴地砖		m²			
7	工人厕所隔断、小便池等设施		项			
8	化粪池		项			
9	临时移动厕所(现场)		座			
10	保安及门卫用房(施工现场)		座	1	5000	5000
11	车挡		项	1	600	600
12	茶水亭	3.64m×5.46m	项	1	1200	1200
13	封闭垃圾站	12m×5m	m²			
14	木工加工车间	5.46m×5.46m	项	1	180	180
15	木工加工车间地面硬化	200mm厚C20混凝土	m²	30	85	2550
16	钢筋加工车间	6m×15m	项	1	2500	2500
17	钢筋加工场地及堆场地面硬化		m²			
18	钢筋堆场工字钢支架		项			
19	标准养护室	彩钢板房	m²			
20	材料堆场	200mm厚C20混凝土	m²	3000	85	255000
21	围墙		m	180	630	113400
22	大门及门楼		樘	1	2500	2500
23	现场施工临时道路(硬化)	150mm厚C20商品混凝土	m²	2400	68	163200
24	现场施工临时道路	200mm厚碎石	m²	10500	35	367500
25	施工现场临时水线路敷设及设施		项	1	8500	8500
26	施工现场临时电线路敷设及设施		项	1	13000	13000
27	生活区水费		m³	22000	6	132000
28	生活区电费		kW	65000	1	65000
	合计					1220252

从项目临时设施整体分析，费用指标为12.8元/m²，分包人报价18元/m²，文明施工总费用约30元/m²，占总费用的1.3%，与已建项目相比这个数值是正常的。通过明细表分析，工人临时活动房仅255m²，正常情况下应该搭设活动房1000m²左右，应增加费用2.5元/m²才是正常值。通过明细表还可以分析出，施工现场铺碎石10500m²是非正常数据。

通过收集的临时设施数据分析与施工现场实际情况对比，项目部工人是施工现场周边地区村民，只给外地工人提供活动房住宿，所以项目搭设活动房数据指标降低。施工现场堆土场地铺碎石，增加的5000m²为临时材料堆场，是由于项目部指挥失误导致，场地扬尘裸露在外，用碎石覆盖后作为施工场地使用。

通过上述案例可以验证该工程文明施工的各项指标数据，可以反映出该工程在施工过程中的管理水平。收集的数据不断沉淀，在新项目投标时作为参考依据，在测算文明施工投入成本时，可以直接将该项指标录入成本测算表。

6.2.2 含量指标数据收集

含量指标数据是以施工图纸为基础数据统计的各项工程指标，在工程结算完成、数据稳定以后再收集。甲乙双方核对完工程量，从商务部门获取结算工程量就可以进行分析，进一步提取含量指标数据。

常用的含量指标有模板指标、钢筋指标、混凝土指标、外墙指标、门窗指标、室内外抹灰指标、涂料指标、二次结构指标、楼地面指标；常用的构件指标有含钢量、含模量、人工费含量、机械费含量。这些数据是造价分析的基础数据，每个成本管理人员都应该随口说出来，收集的已建项目数据可以作为投标报价的参考依据。

案例： 某住宅项目报价分析案例

某住宅项目建设方采用非标清单模式招标，采用表格形式填报价格。商务人员拿到报价表后，发现建设方招标采用综合单价报价，混凝土构件报价中包含模板价格，如表 6-4 所示。

××工程项目投标报价表 表6-4

序号	项目名称	项目特征	计量单位	工程量	综合单价（元）	合价（元）
1	垫层	1. 混凝土强度等级：C10，混凝土浇筑、振捣、养护； 2. 采用聚合物水泥混凝土； 3. 含模板及支撑	m^3	338.51		
2	满堂基础底板	1. 混凝土强度等级：C30抗渗，混凝土浇筑、振捣、养护； 2. 部位：各种沟、坑、池、槽、廊的底板； 3. 含模板及支撑	m^3	147.36		
3	矩形柱	1. 混凝土强度等级：C30，混凝土浇筑、振捣、养护； 2. 含模板及支撑	m^3	273.3		
4	构造柱	1. 混凝土强度等级：C20，混凝土浇筑、振捣、养护； 2. 含模板及支撑	m^3	79.14		
5	基础梁	1. 混凝土强度等级：C30，混凝土浇筑、振捣、养护； 2. 含模板及支撑	m^3	380.95		

序号	项目名称	项目特征	计量单位	工程量	综合单价（元）	合价（元）
6	圈梁、压顶、反沿	混凝土强度等级：C25，混凝土浇筑、振捣、养护	m³	4.49		
7	过梁	1. 混凝土强度等级：C20，混凝土浇筑、振捣、养护； 2. 含模板及支撑	m³	1.12		
8	直形墙	1. 混凝土强度等级：C30 抗渗，混凝土浇筑、振捣、养护； 2. 含模板及支撑	m³	391.21		
9	有梁板	1. 混凝土强度等级：C30，混凝土浇筑、振捣、养护； 2. 含模板及支撑	m³	169.83		

商务人员报价时无法采用已有数据填报，因为不清楚每个构件的模板价格信息。从成本管理角度分析，首先要找到各构件含模量，再根据模板成本单价确定综合单价。

从数据库中查找到住宅项目框架结构直形墙的含模量是 $7.44 m^2/m^3$，模板成本单价为 75 元 $/m^2$，增加 10% 管理费和 5% 利润，项目风险按 2% 考虑，可计算为 $7.44 \times 75 \times (1+17\%) = 652.86$（元 $/m^3$），填表时可以确定直形墙人工费综合单价价格。

通过上述案例分析，构件含量数据收集的作用是指导投标报价，在工程结算完成后将直形墙的模板工程量与混凝土工程量对比分析，求出含量数据。不同结构类型的工程含量数据偏差较大，在收集时要区分工程特性，找到各建筑单体的影响差异。

含量指标对估算成本有参考性，数据库中可对比分析的项目越多，数据精度越高。通常收集的项目结构类型与投标项目不匹配时，从投标给出的施工图纸计算，又跟不上投标的时间节奏，效率较低且作用不大，导致商务人员报价偏离成本。

6.2.3 消耗量数据收集

消耗量数据可以反映出企业整体管理水平。消耗量数据分为材料消耗和机械消耗，人工费的消耗是劳务分包，收集数据包含在劳务分包数据库中。消耗量数据收集完成以后，可以作为评价项目部管理水平的依据，从收集的数据中可以找到项目管理的漏洞，从而得到有效的成本管理对策。

材料消耗量要从施工使用部位、收料方式、运输方式、工人损坏率、材料质量、计量单位口径等方面考虑。分析材料消耗量时，要区分地方材料、常用材料、甲供材料。地方材料中收料方式影响较大，甲供材料中计量单位口径影响较大。

使用部位主要考虑构件尺寸，收集数据时按标准构件统计，零星构件消耗量较大，不需要考虑差异性。例如陶瓷地砖铺贴，大户型与小户型相比消耗量要减少，收集时要考虑收集的数据是不是常用构件尺寸的消耗量，特殊构件还需要分类整理。

收料方式有多种情况，有货到清点、实方量取、折算重量、过秤等方式，实际收到的数量与购买数量有差距，可以认为是收料方式的消耗。例如商品混凝土采购，采用罐车运输，出厂时按照重量计算，结算时按照体积计算，材料人员收料就需要用过秤的方式折算出重量。商品混凝土供应商垄断地区供货资源，材料人员查到折算重量有偏差时，混凝土供应商在运输过程中向混凝土罐车内注水搅拌，现场管理失控导致材料消耗量增加。

运输方式不同，材料消耗就有差距，在运输过程中损耗要计算到消耗量中。许多供货交易是落地价，让厂家或者经销商运到施工现场仓库，将损耗计算到价格中。例如室外地面石材铺装项目的采购任务，采购人员与厂家约定的价格为出厂价，运输过程中石材破损严重，损耗率接近10%，此损耗要合并到消耗量中。

工人损坏率是指安装材料时工人在施工中的损坏，按照比例求出的数值。不同施工队伍的损坏情况有所差异，与班组分包的专业性和工人责任心有直接关系。例如外墙铺贴面砖，工人对60mm×240mm的条形面砖粘贴施工工艺不熟悉，在施工过程中监理工程师查到粘贴质量不合格，需要拆除后重新粘贴，面砖全部报废；外檐涂料分包人的工人想省力，未对已经铺贴的面砖做成品保护，碰掉窗口四周的面砖后又重新粘贴。

材料质量也要计算在消耗量中，在安装过程中质量较差的材料损耗较大。例如屋面瓦施工，屋面瓦采购价格低且质量较差，垂直运输和安装时破损严重，这些损耗要计算在消耗量中。

计量单位口径是由于采购与统计口径不相同发生的消耗，采购材料的单位与施工统计的单位不同，在折算时会发生差异。例如室内照明电线是甲供材料，建设方以盘为单位计算供货数量，收货时按照标签上注明的每盘100m折算，实际施工过程中发现每盘电线95m长，合同计算规则按照长度计算，供货按照数量计算，导致消耗量增加。

案例： **某项目屋面瓦材料消耗数据问题**

某住宅项目屋面施工，屋面水泥瓦材料尺寸为420mm×330mm，为甲指定材料。招标时建设方定价40元/m²，工程结算时建设方扣除分包人领用材料款，施工企业发现供货单数量与结算工程量相差36%，屋面面积20500m²，因材料损耗率就要亏损31万元。

商务人员发现此问题后，汇报给公司成本部门，要求核查损耗率问题。成本经理开会决定处罚项目部，问题归到项目部，认为是项目部管理失误造成的。项目经理找分包人理论，劳务分包合同中约定屋面水泥瓦损耗率超过5%时，分包人承担超过部分的材料价格，此项超出结算工程量的33%，分包人认为不应由其承担此项责任。

针对材料损耗扣款事项，商务人员与分包人重新核对工程量，发现商务人员计算的工程量与分包人计算的工程量相同，但是供货材料单显示的数量与计算工程量相差40%，于是找现场材料人员核实工程量。

材料人员签字确认的是运输到现场的工程量，每箱20片，每片尺寸420mm×330mm，经过计算每箱面积为2.77m²。分包人提出水泥瓦铺设时要搭接，损耗率差距是由水泥瓦铺设搭接造成的。每块瓦需要搭接1/3长度，损耗率就是33%，分包人认定施工损耗只能计算3%，小于分包合同约定的5%损耗率，分包人不应承担责任。

商务人员了解了工程量差距以后，要求建设方调整合同价，因为综合单价填报为 95 元/m²，劳务分包价格是 50 元/m²，材料价格是 40 元/m²，此项 33％的工程量损耗未考虑在报价中。

　　建设方拒绝调整合同单价，建设方认为施工合同中已包括损耗率不予调整。成本管理人员分析后，得出结论是采购口径与结算口径有偏差，是由于缺少数据库指引而发生的报价失误。

通过上述案例说明，数据收集时要了解施工现场，清楚施工工艺流程，收集的数据才会有指导投标报价的作用，否则数据存储没有任何意义。

在收集数据的过程中，必须核对数据的正确性，对有效数据整理分析，考虑清楚材料损耗的各类影响要素，存储到数据库中的数据才会发挥作用。

6.2.4　摊销和周转材料数据收集

摊销数据分为大型机械设备摊销数据和现场管理费摊销数据。周转材料数据一般是模板的周转，在一个项目没有使用完或者在一个项目中多次使用消耗，这些数据可以作为投标参考使用。由于项目结构类型不同、工期不同、材料质量不同、现场情况不同，收集的数据会有差距。

大型机械设备摊销数据，在租赁合同结算时可以找到，租赁费用除以建筑面积可以确定摊销数据，企业自购大型机械要考虑使用周期，按进退场日期核算费用。现场情况是对大型机械数据有影响的，例如塔式起重机施工平面布置会影响摊销数据，1 台塔式起重机供 2 栋楼使用与 1 台塔式起重机只供 1 栋楼使用，摊销数量相差一半。结构类型对大型机械数据也有影响，例如塔式起重机施工的楼层数会影响摊销数据，别墅项目 4 栋楼建筑面积 5000m²，高层住宅 1 栋楼建筑面积 8000m²，建筑面积摊销数据计算后二者结果是不相同的。

大型机械设备摊销数据对比，要从相同结构类型、类似现场情况做分析，项目施工工期按正常工期考虑即可，因为相同结构类型建筑的工期相差不大。非正常施工工期要考虑大型机械设备的数量，例如现场为了赶工期增加塔式起重机数量，摊销数据就会受到影响。

案例：　**某项目塔式起重机施工摊销数据的收集**

　　某住宅小区项目，共有 8 栋高层住宅楼和 8 栋多层住宅楼，项目施工工期 28 个月，1～8 号楼为 24 层高层住宅，建筑面积 101600m²；9～16 号楼为 6 层多层住宅，建筑面积 9500m²，项目使用 6 台塔式起重机施工，如图 6-4 所示。

　　塔式起重机租赁费用，高层住宅租赁时长 9 个月，多层住宅租赁时长 5 个月，租赁费用 34000 元/月（含塔式起重机驾驶员工资），塔式起重机进出场运输按一个月租赁费用计算，每个塔式起重机基础 45000 元。

　　竣工结算后收集摊销数据从结构类型考虑，高层住宅收集为 1 台塔式起重机有 2 栋楼使用的数据，多层住宅收集为 1 台塔式起重机有 4 栋楼使用的数据。

　　计算高层住宅塔式起重机费用摊销：（34000×10＋45000）×4/101600＝15.15（元/m²）。

　　计算多层住宅塔式起重机费用摊销：（34000×6＋45000）×2/9500＝52.42（元/m²）。

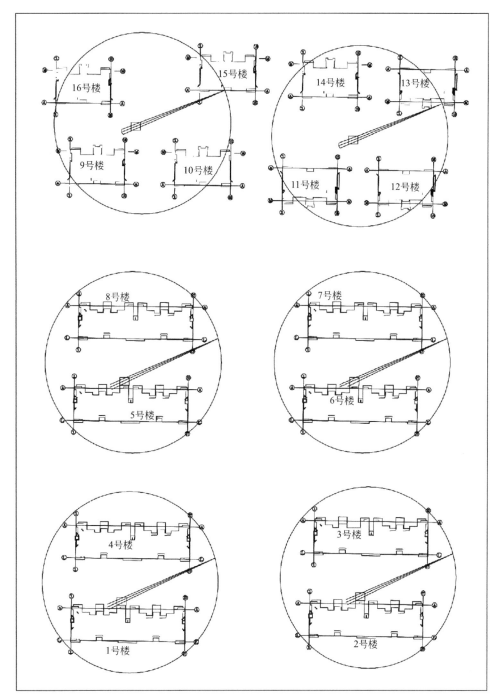

图 6-4 某项目塔式起重机平面布置图

通过上述案例可以看到，项目多层住宅和高层住宅的塔式起重机摊销数据相差很大，投标报价时不仅要看招标项目的结构类型，还要看现场布置情况。

现场管理费摊销要看企业配备人员的数量，现场所有管理人员的工资每月相加，门卫、厨师、后勤等非管理人员工资不做统计。现场管理费摊销与施工工期、建筑面积有关，收集数据时不仅要考虑工期，还要考虑项目的总建筑面积，一般建筑面积 $60000m^2$ 以上的项目，建筑面积对现场管理费摊销的影响就会减少。

周转材料数据在模板支撑分析时，将钢管支撑系统和胶合板分开考虑。钢管支撑系统根据楼层层高分析统计，其含量影响摊销数据；胶合板按照周转次数分析，板材质量影响周转次数。

案例： 某项目周转材料数据的收集

某住宅小区项目，共有 5 栋 24 层住宅楼，项目总建筑面积 $76000m^2$，主体结构施工工期 8 个月，模板支撑架体钢管采用租赁形式，胶合板购买质量较好的材料，楼层 3～22 层为标准层，模板含量为 $2.8m^2/m^2$，短肢剪力墙结构。

工程竣工以后需要收集周转材料数据，按照架体租赁合同进退场时间，找到批次租赁费用。发现架体租赁包括外墙脚手架的租赁材料，根据施工方案计算出模板支撑与脚手架用量为 0.55：0.45，租赁费用为 123 万元。

共购买胶合板和木方 73.5 万元，剪力墙龙骨使用木方支撑，配置三层模板周转。

模板支撑数据计算：123 万元×0.55/76000＝8.90（元/m²）。

胶合板木方数据计算：73.5 万元/76000＝9.67（元/m²）。

通过上述案例分析，周转材料数据收集要考虑现场材料用量，消耗量与工程结构类型有关。施工现场的钢管用于模板支撑系统、外墙脚手架、安全防护、生活区等部分，在收集数据时项目部没有细分部位，只能按照租赁合同付款统计，导致数据分析有偏差。

钢管架体租赁损耗量在施工现场无法控制，一般是在退还租赁材料时发现损耗量较大，租赁站计算赔偿金额多，按照租赁合同结算付款后，实际已经包含损耗量。收集数据时要看租赁站赔偿金额比例，还要注意租赁时间及租赁单价，钢管架体租赁数据统计比较复杂。

第7章

企业数据库的建立与维护

　　企业数据库是根据企业特性要求建立的，结合企业不同需求将数据进行分块收集，通过对比分析、修改，存储到数据库中。本章按照中小型施工企业数据库建立展开分析，以房建项目和工业建筑为主要案例，结合目前建筑市场常规交易模式进行拆分。

　　目前中小型企业没有统一标准的数据库，也不清楚数据存储采用哪种形式最有效，只是通过招聘的方式找到经验丰富的人才解决数据问题。这种方式可以解决企业一时的现状问题，但是如何做到企业数据流通，从而做成标准化数据流通到各部门，这是一个亟待解决的问题。有些施工企业还是采用传统的封闭模式，通过外部学习培养人才管理整个企业，但是培养出来的人才逐步变成"能人"，控制了整个企业的运营，如果工资奖金不合适就会跳槽，从而导致企业无法运转。

　　改变"能人"管理模式，只有开放数据，让各部门之间的数据流通，形成标准模块存储到企业数据库中，即使"能人"离开，企业也能正常运营。

　　企业数据库可以做成一个文档，也可以编写成软件，重要的是数据的正确性与合理性，关键是方便使用。数据库存储的方式越简单越实用，每个人不用复杂的学习就可以使用，这是最直接有效的办法。编写成软件可以提高工作效率，增加快速分析的方法。但是每个企业不是标准管理模式，先形成表格模式是第一步，逐渐形成标准化后再使用软件管理。

　　成本管理数据库是围绕经济数据搭建的，相应的工程质量、进度、安全、技术等方面的数据库也需要配套管理才更有效。但是中小型企业在没有成本管理数据库时只能慢慢积累经验，在实践过程中不断增加配套管理。

　　数据库中主要是价格参数和指标参数，也有部分技术参数，其中价格参数受市场影响较大，更新频次较多，每个项目都需要从历史数据中找出来修改，与外部市场数据做对比。形成实际数据以后，再录入数据库时要对比分析各类因素，变为指导性的数据存入数据库中，如图 7-1 所示。

　　从数据库中提取数据与市场数据做对比，然后再根据项目施工过程中实际发生的数据，调整修改后再录入数据库，形成数据闭环。数据库管理难度在于市场数据不准确，或者企业根本没有留存数据，只是在某个"能人"的记忆中。随意说出一个价格就作为标准，没有科学求证，这样会使成本价格上升。还有一种情况就是，某些领导人不想在企业公开这些数据，数据不公开就成为这些领导敛财的工具。只有某一个人或几个人知道企业最终成本价格，在与分包人谈判时就会形成灰色收入链，企业成本管理失控。

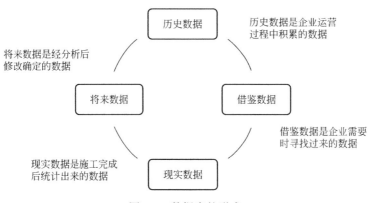

图 7-1　数据库的形成

在投标报价时，从数据库中提取数据与市场价格进行对比，其中数据库中的数据占比较大。找到数据库中以往合作的分供商进行预招标报价是最有优势的，因为已经合作过，双方存在信任基础，报价比较贴合实际市场价格。分供商对外部市场价格信息有判断优势，因为分供商都是在专业领域中干了很多年，既有行业经验又具备市场风险预判能力，为企业的数据来源提供可靠的入口。

投标时借鉴市场数据权重决策报价，按照内部评定和外部参考两条线考虑，内部评定权重为 70%，外部参考权重为 30%（图 7-2）。采购有诚意并且有信任基础，分供商才会报出符合市场交易的价格，所以把主要精力放在内部评定中，通过外部参考信息对比，考虑分供商是否与市场实际情况偏离。如果企业同类分供商数量较少，外部参考数据可以作为平衡市场价格的参考；如果企业同类分供商数量几十家以上，外部参考数据与企业数据库中的数据对比，参考意义不是很大。

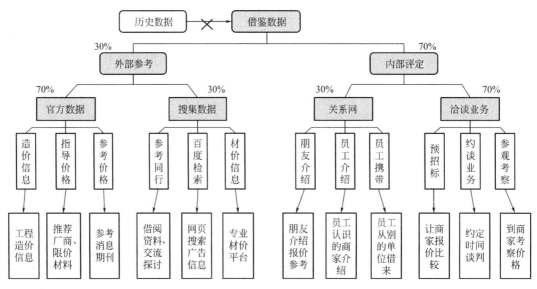

图 7-2　投标时借鉴市场数据权重决策

内部评定是与以往合作过的分供商洽谈业务，有意向合作的分供商通过关系远近筛选。分供商洽谈业务的方式有参观考察、约谈业务、预招标，如果有参观考察分供商的机会一定不要错过，这是战略性的合作，分供商会慎重考虑报价。

外部参考是指收集一些数据与内部评定形成对比，外部参考收集工作相对容易，但是可靠性较差，无法得到准确的数据。参考的数据一般偏离实际价格，只能作为应急使用参考。也有一些供应商为了打广告，在网页中挂出来的价格很低，没有参考价值。

中小型施工企业常见的数据库有文明施工标准配置库、劳务分包管理库、人工工资标准库、材料价格库、机械租赁库、专业分包管理库、数据指标分析库、周转折旧材料库。每个数据库可以独立使用，设置权限管理。成本部门与各部门之间要有可以对接的格式，做到协同管理，成本部门一次录入、多个部门可以使用，可以减轻管理强度。

7.1　文明施工标准配置库

文明施工标准配置库的设立要从企业对项目标准化管理模块考虑，可以用清单的形式或者用构件的形式控制，将费用拆分成量和价的方式解决。文明施工由临时设施一次性投入、可周转材料、维护材料、设施设备、劳务人工费、其他费用等组成，将这些内容归类整理形成历史数据，作为成本测算和施工管理的数据支撑。

各地区要求文明施工的条件不同，许多房建施工企业根据文明施工进行构件分项整理，例如按现场文明施工形成的构件进行分包管理。按照围墙、大门、活动房、现场道路硬化、防尘措施、文明标识牌、临时水电设施、安全防护、材料堆场、防火设施、治安综合治理、生活设施、急救准备设施、社区配套、现场清理、维护用工等划分，如表 7-1 所示。

某企业文明施工标准配置库　　　　　　　　　　　　　　表 7-1

分项名称	规格型号	单位	以往合同分析	分析价格	可参考价
围墙	砖外抹灰涂料	m	850 元	900 元	900 元
大门	8m 宽，铁皮门刷漆	樘		8000 元	
活动房	二层宿舍，一层办公、食堂	建筑面积	11 元	11 元	11 元
现场道路硬化	150mm 厚混凝土，原土夯实碾平	m²	80 元	80 元	
防尘措施	围墙喷洒，现场雾炮，覆盖防尘网	项	80000 元		
文明标识牌	五牌一图	建筑面积		0.5 元	0.5 元
临时水电设施	生活区临时水电，现场二级以上配电箱	建筑面积	2 元	2 元	2 元
安全防护	安全网、防护服(帽)、防护棚(通道)、临空围栏	建筑面积	1 元	1 元	1 元
材料堆场	混凝土地面，堆场料台	m²	50 元	50 元	50 元
防火设施	达到各地区防火要求	建筑面积		0.5 元	
治安综合治理	门卫、安防监控、相关措施	建筑面积		0.5 元	0.5 元
生活设施	项目管理人员生活设施，包括厨厕及公开休闲场所	建筑面积		0.5 元	
急救准备设施	达到各地区检查要求	项		20000 元	
社区配套	工人公共聚集场所，小卖店	m²	150 元	150 元	150 元
现场清理	对施工过程中的现场(不含楼内)清理	建筑面积	1 元	1 元	1 元
维护用工	维护现场文明的零星用工	建筑面积	1 元	1 元	1 元

文明施工数据库中的围墙根据现场面积确定，有砌体围墙、广告围墙、铁皮围挡等，按照延长米计算比较精确，此项内容单独分包，甚至还会有专业分包，围墙上的大门则按樘数计算比较合适。一般情况下现场活动房按照工程项目的建筑面积摊销，因为工人数量与工程项目的建筑面积成正比。现场道路硬化需要按照平面布置要求，按照铺设面积比较合理。

有些地区的防尘措施需要在围墙上增加喷洒设施，有的施工现场需要设置土方堆场覆盖防尘网，在施工数据库中按照分项考虑方便修改；材料堆场和社区配套根据项目需要设置，有的项目将工人生活区配套承包给个体经营小卖店还会有租赁收入，所以按照实际面积核算比较容易。

7.2 劳务分包管理库

劳务分包管理根据企业资源进行数据库设计。有的企业资源是劳务分包形式或者混合分包类型，数据库分类比较复杂。按照一般分类方法可分为包清工和班组分包两个数据库，统一标准施工作业界面以后分包价格就有可比性。

例如某高层住宅楼，包清工的施工作业界面是钢筋、混凝土、模板、架子、砌筑、内外墙抹灰。但是有的项目包清工合同中只有钢筋、混凝土、模板、架子，或者有的包清工合同中有土方挖填，这样的施工作业界面比较混乱，价格没有可比性，分包模式变化对现场管理人员也是一个考验。这种没有可比性的分包数据可以由班组分包、管理费、利润组成，进行颗粒分析具有指导性作用，如表 7-2 所示。

劳务数据库（商务成本） 表 7-2

分包人	合同编号	分包方式	承包单价	分包类型	分包内容	合同工期	分包人等级
张×亮	wwz2013-001	包工包周转材	430 元	高层住宅	主体清包、二次结构、抹灰	180d	A
张×亮	xnz2013-005	包工包周转材	430 元	高层住宅	主体清包、二次结构、抹灰	195d	A
张×亮	wqz2013-002	包工包周转材	410 元	高层住宅	主体清包、二次结构、抹灰	170d	A
董×峰	wwz2013-001	包工包周转材	430 元	高层住宅	主体清包、二次结构、抹灰	180d	A
董×峰	xnz2013-005	包工包周转材	430 元	高层住宅	主体清包、二次结构、抹灰	195d	A
赵×哲	wqz2013-001	包工包周转材	410 元	高层住宅	主体清包、二次结构、抹灰	170d	A
袁×顺	wqz2013-003	包工包周转材	410 元	高层住宅	主体清包、二次结构、抹灰	170d	B

从表 7-2 包清工劳务分包数据库中可以看出，高层住宅 2013 年分包单价为 410～430 元，包工包周转材料，工期 170～195d，其中 wwz、xnz、wqz 三个项目由张×亮、董×峰、赵×哲、袁×顺 4 个分包人承揽。再细化分析后可以看到，袁×顺为 B 级分包人。从表 7-2 包清工劳务数据库中可以了解到分包人数量、分包人等级、分包指导价格、工期等信息，由此可以初步判断出新开工项目是否有合适的分包人参与，需要新引进几家分包人参与投标，投标价格以历史价格数据作为参考依据。

从成本管理角度考虑，表 7-2 只是初步了解数据，更深层次的价格分析就需要展开分析。合同界面为包清工颗粒单元时，界面以下的是班组分包，还要有价格组成分析表。若是成本管理软件系统，可以设置更高的权限控制，例如成本经理可以在表格中细化看到分包人等级的评定信息以及项目结算情况，而项目造价人员只能看到表 7-2 显示的内容，更方便企业数据的保密工作。

数据信息在每个部门的读取方式均不相同，商务成本仅针对工作需求做出分析。企业设立数据库要从企业运营管理保密性角度考虑，数据直接关系到已建项目的盈亏情况，一些关键数据可以采用授权的方式解决。

数据库中包清工的价格组成分析表是以班组分包为单元颗粒的，主体结构包括钢筋、混凝土、模板、架子工、其他，以人、材、机分类作为分析对象，安全文明施工措施费单独设置一项，方便了解各项目存在的差异情况；管理费、利润、税金单独设置，根据项目特性可以调整，如表 7-3 所示。

主体结构价格数据组成分析表　　　　　表 7-3

单位：m² （建筑面积）

类别	分项	A 项目		B 项目		C 项目	
		含量指标	单价(元)	含量指标	单价(元)	含量指标	单价(元)
人工费	钢筋	0.47	55	0.51	57	0.52	55
	混凝土	0.41	17	0.44	17	0.43	18
	模板	2.8	115	2.95	120	3.12	130
	架子工	0.95	17	1.05	17	1.1	19
	其他		15		15		13
材料费	辅材费		8		7		8
	周转材料(模板、木方)		38		40		45
	周转材料(钢管、卡口等)		20		22		25
机械费	机具费		10		10		10
安全文明施工措施费			10		10		10
管理费			15		15		15
利润			15		10		10
税金			12		12		15
合计(元)			347		352		373

例如在表 7-3 中可以分析出，A 项目人工费 219 元/m²，模板周转材料 66 元/m²，管理费和利润占 5%，税金按 4% 计取；同时可以对比 B 项目人工费 226 元/m²，C 项目人工费 235 元/m²，人工费价格差异受含量的影响；包清工主体结构指标价格为 347~373 元/m²，邀请分包人报价时可以此参考价为基准进行分析。

数据库中的班组分包数据需要以分包人列表方式排列，投标过程中重点查找班组分包资源和了解班组分包价格，所以要设置成以分包人为管理对象的数据库，与包清工分包人相比没有很大区别，只是承包范围和价格之间的差异，如表 7-4 所示。

班组分包数据库（商务成本） 表 7-4

分包人	合同编号	分包类别	单位	承包单价	分包类型	分包部位	分包人等级
王×鹏	wwz2013-001	钢筋工	建筑面积	55 元	高层住宅	地上主体结构	A
王×鹏	wwz2013-001	钢筋工	t	1100 元	高层住宅	地下车库	A
王×鹏	wqz2013-002	钢筋工	建筑面积	55 元	高层住宅	地上主体结构	A
陈×勇	wwz2013-002	钢筋工	建筑面积	55 元	高层住宅	地上主体结构	A
陈×勇	xnz2013-005	钢筋工	t	1150 元	高层住宅	地下车库	A
张×明	wqz2013-001	钢筋工	建筑面积	55 元	高层住宅	地上主体结构	B
刘×亮	ppj2013-003	钢筋工	t	1150 元	高层住宅	地下车库	B
刘×亮	wwz2013-003	钢筋工	建筑面积	57 元	高层住宅	地上主体结构	B

从表 7-4 中可以分析出，钢筋班组分包人资源有王×鹏、陈×勇、张×明、刘×亮，分包人等级有 A 级和 B 级，地上主体结构钢筋分包单价 55～57 元/m^2，地下车库钢筋分包单价 1100～1150 元/t，各项均为 2013 年的交易价格。

如果施工企业同类型分包资源数量很多，还可以设置分包人状态为待业、在建、超载，根据新项目配置情况，可以选择分包资源进行投标报价和谈判，选择待业状态和在建状态的分包人有一定优势压低价格，如果是超载状态的分包人，目前缺少劳动工人，分包人作业项目较多时报价会偏高，实际上拉高了分包报价的平均值。

数据库中的班组分包价格组成单元颗粒需要按照施工工序拆分，或者按照现场管理任务进行拆分，这样有利于控制分包人施工。例如模板班组分包按照模板安装、拆除、提供零星材料及机械、管理费、利润进行分解，钢筋班组分包按照钢筋制作、安装、零星材料及机械、压力焊、管理费、利润进行分解，如表 7-5、表 7-6 所示。

钢筋班组分包合同价格分析表 表 7-5

地下车库钢筋分析

序号	分项名称	工作内容	单位	单价（元）
1	钢筋制作	钢筋下料(含配合抽料核对)、钢筋加工成型、措施钢筋制作、预埋铁焊接、钢筋接头制作(包括套丝)、领料退料、堆料台铺设、试验件制作、解捆卸车、配合吊运、作业台搭设(作业棚配合人工)、操作场地平整、钢筋除锈、机械保养(含小维修)、小预埋件制作等与钢筋工程有关的工作	t	220
2	钢筋安装	绑扎钢筋、现场接头连接、成型钢筋运输、钢筋定位、模内清理、弹线、固定骨架、现场吊运运输、搭设临时操作架、入模、看筋、自检互检、配合领导检查、架设上人通道、修临时路、搭设简易操作台、打眼钻孔、植筋、钢筋现场除锈、垫块马凳安装、小预埋件安装、配合其他班组作业、预留洞口处理、后浇带网片固定、有关会议和参与涉及变更内容、止水钢板安装、清理现场钢筋等与钢筋工程有关的工作	t	700
3	零星材料＋机械＋其他材料	扎丝、铁丝、墨线、垫块、切断机、调直机、弯曲机、电焊机、套丝机、手持工具、人力小车、防护措施等	t	40
4	压力焊	操作、焊接、焊剂	t	110
5	管理费		t	40
6	利润		t	100
		合计	t	1210

模板班组分包合同价格分析表 表 7-6

高层住宅胶合板模板分析

序号	分项名称	工作内容	单位	单价(元)
1	拼模、安装	制作拼接、材料刨光、安装就位、骨架支撑安装、板面清理刷隔离剂、校正板面、螺栓安放、预埋筋的定位、打眼钻孔、吊模及设备墩的支撑制作安装、粘胶带海绵条、定位弹线、领料、看模、领料、配合其他班组作业、迎接检查用工、互检自检、场内运输、搭设临时架、铺垫夯实软着力点、作业台搭设(作业棚配合人工)、操作场地平整、解捆卸车、配合吊运等与模板工程有关的工作	m²	22
2	模板拆除	模板拆除、剔凿胀模、周转运输、清理垃圾、后浇带清理、预留洞尺寸较正、整理拔钉、穿墙螺杆拔出、止水螺栓杆切割回收工作、堆到地面清点统计、修补缺陷、废料分拣归堆、穿墙螺杆孔洞压浆填塞等与模板拆除后有关的工作	m²	9
3	零星材料＋机械＋其他材料	铁钉、铁丝、墨线、胶带、隔离剂机油、圆锯、电焊机、手持工具、人力小车、防护措施等	m²	1.5
4	管理费		m²	1
5	利润		m²	6
合计			m²	39.5

从表 7-5 中可以分析出钢筋分包价格的各工序比例，地下车库钢筋制作 220 元/t，钢筋安装 700 元/t，压力焊 110 元/t，若施工过程中某项变更只有钢筋制作完成，则按照数据库中的价格解决争议即可；关于钢筋制作、安装的工作内容，组价表中很详细，可以让合同界面划分更加清楚，减少零星用工的数量。

从表 7-6 中可以分析出，模板分包价格为 39.5 元/m²，其中模板安装为 22 元/m²，模板拆除为 9 元/m²；表 7-6 的工作内容和价格分项很清晰，给施工管理带来便利，进一步规范了班组分包合同；模板支拆的细化数据可以解决项目赶工期时交叉作业存在的问题，例如某项目为了赶工期，A 分包人把该部位模板安装完成，B 分包人把该部位模板拆除，可以在表 7-6 的基础数据中找到工序价格的基准数，为各分包人解决价格争议。

班组分包价格组成可以放在分包合同中作为过程控制的内容，同时工作内容也是分包合同的组成部分，这样分包人在投标报价时和在施工过程中可以有效地对比分析。班组价格数据库为各施工阶段提供数据基准，服务于项目商务和成本管理部门。

颗粒细化以后分包人有可能会进行不平衡报价，但是总体单价是不变的，即使分包人想放弃报价表中的某项任务，也可以用合同约束分包人履行，例如分包合同中特别约定"分包人未完成的项按合同价格组成表中 1.2 倍价格扣除。"

7.3 人工工资标准库

人工工资每年或每季度都会调整，但是许多施工企业不重视人工工资标准，也有一些施工企业尝试统计，但是基层工人实行按包工价的方式，各工人的技术水平、劳动强度不统一，挖掘的数据精准度不高。

数据库中的人工工资标准是确定零星用工的参考和测算分包价格的参考，可以用劳动工人每年的工资标准折算出来。例如普工工资：80000 元（年工资）/365 天＝219（元/工日），签证零星用工时以此作为参考，零星用工的工人作业时间按 8h 考虑，并且与包工工资相比，工作量是完全不同的，如表 7-7 所示。

某企业零星用工标准数据库

表 7-7

序号	工种	单位	人工工资标准
1	普通工	元/工日	219
2	木工(模板工)	元/工日	260
3	钢筋工	元/工日	219
4	混凝土工	元/工日	219
5	架子工	元/工日	301
6	砌筑工(砖瓦工)	元/工日	260
7	抹灰工(一般抹灰)	元/工日	260
8	高级抹灰、镶贴工	元/工日	280
9	装饰木工	元/工日	280
10	防水工	元/工日	260
11	油漆工	元/工日	260
12	管工	元/工日	260
13	电工	元/工日	260
14	通风工	元/工日	260
15	焊工	元/工日	260
16	起重工	元/工日	260
17	金属制品安装工	元/工日	260
18	机械工	元/工日	260
19	驾驶员(载重汽车)	元/工日	260

测算分包价格可以通过现场门禁卡管理系统得到数据，求出实际作业工人人数，从班组分包价格组成分析中找到工人工资的单价除以工人人数，也可以从每日劳动量标准中找到价格，例如某项目钢筋总量 4095t，工期 6 个月，每日劳动量 280kg，钢筋工每日劳动量标准求得：4095×1000/280/6＝2437（工日），门禁卡管理系统得到的数据与 2437 工日差距较小，就可以用该价格作为测算分包价格的参考。

从表 7-7 中可以了解到特殊工种 301 元/工日、高级技术工种 280 元/工日、普通技术工种 260 元/工日、普通工 219 元/工日共四类工资价格。签订班组分包合同时，可以参考此价格作为分包合同的附加条款，分包结算时按照此标准核算增补零星用工的费用。

人工工资与所处地区有很大关系，我国各地区可分为：东北部，工人作业天数约200d，工资标准高；西北部，偏远地区招工难，工资标准高；中部，工资适中；西南部，技术工种少，工资较高；东南部，工人作业天数约 300d，工资较低。近年来人工工资与劳务输出省份也有关系，劳动工人出远门和在家就近找活干是有影响的。

施工企业若是跨省承揽工程，数据库中还需要划分出地区性工资标准，在统计区域时可以调研当地劳动工人年收入情况，掌握贴近施工一线的工人工资数据。工人工资的地区性影响对班组分包或包清工也会有影响，但是相对劳务价格影响偏差是由企业资源决定的。例如某企业在省外承接项目，合作的班组分包人可以招工省外工人作业，就降低省外工资变化的影响。

7.4　材料价格库

材料价格的管理从商务角度考虑，只统计合同约定的材料价格变化即可。但是从成本管理角度考虑，要对采购的各类材料统计出相应的数据，在投标阶段测算成本，在施工过程中对材料采购价格具有参考性意义。

大型施工企业有数据平台，形成战略采购布局，数据库也随之转移到供应商管理范围内。但是施工企业如果没有材料数据库、不了解价格信息，对各供应商形成长期依赖性，施工企业也将失去成本管理的动力。

施工企业应根据承建的项目特性有效地设立数据库，工程材料种类繁多，要考虑以价格控制和使用方便两个因素分类。材料采购部门管理的终极目标是对价格和材料质量的控制，数据库应围绕材料价格做相应的数据分类。许多施工企业缺乏成本管理经验，采购部门自行列出数据汇总，庞大的数据管理对采购部门也是一个考验，很容易出现材料价格的数据偏差。

材料数据库要根据价格变化情况进行分类，按照常用材料、地方材料、用量比例大材料分类，要考虑数据更新时间、外界因素对数据的影响以及数据收集简易度，还需要将材料质量标准分类，同类材料的质量变化也影响价格变化。从这三个维度考虑即可完成数据库的精准要求，减少数据收集的工作量，增加数据的精准度，也是数据库建立的总目标。

常用材料的数据要与材料市场价接轨，进行集中采购，全国统一配货。对于市场常用的材料，企业数据价格与市场价数据偏差不大。长期合作形成战略采购能降低价格，数据库中的同类资源充足可以形成价格竞争，常用材料的数据需要不断地更新筛选，才会有质优价廉的供应商，如表 7-8 所示。

常用材料数据库　　　　表 7-8

分类	产品名称	质量标准	规格	供应商	单位	单价(元)
土建	胶合板模板	优质	1220mm×2440mm×18mm	潍坊××有限公司	张	104.00
土建	胶合板模板	普通	1220mm×2440mm×18mm	徐州××有限公司	张	60.00
土建	内墙涂料	普通	立邦	广州××科技有限公司	kg	5.42
电气	电缆桥架	普通	100mm×50mm×1.0mm	安徽××线缆有限公司	m	15.50
电气	电缆桥架	普通	100mm×75mm×1.0mm	安徽××线缆有限公司	m	18.50
电气	电缆桥架	普通	100mm×100mm×1.0mm	安徽××线缆有限公司	m	20.67
电气	电缆桥架	普通	150mm×100mm×1.0mm	安徽××线缆有限公司	m	27.00
电气	电线	普通	ZR-BV-2.5mm^2	安徽××线缆有限公司	m	1.32
水暖	螺纹铜球阀	普通	Q11F-16T 20	宁波××有限公司	个	28.10

从表 7-8 中可以了解到常用材料要进行专业分类，这样容易查找对应的各专业材料。从产品的质量标准与规格区分了解到各种材料的价格差异较大，供应商资源可以提供更接

建设工程成本经营全过程实战管理

近采购价格的数据，例如在投标时需要某供应商提供投标成本价格，可以在数据库中直接找到某种材料的供应商进行询价。

常用材料的单位与实际供货的单位不匹配时，需要采购部门和现场进行统一，测算统计后求出比较实用的单位。例如室内涂料单位是 L，而实际采购时按照桶计算价格，就需要换算单位。采购部门要与供应商和施工现场确定换算的正确数据，涂料只有换算成 L 才有可比性。

许多项目是甲指定材料品牌，价格范围基本确定，需要将指定供应商的材料单位换算到商务报价体系中，在数据库中记录并备注可以降低信息不对称的风险。例如外墙面砖，建设方指定厂家提供的是以箱为单位的售价，每箱 $10m^2$，可实际铺贴时增加灰缝可以贴 $10m^2$，投标报价时忽略了墙砖采购单位与铺贴面积的换算，导致亏损 10% 的成本价格。

地方材料数据库建立需要地区供应商资源，施工企业如果是新投标项目，该地区不在数据库中，采购部门就要重点询价地方材料的价格。地方材料价格受地区影响较大，运输困难，有地区垄断性，受供应商资源限制，在施工过程中价格不稳定，项目较大时可以选择两家及以上同类供应商按用量比例供货，如表 7-9 所示。

地方材料数据库 表 7-9

产品名称	质量标准	规格	供应商	单位	单价(元)	更新时间
预拌混凝土	达标	C20	天津××有限公司	m^3	375.00	2020.7
预拌混凝土	楼地面用	C20	天津××有限公司	m^3	360.00	2020.7
预拌混凝土	达标	C25	天津××有限公司	m^3	390.00	2020.7
预拌混凝土	达标	C30	天津××有限公司	m^3	410.00	2020.7
预拌混凝土	达标	C35	天津××有限公司	m^3	425.00	2020.7
粉煤灰加气混凝土块	一般	300mm×600mm×130～300mm	天津静海××公司	m^3	220.00	2020.3
干拌砌筑砂浆	一般	M7.5	天津××有限公司	t	240.00	2019.8
石子	达标	19～25mm	天津××有限公司	t	70.00	2019.8
水泥	达标	42.5	天津××有限公司	t	310.00	2019.8

从表 7-9 中可以了解地方材料的价格更新时间要精确，每一项的每一个供应商的报价都要适时更新；质量标准是行业标准还是地方默认标准，都要体现在数据库中，供应商了解到材料使用部位时，也会相应调整报价。例如某项目混凝土使用部位是厂房地面，同规格型号的价格就会有所差距，材料的配合比不同，价格也会发生变化，而数据库中没有更详细的分析，只能从质量标准栏内标注符合行业规定的质量标准。

地方材料的实际供应量与价格也有差异性，投标报价时不能只看供货价格，还要了解交易内幕，一些地方供应商会借潜规则赚钱。例如土方回填时按 10 元/m^3 的运输费，而土方队伍要求每车运量是 $8m^3$，实际装载量不足 $7m^3$，因为每车次运输都是有满载或半载的，按车次计算工程量不好控制。供应商一般要求正在施工时就确定工程量，或者堵门先办理结算再施工。地方材料的数据库还需要备注一些常规的供应商套路，筛选出价格对比是最基础的工作，更深的价格问题需要项目部和采购部门的配合。

用量比例大、材料价格高，对成本影响较大，价格变化幅度很难控制。需要按季度或每月更新数据库。价格波动幅度影响施工期间的交易，选择不同的经销商和厂家也会影响成本价格，数据库中的经销商或厂家都各有优势。对施工企业而言，哪个供货价格低就选择哪个，经销商采购资源多，并且价格比新合作的厂家价格低，这些均由施工企业的资源多少决定，如表7-10所示。

用量大材料数据库　　　　　　　　　　　　　　　表7-10

产品名称	质量标准	规格	供应商	单位	单价(元)	更新时间
圆钢	达标	Q235 10mm	天津××有限公司	t	3650	2020.3
螺纹钢(新三级)	达标	HRB 400 12～14mm	天津××有限公司	t	4050	2020.3
螺纹钢(新三级)	达标	HRB 400 16～18mm	天津××有限公司	t	3790	2020.3
螺纹钢(新三级)	达标	HRB 400 20～25mm	天津××有限公司	t	3930	2020.3
热轧钢板	达标	8mm	天津××有限公司	t	4280	2020.3
热轧钢板	达标	14～20mm	天津××有限公司	t	3960	2020.3
复合岩棉保温板	A级	1200mm×600mm×100mm	徐州××有限公司	m³	950	2020.3
挤塑保温板	B1级	1200mm×600mm×70mm	廊坊××有限公司	m³	750	2020.3
花岗石板	国产	幻彩粉麻	河北××有限公司	m²	310.00	2020.3

从表7-10中可以了解钢筋、钢板、保温板、外檐石材主要材料的价格，在工程中用量大的材料需要更新及时，表7-10按照月份更新；质量标准与规格型号都影响价格变化，采购时要详细分类，材料品牌对价格影响较小，可以忽略不计，但是建设方指定材料品牌时，需要在投标时向经销商询价确定价格。

用量较大的材料价格随着市场而变化，数据库的更新永远处于滞后状态，减少时间差是第一个要解决的问题。有些施工企业把更新任务交给供应商，也有施工企业对接专业的材价网站设立专人负责（图7-3）。例如某集团公司的数据平台，管理软件中有一个客户端，这个客户端是供应商维护的账户，供应商为了竞争到供货量，每周都会主动更新报价数据。数据库管理软件的多个客户端支撑着该集团公司的数据平台，每种用量大的材料都从客户端报价数据读取，求出平均值作为企业确定材料价格的依据。

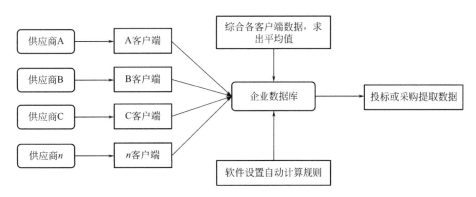

图7-3　某集团企业针对材料用量较大的价格解决方案

客户端数据更新时间点和报价价格是由企业资源决定的，优秀的企业管理是良性竞争，数据库中的数据是真实的。例如某施工企业学习供应商维护数据的办法，把地方材料的供应商也拉入客户端模式运营，结果地方材料交易次数少，长期没有进行交易的供应商失去了报价信心，为了应付更新要求随意输入数据，这样运营填报的数据就会偏离市场。

7.5 机械采购和租赁库

机械采购和租赁数据库是根据企业承揽的工程特性决定的，要考虑机械周转情况和调动性，数据库要匹配数据分析能力，要有自购和租赁差异分析数据。许多中小型施工企业完全依赖租赁机械，碰到大型项目采用自购机械要比租赁成本价格低，但是要考虑到自身承揽工程数量不足时，机械设备管理人员工资成本是需要支付的，这种情况下只能采用租赁方式解决施工。

自购和租赁机械的差异分析数据，需要一套完整的计算程序。数据库录入的单价为每月租金，需要把购买资金、资金利息、维护成本、废品回收等折算，变成以月为单位的价格。机械使用年限可根据《全国统一施工机械台班费用定额》中的折旧年限考虑，企业管理水平与定额水平差距可以用系数调整。

案例： 某施工项目自购和租赁差异分析

（1）企业自有机械设备测算

某企业在 2016 年购买 QTZ80 塔式起重机一台，购买价格 50 万元/台。塔式起重机驾驶员工资和保险每月折合 1.1 万元，进出场费用每台每次 2.1 万元，维修大修费用每月摊销 800 元，求天津某项目每月使用塔式起重机的费用。

全国统一施工机械台班费用定额（摘录） 表 7-11

定额编号	机械名称	机型	规格型号	折旧年限（年）
3-69	自升式塔式起重机	大	起重力矩(t·m)100	14
3-70	自升式塔式起重机	大	起重力矩(t·m)125	14
3-71	自升式塔式起重机	大	起重力矩(t·m)145	14
3-72	自升式塔式起重机	大	起重力矩(t·m)200	14
3-73	自升式塔式起重机	特	起重力矩(t·m)300	14
3-74	自升式塔式起重机	特	起重力矩(t·m)450	14

成本分析：根据机械台班定额，已知塔式起重机折旧年限为 14 年（表 7-11），实际使用按 70% 折旧考虑，企业管理水平较高可以正常考虑。购买价格 50 万元/台，项目使用塔式起重机工期为 10 个月，回收废品折旧费按 10 万元计算。

资金利息：50 万元×14/2×12‰=42 万元；42/14/12=0.25（万元/月）。

成本单价＝（50－10）/（14×70%）/12＋1.1＋2.1/10＋0.08＋0.25＝1.98（万元/月）。

（2）机械设备租赁方式测算

某项目使用 QTZ80 塔式起重机一台，采用租赁方式与某租赁站签订合同。塔式起重机驾驶员工资和保险费用包含在租赁费用中，进出场及机械安拆费按 1 个月租金计算，每月租金为 3.3 万元，项目计划使用工期为 10 个月，求天津某项目每月使用塔式起重机的费用。

成本单价＝［3.3×（10＋1）］/10＝3.63（万元/月）。

综上计算结果分析，每台塔式起重机租赁与自购相差 1.65 万元，如果一个项目使用 5 台，自购可以降低 8.25 万元成本。施工企业承揽项目多，有长远发展规划就要考虑自购机械设备。

机械租赁市场根据本地区需求量确定租赁价格，与地区材料性质类似，租赁价格需要及时更新数据库。自购机械折旧成本单价不受市场价格影响，但是企业承揽项目较多时，还需要一部分机械租赁，所以无论采用哪种方式，数据库中都必须要有租赁市场价格，如表 7-12 所示。

大型机械数据库 表 7-12

产品名称	规格	供应商	单位	单价（元）	更新时间
自升式塔式起重机	QTZ50	天津××有限公司	元/月	23000	2020.3
自升式塔式起重机	QTZ63	天津××有限公司	元/月	28000	2020.3
自升式塔式起重机	QTZ80	天津××有限公司	元/月	33000	2020.3
自升式塔式起重机	QTZ63	自购	元/月	18200	2018.1
自升式塔式起重机	QTZ80	自购	元/月	19800	2018.1
施工电梯	SCD200/200	天津××有限公司	元/月	9500	2020.3
挖掘机	山东临工 E680F	天津××有限公司	台班	1500	2020.3
压路机	徐工 XS222J	天津××有限公司	台班	750	2020.3
汽车式起重机	25t	天津××有限公司	台班	1200	2020.3

从表 7-12 中可以了解自购和租赁机械在录入时只是价格差异，如果企业没有自购机械就不需要分析；租赁机械需要按项目使用节点更新，自购机械一般 2 年左右更新一次；租赁机械的性能差距不大，可以统一按性能规格录入，不必录入每种机械的生产地，以地区租赁分包人为分项录入即可。

中小型机械大多数是企业自购，该机械仅一个项目使用的，数据库中录入购买价格、维护价格、燃料价格；可用于两个及以上项目的机械设备，数据库中录入购买价格、维护价格、燃料价格、仓库保管费用；项目上只用一次且用时很短，可以考虑机械设备租赁，此费用由项目部的项目备用金支付，不用录入数据库。

考虑机械设备的用电或燃油费用，成本测算时都要计入材料费，大型机械用电是单列的材料费项，机械设备数据库中不用考虑。燃油费用在工程材料中未列出，购买时由项目部申报企业或企业直接采购，只有计算到机械设备数据库中，摊销到每台机械设备中才是合理的。有些施工企业把燃油费用并入项目备用金，由于工程特性不同，考核标准会发生误差，增加项目绩效考核难度不利于管理。

7.6　专业分包管理库

专业分包是指包工包料的合同，管理颗粒细度要从合同中的工料机消耗分析。工料机的价格是固定总价，通过分包人竞争得到成本价格，数据库要具备筛选合适分包人和工料机消耗分析的能力。

专业分包资源参差不齐，价格差距较大，特别是地基处理的专业分包队伍，涉及地方材料和工艺的分包，交易几乎是垄断的，施工项目找到的分包资源有限，就无法对比价格。技术人员对专业分包的工艺和外界因素影响不了解，分包人报价时高估冒算，此项成本控制难度增大。例如某项目基坑支护采用环梁钢格构柱施工，施工企业技术人员对该地区的土质情况不了解，设计的支护图纸也需要专业分包人优化施工，无法控制分包人的报价。项目寻找的分包资源有限，分包人报价方式不统一，报价分项没有可对比性，成本管理人员只能根据分包人报的总价进行对比分析，签订分包合同前不能进行谈判，分包人对报价没有让利，施工完成后分包人赚取 40% 的利润。

从成本角度考虑，解决专业分包报价对比因素，可使用统一格式的报价表交给分包人填写价格，把分包人报的总价进行颗粒细化，分包合同签订前谈判时，每家分包人都需要解释清楚分项报价成本，双方沟通交流后把价格组成和风险因素分解，这样会把分包人的报价"水分"去掉，达到成本控制的效果。在建立数据库时，要录入已建项目的专业分包数据，收集地区专业分包资源入库，增加分包资源的可对比数量，如表 7-13 所示。

专业分包数据库　表 7-13

产品名称	规格	供应商	分包人	单位	单价(元)	更新时间	备注
防水卷材	SBS 3mm＋3mm	天津××防水公司	张×红	m²	85	2020.3	
防水卷材	SBS 3mm	天津××防水公司	张×红	m²	50	2020.3	
防水涂料	JS涂料两遍	天津××防水公司	张×红	m²	45	2020.3	
聚氨酯涂膜	1.5mm	天津××防水公司	张×红	m²	42	2020.3	
挤塑聚苯板	90mm 厚	河北××有限公司	王×鹏	m²	122	2019.12	
无机保温砂浆	25mm 厚	河北××有限公司	王×鹏	m²	65	2019.12	
外墙面石材	干挂　幻彩粉麻	江苏××有限公司	李×成	m²	502	2019.5	
地面石材	国产深咖	江苏××有限公司	李×成	m²	321	2019.5	
混凝土管桩	PHC400×59A	天津××有限公司	栗×光	m	170	2020.3	
混凝土管桩	PHC500×100A	天津××有限公司	栗×光	m	230	2020.3	

从表 7-13 中可以了解分包资源受地方材料的分包资源限制，数据更新需要在项目施工前分包招标时获得，数据沉淀以后只有同类专业分包分项的消耗量具有对比性；已建项目的专业分包人利润较大时，可以在备注栏内写明情况及利润率，依据数据参考时可以考虑调整，备注栏内也可以标注因某项特殊工艺导致费用偏高。

关于专业分包价格分析表，施工企业可以自行设计，按人材机分类列项，专业分包人投标时分项内容由施工企业提供，也可以由专业分包人填写补充。若是施工企业提供分项内容，专业分包人在施工过程中会认为提供的分项不全或列项不完善，以提供分析表漏项为由增加费用；若是专业分包人提供分项内容，漏项可视为专业分包人失误，应由专业分包人承担此项费用。

施工企业的同类分包资源缺少时，专业分包人会在投标时报高价。专业分包人故意混淆分析表填报数据，不让管理人员清楚分项的具体价格是多少。这种情况可以由施工企业提供主要分项内容，还需要补充分项内容的，可以在合同中写明由专业分包人承担漏项费用，在报价时要考虑其他分项价格。

专业分包价格分析表在数据库中的作用是控制和分析专业分包人的每项报价，分项内容要与市场分项接轨，降低成本需要把分项做成透明化。分项内容不管是由施工企业提供还是由专业分包人提供，双方必须沟通确认无误后再锁定价格，可以与多家同类专业分包人进行谈判，确定分项内容的合理性，分项消耗量也在谈判过程中根据专业分包人经验，接近实际施工消耗量。专业分包人竞争的是材料价格、人工用量消耗、管理费利润，要考虑专业分包人的材料用量是否符合设计要求，可以先让项目部提供样板，按照专业分包要求写入招标文件中。

技术部门核查专业分包内容是一个难题，因为技术部门对专业性的分项不好把控，往往会在专业分包项的质量上失控，导致成本上升。所以数据库中的消耗量也是指导专业分包人作业的标杆数据。进行颗粒细化分项是施工过程管控的手段，数据库中的分析表经过甲乙双方确认可以作为合同附件，这样单价固定合同中有明细分析可以降低成本，如表 7-14 所示。

防水专业分包分析表

表 7-14

序号	材料名称	规格材质	单位	单价 （元）	用量	合价 （元）
一	材料费					
	高聚物沥青防水卷材	3mm＋3mm	m²	23	2.26	51.98
1	石油沥青	♯10	kg	5	0.3	0.75
2	汽油	♯90	kg	7.5	0.7	5.25
3	其他材料费		元	1	0.3	0.30
4	SBS 弹性沥青防水胶		kg	8	0.005	0.04
5	点粘 350♯ 石油沥青油毡一层		元	7	0.5	3.50
6	地下室外墙保温板铺贴用工		元	150	0.02	3.00
7	附加层	3mm	元	23	0.04	0.92
8	止水带处聚合物防水砂浆一层		元	30	0.01	0.30
9	……					
10	试验检测费、其他费用		元	1	0.70	0.70
	材料费小计		元			66.74
二	人工费					
1	综合铺设人工费		元	150	0.05	7.50
2	其他人工费		元	150	0.001	0.15
	人工费小计		元			7.65
三	机械费					
	综合机械费		元	0.3	1	0.30
	机械费小计		元			0.30
四	直接费合计	不含税票	元			74.69
五	利润		m²		4.50%	3.36
六	税金		m²		9.00%	7.02
七	综合单价		m²			85

从表 7-14 中可以了解防水专业分包的价格分析是由人工费、材料费、机械费、利润、税金组成，3mm＋3mm 防水卷材综合单价为 85 元/m²；材料费中的分项是由主要材料、辅材、零星材料、试验费等组成，包括外墙保温板的铺设用工，并且各分项用量已经列出来，在施工过程中可以防止分包人偷工减料；人工费单独列出来，可以实现项目部的实名制管理。

针对专业分包的特性，可分为成品安装、工厂加工现场安装、现场制作安装。成品安装需要对成品构件进行质量把控，例如电气安装分包，配电柜的安装就是成品安装的事项，数据库中的分析表对成品材料的品牌影响有差异，可以针对成品构件在数据库中另行细化分类，按照品牌、规格型号、采购数量、采购时间等特性进行细分，进行专业分包招标时可以在数据库的主要材料中替换为成品构件。工厂加工现场安装需要把控构件质量，以及把控拼装质量，在数据库中要列出构件的加工费用和拼装费用，加工费用中包括人工费、材料费、机械费，例如钢结构工程分包，钢结构的制作在工厂完成，运输到现场时就需要了解加工厂的制作情况，是型钢加工还是板材加工，对分项价格考核清楚，因施工工期较长，发生材料价格变化时，专业分包人承受的材料价格波动也可以在掌控范围内。

许多施工企业对专业分包的质量标准无法考核，只是把质量风险写进合同中约束专业分包人，发生质量问题时专业分包人有连带责任。但是这样不符合企业运营战略，因市场分包价格恶性竞争导致质量事故发生，施工企业无还手之力，只会被分包人拖累。

7.7 数据指标分析库

在投标阶段可以利用数据指标分析做成本估算，在施工过程中具有分项参照性作用，在竣工以后可以帮助核算成本。数据指标分析库可分为量和价两类，数据指标的量可分为工程指标含量、构件材料消耗量、用工消耗量、机械消耗量，数据指标的价可分为单方造价、单项构件指标价。

工程指标含量是指施工图纸设计的工程量指标，例如钢筋含量 51kg/m²，这就是工程量指标（表 7-15）；构件材料消耗量是指在工程中某项构件的消耗指标，例如某地区灌注桩按图示尺寸计算需要灌注混凝土 1.1 系数，这个系数可以指导成本人员投标组价和在施工过程中采购材料（表 7-16）；用工消耗量是指某分项的工日消耗，例如高层住宅楼用工指标 2.1，根据此用工消耗可以计算出包清工的人工费，2.1×200＝420 元/m²，用指标估算的人工费与班组分包价格相差不大；机械消耗量是指机械作业消耗情况，例如混凝土布料机费用可以摊销到三个项目中。

平方米指标价格是每个造价人员都想知道的数据，在投标时经常寻找类似工程收集平方米指标价格，有指导投标价格的作用；单项构件指标价格是指某个构件的指标价格，例如估算时按照混凝土体积求单价，某小区砖砌围墙估算价格 950 元/m，项目工程量 1000m，可以求出此项费用为 95 万元。

其他数据库中也有同类分项数据，但是数据分析角度不同，成本管理需要的数据组合是不同的。例如大型机械数据库中统计的是机械租赁价格和自购摊销价格，而机械消耗量数据库中统计的是摊销次数及计算方式。数据指标分析库可以与其他数据分类重合，要根据数据分析需要决定数据统计内容，量和价的数据可以分开考虑。

房建工程主体结构模板含量　　　　　　　　　　表 7-15

单位：m^2/m^2

结构类型 ＼ 层高(m)	2.0～2.5	2.6～2.8	2.9～3.0	3.1～3.5	3.6～4.0	4.1～5.0
砖混结构	1.8～2.0	1.8～2.0	1.9～2.2	2.0～2.2		
全框架结构	1.9～2.2	2.0～2.4	2.1～2.5	2.2～2.5	2.2～2.6	2.2～2.8
短肢剪力墙结构	2.1～2.6	2.3～3.2	2.4～3.5	2.2～3.2		
剪力墙结构	2.2～2.8	2.5～3.1	2.6～3.5	2.3～3.1		
别墅类型			3.0～3.3	3.2～3.8	3.1～4.2	
洋房类型			2.7～3.1	2.8～3.5	2.9～3.8	

注：本表不适用于＜1000m^2 以内的工程项目。

　　从表 7-15 中可以了解各种结构类型的模板含量，模板含量与楼层高度有关；短肢剪力墙结构层高 3m，可以估算出含模量在 2.4～3.5m^2，精确数据值就需要查找数据来源，可以查找取值的工程案例，含量与户型结构、地区情况、开发商管理等有关，可以根据案例调整。

　　工程指标含量主要是在投标时用于估算，在施工过程中，工程量计算完成后就不需要工程量的估算指标，收集时可以使用已建项目数据和投标计算的项目数据，也可以参考外部数据进行对比收集，工程项目越多，数据越精确，还可以在同种结构类型中再细分，例如按户型结构、按开发商类型等细分。

构件材料消耗量　　　　　　　　　　表 7-16

分项名称	规格型号	主材	单位	消耗量	更新时间	备注
混凝土灌注桩(回旋钻孔)	直径 800mm	混凝土	m^3/m^3	1.1700	2020.3	
主体结构墙梁板柱	住宅楼	混凝土	m^3/m^3	1.0600	2020.3	
主体结构墙梁板柱	住宅楼	钢筋	t/t	1.0300	2020.3	
砌筑墙体	200mm×200mm×400mm	加气砌块	m^3/m^3	0.9150	2020.3	按图示计算量
砌筑墙体	200mm×200mm×400mm	湿拌砂浆	m^3/m^3	0.1050	2020.3	按图示计算量
墙面抹灰	20mm 厚	水泥砂浆	$100m^2/m^3$	2.3700	2020.3	
防水卷材	SBS 3mm+3mm	沥青防水卷材	m^2/m^2	2.3000	2020.3	含附加层
墙面粘贴瓷砖	面积 0.025m^2 以内	瓷砖	m^2/m^2	1.0900	2020.3	
陶瓷砖地面	面积 0.36m^2 以内	地面瓷砖	m^2/m^2	1.0800	2020.3	
室内电线	住宅楼	2.5mm 电线	m/m	1.0600	2020.3	按图示计算量

　　从表 7-16 中可以了解施工企业各类构件的消耗情况，可以把定额消耗量放在数据库中具有对比参考性；砌筑墙体的消耗量按照图示计算墙体积为 0.915m^3，表示每立方米砌体消耗砌块 0.915m^3，砌块消耗量和砌筑砂浆消耗量相加为 1.2m^3，可以分析每立方米需要 1.2 折算系数；主体结构墙梁板柱的混凝土消耗量为 1.06m^3，超出定额规定消耗量，原因是施工企业的管理水平比地区管理水平低，需要加强施工企业项目管理。

　　关于用工消耗量数据库，施工企业一般不做统计，因为目前市场是劳务班组分包模式，采用以包代管的方法解决用工消耗问题，劳动工人也是按构件作业承包的方式获取工资，每名工人的技术水平不同，所以可以不设立用工消耗量数据库，只统计工资标准数据库就能解决现场零星用工的问题。

机械消耗量数据库是指机械在工程中的使用消耗量，根据工程特性不同其消耗量也不同。但是工程特性类似的项目具有可参考性，在投标时可以测算机械消耗量（表 7-17）。机械消耗量与时间有关，延误工期机械消耗量增大，二者施工工期接近才会有更精确的数据值，测定数据库要按照正常工期考虑。如果机械采用自购方式，需要在备注中表达清楚，更具体、详细的内容可以在数据库的备注中说明显示。

机械消耗量数据库　　　　　　　　　　　　表 7-17

产品名称	规格	折旧年限	指标单价	更新时间	备注
自升式塔式起重机	QTZ63	10 年	14.62 元/m²（建筑面积）	2018.1	
自升式塔式起重机	QTZ80	10 年	18.53 元/m²（建筑面积）	2018.1	
施工电梯	SCD200/200	10 年	19.03 元/m²（建筑面积）	2020.3	
挖掘机	山东临工 E680F	8 年	3.16 元/m³	2020.3	挖基坑土方
自卸汽车	12t	6 年	5.03 元/m³	2020.3	挖基坑土方
振动压路机	徐工 XS222J	7 年	25.02 元/m²	2020.3	路面面积
汽车式起重机	25t	8 年	28.47 元/m²（建筑面积）	2020.3	别墅项目
污水泵	直径 100	6 年	7.56 元/m²	2020.3	槽底面积
机动翻斗车	载重量 1.5t	5 年	4.12 元/m²（建筑面积）	2020.3	工业厂房

从表 7-17 中可以了解各类机械的消耗指标单价和机械使用寿命，采用机械自购方式要考虑机械使用寿命，摊销数据对消耗指标单价影响较大。例如自升式塔式起重机 QTZ63，企业采用自购方式，使用寿命按 10 年摊销，高层住宅项目核算为 14.62 元/m²。

案例： **某施工项目塔式起重机和施工电梯机械的指标数据**

天津市某项目共 53 栋多层洋房，总建筑面积 73500m²，使用 5 台型号为 QTZ80（ZJ5910）的塔式起重机，采用租赁方式，每月租金 2.4 万元，计划使用工期为 8 个月。使用 26 台型号为 SCD200/200 的施工电梯，采用租赁方式，每月租金 0.9 万元，计划使用工期为 5 个月。考虑到两栋洋房之间合用电梯可以节约成本，求出本项目塔式起重机和施工电梯的指标单价。

塔式起重机计算：（2.4×（8+1）) ×5＝108（万元）。

施工电梯计算：（0.9×（5+1）×26）＝140.4（万元）。

测算指标数据：塔式起重机为 1080000/73500＝14.69（元/m²）；

施工电梯为 1404000/73500＝19.10（元/m²）。

成本影响因素分析：塔式起重机和施工电梯的指标数据，由于项目施工工期不同，在数据库中数值就会有变化。施工工期和建筑特性会影响测算数据，施工工期延长会增加机械的使用成本，导致建筑面积摊销机械台班数量增加，从而导致成本价格增长。本项目 53 栋多层洋房使用 5 台塔式起重机，与现场平面布置有关，需要结合现场实际情况进行详细测算。本项目的指标数据是以租赁方式计算的，如果采用企业自购机械方式，可以按照机械采购租赁库中的自购数据进行测算。

单方造价的主要作用是估算成本，根据单方造价指标可以调整当前投标估算价格（表 7-18）。估算时影响要素有结构成本、功能成本、敏感成本。结构成本是指建筑结构的含量影响成本价格，功能成本是指建筑的使用功能影响成本价格，敏感成本是指建筑的内外装饰情况影响成本价格。在估算时，已建项目与新建项目特性不会完全相同，可以找到已建项目的不相同部位调整价格，此时部位调整就需要依据单项构件指标价。

多层建筑单方造价数据

表 7-18

工程名称	小区住宅楼	层数	6 层带阁数(地下 1 层)
建筑面积	64360.28m²	层高	3.00m
基础类型	有梁式满堂基础	檐高	18.00m
经济指标	1950 元/m²	结构类型	混合结构
工程概况	本工程位于河北省沧州市,承建时间 2010 年 3 月～2012 年 5 月		
工程承包范围	土建装饰安装全专业,预制管桩基础,多孔页岩砖墙体,外墙 90 厚挤塑保温板,块瓦屋面,塑钢门窗。PP-R 给水管,铜铝复合散热器,弱电预埋		
专业名称	专业比例		备注
建筑工程	49.09%		
	桩基	9.88%	桩长 14m
	建筑工程	90.12%	
装饰工程	34.11%		
安装工程	16.80%		
	电气	46.83%	
	给水排水	19.97%	
	供暖	33.20%	

主要材料指标

名称	单位	含量
预制管桩	m	0.49
混凝土	m³	0.39
钢筋	t	0.04
多孔页岩砖	m³	0.31
外檐塑钢门窗	m²	0.2
内檐门窗	m²	0.11
外墙涂料	m²	0.76
PP-R 给水中水热水管	m	0.58
铜铝复合散热器	片	0.45
电气配线	m	5.92

单方造价数据库只是粗略的指标，必须以测定数据的工程拆分构件，再考虑新建项目的估算数据。许多造价人员苦于找不到相同项目做对比，怀疑单方造价的数据，各种影响因素考虑不周到，导致估算偏差10%以上，很显然达不到投标报价分析的需求。

从表7-18中可以了解到，单方价格的影响因素详细分项列出来可以分析成本，单方造价数据库并不是单方价格表格，而是一个项目的分项分析表；通过各专业价格比例分析，在投标时数据库中的专业比例可以作为参考依据，通过主要材料含量可以更准确地找出偏差原因；表中的各项影响要素可以评判出两个项目的差异。

单项构件指标价在估算时发挥着重要作用，在施工过程中变更签证需要单构件估算，数据库的构件分类对估算有较大的影响。例如灌注桩成孔、钢筋制作、灌注混凝土，如果成孔估算按照延长米分析，灌注混凝土按照立方米分析，估算时无法快速地求出相应数据，只有统一估算方法和习惯、合理分解构件才会快速地估算，如表7-19所示。

单项构件指标价分析表 表7-19

分项名称	规格型号	作业范围及方式	单位	指标价(元)	更新时间	备注
钢板桩支护基坑	工字钢 40B 12m	一丁一顺	延长米	1880	2019.5	按槽边线
混凝土灌注桩	D700	沉管灌注	延长米	450	2019.5	按图示桩长
ALC轻质隔板墙	150mm 厚	带钢龙骨　高度5m	m²	160	2019.5	
无砂管降水	D600	天津地区　降水深度5m	m²	24	2019.5	现场面积
钢筋混凝土地沟	800mm×1000mm，壁厚100mm	埋深200mm 不含埋铁	延长米	1250	2020.3	按图示沟长
毛石挡土墙	断面2mm×0.7m	浆砌　含灰土垫层	m³	240	2020.3	
预制混凝土柱	柱高25m　单重16t	工厂预制	m³	3200	2020.3	
混凝土路面	200mm厚混凝土	小区路面　含300mm厚灰土	m²	155	2019.5	
水泥面包砖路面	200mm×200mm×50mm	含路牙石　150mm厚灰土	m²	120	2019.5	
室外排水管道	D500 混凝土管	承插式　含排水井	延长米	260	2019.5	按图示管长

从表7-19中可以了解到，作业范围及方式会影响单项构件价格。作业范围及方式是构件分拆的关键，还可以在此栏扩充更详细的分项内容；表中单位的计量规则也很重要，会直接影响单项构件价格，可以按照已建项目测算时的计量规则填入数据库，但是要注意计量规则应按照方便统计和与市场估算相同口径的原则录入。

7.8　周转折旧材料库

周转折旧材料库是指措施材料消耗量的控制数据库，该数据库与材料价格库不同的是周转折旧消耗。企业管理水平的高低影响周转折旧次数，根据企业管理水平可以在数据库中设立两个指标：第一，材料的市场参考周转次数；第二，企业内部管理的周转次数。措施周转约占项目成本的8%，企业管理水平差距影响总造价1%～2%的利润，由此可见周转折旧材料的数据库具有考核企业管理水平的作用，如表7-20所示。

周转折旧材料库　　　　　　　　　　　　　　表 7-20

产品名称	质量标准	规格	市场周转次数（次）	企业周转次数（次）
胶合板模板	优质	1220mm×2440mm×18mm	6.0	10.0
胶合板模板	普通	1220mm×2440mm×18mm	4.0	6.0
木方	优质	0.05m×0.035m	8.0	12.0
土方	普通		5.0	7.0
木质脚手板	优质	200mm×45mm	10.0	12.0
铝合金模材料	优质	柱墙梁板	70.0	60.0
外架钢板网	优质	1mm	2.0	2.0
密目网	优质	4000mm×6000mm	1.0	0.5
工字钢	普通	16 号	5.0	8.0
经纬仪	普通		3.0	3.0
水平仪	普通		1.0	1.0
临时电缆	优质	YJY22-4×95+1×50	4.0	4.0
现场监控设备	普通		2	2.00

因为每个项目的周转次数不同，收集多个项目数据以后需要求出平均值，然后再确定数据库中的标准周转次数。采用绩效管理方法可以使材料周转次数增加，同类型工程且施工工期类似，在相同周转材料质量标准价格的情况下，两个项目具有可比性，绩效管理是有效的。如果不同类型的工程就没有可比性，所以收集周转次数还要考虑建筑特性的影响。例如某项目使用优质胶合板，按企业管理水平周转次数 10 次，而新建项目是别墅项目，模板面积特殊并且没有标准楼层，按面积摊销周转次数只有 5 次，这时数据库中的标准不具有参考性。

周转材料周转次数与工期有关，也与企业的总体工程数量有关。例如某项目为 11 层住宅楼，工程要求每栋楼配置四套模板，工程完工以后模板周转 5 次，模板拆除后因为没有施工项目只能堆放在仓库，倒运和库存影响周转次数。由于仓库管理费用、仓库占地租赁费、运输成本等影响，周转材料的折旧费用也会增加。

许多施工企业对周转材料的管理是"以包代管"的方式，采用包清工模式分，市场上可以租赁到的材料优先采用租赁方式解决。周转材料采用租赁方式还是自购方式，需要看企业的分包资源，如果分包资源质量低于市场情况，就要自购周转材料，因为分包人的管理水平不如市场管理水平，分包人消耗体现在分包价格中。也有许多施工企业采用包清工模式，但是在分包合同中约定周转材料消耗量，实行奖罚制度。但是建筑的特性和工期都有影响，如果分包人管理水平较差，最终还是由施工企业承担责任。

从表 7-20 中可以了解到周转材料的质量对周转次数有影响，数据库更新次数可以设为 2 年，表中也可以不设更新日期；市场周转次数和企业周转次数相对比，可以了解企业管理水平；项目部的工具用具、设备也可以按周转录入数据库，周转次数以项目为单位考虑。

7.9　数据的来源与分类

　　数据分类在各企业中都不相同，有许多施工企业提出建立4个数据库即可，即材料价格库、工程量库、消耗量库、单方造价指标库，但是结合企业的分包模式和管理方式将数据进行分类才是科学的。房建和市政施工企业这样细分符合企业运营，数据库的内容可以结合企业需求进行调整。

　　施工企业需要建立数据库时，分类整理和收集数据来源非常重要，企业需要培养这样的管理人才。因为施工企业的核心是承包能力，建设方购买的是承包商经验。如果施工企业没有数据积累，无法衡量管理水平的高低，管理经验从何谈起？所以，把这些经验放在数据库中是施工企业目前的重要任务。

　　许多施工企业忙于整理和收集数据，但是责任心不强，不够重视该项工作，虽然建立了数据库但是使用不起来，因为收集的数据根本没有参考价值，只是应付企业内部的绩效考核任务。数据库是对项目管理进行标准化的考核，整理和收集是将企业的标杆项目形成数据，然后不断对比找到较差的项目进行调整，从而实现标准化管理。也有许多施工企业"搬运"外部企业的数据实现自己企业的管理，但是应用到项目中发现这些数据根本无法使用，不但没有好的管理效果，反而给项目管理人员增加工作量。

　　录入数据库时，挖掘已建项目的数据需要耗费时间，要先确定好挖掘什么内容，然后再从已建项目的信息中寻找。要从需求出发，考虑解决哪些问题、找哪些数据、在哪里找、数据准确性怎么评定，最后再录入数据库，如图7-4所示。

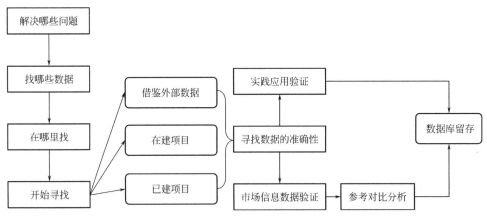

图7-4　数据收集的流程

　　考虑解决哪些问题，要从企业的战略部署中发现，要符合企业的战略规划。数据库不是随意留存一些数据就能解决问题，而是从战略层面开始策划，根据企业战略规划发展情况，数据库的调整也是巨大的。例如某施工企业经营管理不善导致资金亏空，解决企业正常运转就要从班组分包模式开始。如果找到有实力的劳务分包人可以垫资到主体结构完成，把原来购买周转材料的费用转移到分包合同中，施工前期减少资金压力，通过让利方式使得项目正常运营。这样调整以后，数据库只能由原来班组数据变为劳务分包人的数据。

数据沉淀积累需要花精力完成，数据与企业战略规划密切相关。项目成本受市场、地域等各维度因素影响较大，所以成本数据库的数据应该是实时变动、不断完善的过程。如何做好成本数据库的维护，以最少的时间完成数据库的更新和完善，这就需要对成本数据库的框架提出更多的要求。

数据库应体现企业真实成本数据，应涵盖全部运营成本范围，并非零散收集一些数据随便录入就是数据库。收集数据后需要进行统计，对差距较大的数据进行分析，得出该企业的客观数据，实现项目管理的总体目标。

参考文献

［1］明源地产研究院. 成本制胜微利时代再造房企核心竞争力（第二版）［M］. 北京：中信出版集团，2016.

［2］何成旗，马卫周. 工程项目成本控制［M］. 北京：中国建筑工业出版社，2017.

［3］天津市城乡建设委员会. 全国统一施工机械台班费用定额［M］. 北京：中国建筑工业出版社，1994.